気候変動問題の
国際協力に関する評価手法

気候変動問題の国際協力に関する評価手法

中島清隆

北海道大学出版会

Evaluation Method concerning International Cooperation on Climate Change
©2012 by Kiyotaka Nakashima
All rights reserved. No part of this publication may be reproduced or transmitted in any form or by any means, electronic or mechanical, including photocopy, recording, or any information storage and retrieval system, without permission in writing from the authors.

Hokkaido University Press, Sapporo, Japan
ISBN978-4-8329-6763-2
Printed in Japan

目　次

図表目次　　iv
主な略語一覧　　vi

序章　気候変動問題に関する国際協力論 …………………………… 1

1. 現象と問題の特徴　　4
2. 国際協力史　　6
3. 国際協力の評価準備　　10
   用語の定義と区分　11 / 国際協力を評価する意義　14 / 国際協力に関する評価手法の概要　16 / 日本を研究対象国と位置づける理由　17
4. 本書の目的と構成　　19

第1章　気候変動問題に関する国際協力の研究史 ……………… 25

1. 先行研究のレビュー　　26
   国際協力の研究動向　26 / 環境政策の基本的な評価枠組　29 / 環境政策研究の社会科学分野における先行研究　32
2. 評価枠組の設定　　46
3. 評価枠組の特長　　52

第2章　気候変動問題に関する多国間交渉の過程 ……………… 65

1. 原則・約束・約束履行措置と評価基準の「関係性」　　67
   緩和の国際交渉における「関係性」　67 / 適応支援の国際交渉における「関係性」　83
2. 緩和と適応支援の相互補完性　　87
3. 国際交渉過程と約束履行過程および国内的側面と国際的側面の

「関係性」　89
　4．評価事項の設定　92

第3章　緩和に関する国内政策の現状評価――日本の産業部門における政策措置 …………………………………………………………… 105

　1．総合的な政策措置の現状　107
　　日本政府による政策措置の基本認識　107 / 数値目標の設定と配分をめぐる変遷　110
　2．産業部門における国内政策措置の課題　114
　　産業部門における国内政策措置の現状評価　116 / 英国のポリシー・ミックスに関する政策的特長　122 / 日本におけるポリシー・ミックス構想の進捗状況　126
　3．評価結果：緩和に関する日本の国内政策措置　133

第4章　緩和に関する国際協力の現状評価――日本のCDMの施策と事業 ………………………………………………………………… 143

　1．日本のCDM施策の現状評価　145
　　CDMにおける補足性の現状認識と確保状況　145 / CDMにおける資金追加性の現状認識と確保状況　154
　2．日本のCDM事業の現状評価　159
　　ベトナムでのAIJ事業の現状評価　159 / ベトナムでのCDM事業の現状評価　160 / 小括　167
　3．評価結果：緩和に関する日本の国際協力　168
　4．評価手法の提案：緩和に関する国際協力　172
　　評価枠組の適用妥当性　172 / 評価手法の研究課題　174

第5章　適応に関する国際協力の現状評価——日本の環境ODAの施策と事業 …………………………………………………… 185

1. 日本の環境ODA施策の現状評価　188
   日本政府による環境ODA施策の実績　188 / 日本政府による環境ODA施策の課題　194 / 適応支援に関する環境ODAの評価体系　196
2. モルディブを含む小島嶼国による現状認識　198
3. 日本の環境ODA事業の現状評価　208
4. 評価結果：適応に関する日本の国際協力　217
5. 評価手法の提案：適応に関する国際協力　219

終章　気候変動問題に関する国際協力の評価手法論 …………… 229

1. 評価結果のまとめ　230
2. 評価手法の提案のまとめと今後の研究課題　233

参考文献・資料　239
付　　録　269
あとがき　281
索　　引　285

図表目次

図序-1	地球温暖化・気候変動への関心：新聞の見出し検索(1985〜2010年)	3
図序-2	地球温暖化・気候変動への関心：雑誌記事索引主題検索(1985〜2010年)	3
図1-1	直線型の政策過程における政策評価	30
図1-2	本書における学術的な位置づけ：国際関係学と環境政策研究の「関係性」	32
図1-3	環境政策研究における社会科学分野と評価基準の「関係性」：検討後	44
図1-4	本書における気候変動と「持続可能な開発・発展」の「関係性」	46
図1-5	気候変動問題に関する国際協力の評価枠組の設定	48
図1-6	気候変動問題の国際協力に関連する要素の体系的な「関係性」	53
図1-7	本書における「関係性」の具体化：「学際性」と「総合性」	56
図4-1	日本が関わるCDM事業の進捗状況とリスクの種類	150
図4-2	日本のODAにおける対GNI(国民総所得)比(1994〜2009年)	157
図5-1	日本の環境ODAとODA全体に占める割合の推移	190
図5-2	世界の2000年燃料起源CO_2排出量割合	204
図5-3	モルディブにおける日本のODA支出純額とDAC諸国全体比	206
図5-4	マレ島南岸護岸建設計画の関連パネル	213
図5-5	第3次マレ島護岸建設計画の関連パネル	213
表序-1	気候変動問題に関する国際協力史(1)：条約の発効まで	7
表序-2	気候変動問題に関する国際協力史(2)：議定書の採択まで	9
表序-3	気候変動問題に関する国際協力史(3)：議定書の発効まで	10
表序-4	気候変動問題の解決に向けた取り組みの区分	12
表序-5	気候変動問題の国際合意における先進国の区分	13
表1-1	直線型の政策過程と政策階層構造	30
表1-2	環境政策研究における社会科学分野と評価基準の組み合わせ：検討前	31
表1-3	世代内衡平性と世代間衡平性の「関係性」	37
表1-4	気候変動問題に関する国際協力と本書の構成	49
表2-1	第1約束期間に向けた国際交渉過程の区分と主なできごと	66
表2-2	議定書の批准状況別による上位20カ国の2007年CO_2排出量	81
表2-3	附属書B国による温室効果ガス排出量の現状	82
表2-4	気候変動問題に関する国際交渉過程と約束履行過程の同時進行性	90
表2-5	気候変動問題に関する国際協力の評価事項	94

表 3-1	日本の総合的な政策措置における省エネルギーの努力の認識	108
表 3-2	旧大綱と新大綱における温室効果ガスその他区分ごとの目標	111
表 3-3	2010 年度における追加対策削減量の変遷	112
表 3-4	議定書目標達成計画における目標区分	113
表 3-5	新大綱と議定書目標達成計画の数値目標に関する比較	114
表 3-6	日本の 2007 年度における各温室効果ガス排出量と全体比	115
表 3-7	日本の部門別 CO_2 排出量全体比の比較	115
表 3-8	日本経団連による自主行動計画のカバー率	118
表 3-9	日本経団連による自主行動計画の実績	119
表 3-10	英国の CO_2 と温室効果ガス削減率(1990 年比)	125
表 3-11	日本における環境税(気候変動関連)の検討段階	128
表 3-12	日本における国内排出量取引制度(環境省)の検討・実施段階	130
表 3-13	自主参加型国内排出量取引制度の排出削減実績と取引結果	131
表 4-1	気候変動問題に関する国際協力の評価事項(再掲)	144
表 4-2	日本が関わる JI・CDM 事業と補足性	147
表 4-3	CDM 事業過程におけるリスク要因	149
表 4-4	ベトナムでの CDM 事業における温室効果ガス削減費用の比較	162
表 4-5	日本側による補足性と資金追加性の確保手段	169
表 5-1	京都イニシアティブの内容	190
表 5-2	京都イニシアティブと気候変動問題に関連する ODA	191
表 5-3	気候変動問題に関連する日本政府による主な環境 ODA	194
表 5-4	気候変動の緩和と適応支援に関する政策の階層構造	195
表 5-5	気候変動への適応に関する日本の国際協力の評価対象	197
表 5-6	アンケート調査の回答国と回答者の所属	199
表 5-7	アンケート調査の質問項目	200
表 5-8	モルディブと他の AOSIS 加盟国の現状認識	207
表 5-9	モルディブ国マレ島への人口集中	209
表 5-10	マレ島護岸における日本の環境 ODA 事業の経緯	210
表 5-11	日本政府によるマレ島護岸建設計画の実績と無償資金協力に占める割合	211
表 5-12	マレ島護岸建設計画における裨益効果	212
表 5-13	マレ島護岸建設計画における日本政府とモルディブ政府の負担額	214
表 5-14	建設公共事業省予算実績額と全体比(1993〜1999 年)	215

主な略語一覧

各略語は，本書で用いている意味・定義である。

議定書	京都議定書(気候変動に関する国際連合枠組条約の京都議定書)
国際交渉過程	国際合意をめぐる交渉過程
条約	気候変動枠組条約(気候変動に関する国際連合枠組条約)
「条約」	気候変動枠組条約以外の条約
非附属書Ⅰ国	附属書Ⅰに記載されていない気候変動枠組条約締約国
非附属書B国	附属書Bに記載されていない京都議定書締約国
評価枠組	気候変動問題に関する国際協力を評価するための分析枠組
附属書Ⅰ国	気候変動枠組条約附属書Ⅰ締約国
附属書Ⅱ国	気候変動枠組条約附属書Ⅱ締約国
附属書B国	京都議定書附属書B締約国
約束履行措置	国際合意で定められた約束を履行するための政策措置
AGBM	Ad hoc Group for Berlin Mandate：ベルリン・マンデートに関する特別委員会
AIJ	Activities Implemented Jointly：共同実施活動
AOSIS	Alliance Of Small Islands States：小島嶼国連合
CDM	Clean Development Mechanism：クリーン開発メカニズム
CER	Certified Emission Reductions：認証排出削減量
CO_2	Carbon Dioxide：二酸化炭素
COP	Conference of the Parties to the UNFCCC：条約締約国会議
DAC	Development Assistance Committee：開発援助委員会
DOE	Designated Operational Entity：指定運営機関
EU	European Union：欧州連合
GHG	Green House Gas：温室効果ガス
GDP	Gross Domestic Product：国内総生産
GEF	Global Environmental Facility：地球環境ファシリティ
GIS	Green Investment Scheme：グリーン投資スキーム
GNI	Gross National Income：国民総所得
GNP	Gross National Product：国民総生産
HFCs	Hydro fluorocarbons：ハイドロフルオロカーボン類
INC	Intergovernmental Negotiating Committee：政府間交渉委員会

IPCC	Intergovernmental Panel on Climate Change：気候変動に関する政府間パネル
JBIC	Japan Bank for International Cooperation：国際協力銀行
JI	Joint Implementation：共同実施
JICA	Japan International Cooperation Agency：国際協力事業団，現：国際協力機構
LDCs	Least Developed Countries：後発開発途上国
LULUCF	Land Use, Land-Use Change and Forestry：土地利用，土地利用変化および林業部門
NEDO	New Energy and Industrial Technology Development Organization：新エネルギー・産業技術総合開発機構
NGO	Non-Governmental Organization：非政府組織
ODA	Official Development Assistance：政府開発援助
OE	Operational Entity：運営機関
OECD	Organization for Economic Cooperation and Development：経済協力開発機構
PDD	Project Design Documents：CDM事業に関する設計書
PFCs	Per fluorocarbons：パーフルオロカーボン類
SF6	Sulfur hexafluoride：6フッ化硫黄
WSSD	World Summit on Sustainable Development：「持続可能な開発・発展」に関する世界サミット

序章　気候変動問題に関する国際協力論

1. 現象と問題の特徴
2. 国際協力史
3. 国際協力の評価準備
4. 本書の目的と構成

温暖化する地球で別々の方向を向いている人々（イラスト・佐藤史子）

気候変動の問題と特徴を整理したうえで，約20年にわたる気候変動問題に関する国際協力の歴史を振り返り，この国際協力の評価が求められている背景を明らかにした。

地球温暖化・気候変動問題は，地球上における人類の存続を脅かす人類共通の課題，あるいは，人類共通の関心事[1]であると認識されている。地球温暖化・気候変動問題の解決は，地球規模で人類共通の課題となっている。この問題に対処するためには広範な国際協力[2]が必要とされている。

　本章の第2節で論じるように，地球温暖化・気候変動問題に関する国際協力は，すでに20年以上行われてきた。その間，日本でも地球温暖化・気候変動への関心が高まる時期を数度迎えてきた。図序-1は新聞記事の見出しで「地球温暖化」と「気候変動・変化」の言葉が使われた総数を集計したものである。同じく，図序-2は雑誌記事の主題として「地球温暖化」と「気候変動・変化」の言葉が使われた総数を示している。

　図序-1と図序-2から，地球温暖化・気候変動への関心として，1997年前後と2007～2009年という2つの大きなピークが共通して見られる。前者の1997年は本章の第2節で後述するように，日本の京都で地球温暖化・気候変動問題に関する国際会議が開かれた年であった。その時と同じくらい，2007年にも地球温暖化・気候変動への関心が高められていることが2つの図から読み取れる。

　2007年のノーベル平和賞受賞者は，映画「不都合な真実」で地球温暖化・気候変動の深刻さを世界中に伝えたアル・ゴア米前副大統領(2007年当時)と，地球温暖化・気候変動の科学的知見を評価する国際機関 IPCC (Intergovernmental Panel on Climate Change：気候変動に関する政府間パネル)であった[3]。このできごとも，世界中の人々に対して，地球温暖化・気候変動への関心を広げることに貢献した。

　そして，2008年も地球温暖化・気候変動問題に関する新聞の特集記事やテレビの特集番組が多く扱われたことから，まさに地球温暖化・気候変動の現象や問題への関心が高められた時期であった。それは本章の第2節で論じるように，2008年がこれまでに行われてきた地球温暖化・気候変動問題に関する国際協力が評価される時期を迎えていたからに他ならない。

　このような現状認識を踏まえ，本書では，国際関係学および環境政策研究

序章　気候変動問題に関する国際協力論　3

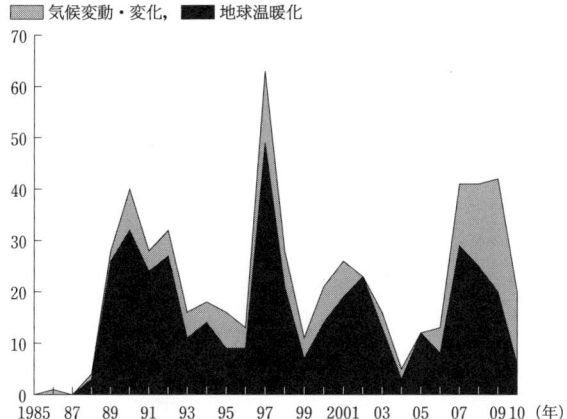

図序-1　地球温暖化・気候変動への関心：新聞の見出し検索(1985〜2010年)
(注)朝日新聞東京版朝刊・夕刊本紙の見出しの検索数を集計している。
(出所)朝日新聞記事データベース聞蔵Ⅱビジュアルより作成

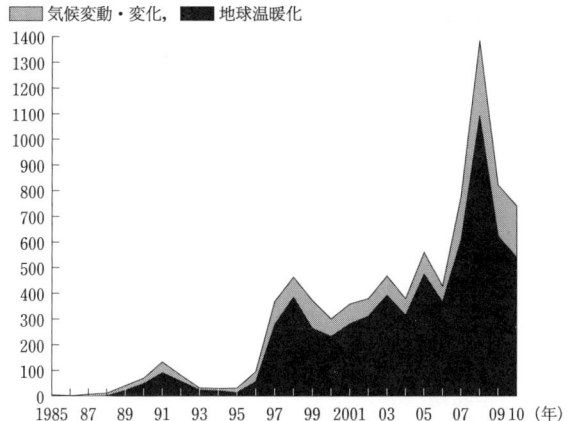

図序-2　地球温暖化・気候変動への関心：雑誌記事索引主題検索(1985〜2010年)
(注)採録誌総数20,232誌，現在採録中10,551誌，廃刊・採録中止9,681誌(2011年3月現在)。1つの雑誌記事の主題に2つ以上の言葉が入っている場合もある。
(出所)国立国会図書館雑誌記事索引検索 NDL-OPAC より作成

の学術的立場から，地球温暖化・気候変動問題に関する国際協力の評価手法を事例研究で実証的に論じる。そのために日本を研究対象国と位置づけ，地球温暖化・気候変動問題に関する国際協力の現状を評価し，その政策課題を明らかにする。この事例研究の結果から，地球温暖化・気候変動問題に関する国際協力の評価手法を実証的に提案する。

ここで本章の構成を述べる。第1節では，地球温暖化・気候変動の現象と問題の特徴を概説する。第2節では，20年以上にわたる地球温暖化・気候変動問題に関する国際協力の歴史を整理する。第3節では，地球温暖化・気候変動問題に関する国際協力を評価するための準備として，用語の分類，国際協力の現状評価を行う必要性，日本を研究対象国として取り上げる理由について明らかにする。最後に第4節では，本書の目的と構成について概説する。

1. 現象と問題の特徴

地球温暖化は温室効果ガス(GHG：Green House Gas)の大気中濃度が上昇することで，地球から宇宙への熱の放射が妨げられ，地球の表面と下層の大気が温められる現象である。温室効果ガスには水蒸気，CO_2(Carbon Dioxide：二酸化炭素)，オゾン，メタン，一酸化二窒素などがある[4]。これらが放出された後，何世紀にもわたり大気中に存在する結果，長期的に温室効果が強化され，地球内が温暖化していくことになる[5]。

20世紀中(1901～2000年)の世界の地上気温は0.6℃(0.4～0.8℃)，1906～2005年までの100年間では0.74℃(0.56～0.92℃)ほど上昇した[6]。また，気候モデルによる6つのシナリオでは，地球の平均地上気温が1980～1999年に比べると，2090～2099年に最良の見積もり・推定値で0.6～4.0℃上昇すると予測されている[7]。

地球の平均地上気温が上昇することで気候が変動，変化し，人類にさまざまな悪影響を及ぼすことが懸念される。気候モデルによる6つのシナリオでは，地球の平均海面水位が1980～1999年に比べると，2090～2099年に18～

59 cm 上昇することが予測されており，数千万人の居住者が洪水を受けるリスクも大幅に高まる[8]。他にも農作物生産の全体的な減少，感染症の増加，極端な気候現象の変化などが，人類に多大な悪影響を及ぼすことが予測されている[9]。

このような地球温暖化・気候変動問題の構造と特徴は，次のようにまとめられる[10]。第1に，地球温暖化・気候変動で生じると予測される悪影響は甚大かつ不可逆的な性格を持つ。温室効果ガスの大気中濃度を下げられない限り，温室効果は長期的に強化されつづけることになる。温室効果が強化されることで生じる地球温暖化・気候変動の悪影響は，一度起こると元に戻すことが難しくなる。早期の対策が求められる所以である。

第2に，地球温暖化・気候変動問題への対策費用の負担配分を難しくする原因と結果の構造を持っていることである。地球温暖化を引き起こす人為的な温室効果ガス排出量の増加は，長期的に温室効果を強化し，人類に悪影響を及ぼす。そこに原因と結果の時間的な遅れが生じる。現在世代が温室効果ガスの排出量を増やす場合，地球温暖化・気候変動の悪影響を受けるのは現在世代よりも将来世代である可能性が高い。したがって，地球温暖化を防止し，気候変動に対処するためには，現在世代が費用をかけて対策に取り組む必要がある。

だが，その対策費用に見合う長期的な利益は，現在世代よりも将来世代が多く享受することになる。このような将来の地球温暖化防止や気候変動への対処による長期的な利益と短期的な対策費用との間にトレード・オフ(二律背反)が存在するために，現在世代は費用の負担を回避し，対策が遅れがちになる。そこには，長期と短期，利益と費用，現在世代と将来世代の「関係性」が入り混じっている。

「関係性」は，本書で検討，提案する地球温暖化・気候変動問題に関する国際協力の評価手法の鍵概念である。本書で扱う「関係性」については第1章第3節で詳しく論じ，当面は相互関係の意味で用いる。

第3に，各国で地球温暖化・気候変動を引き起こした寄与度とその悪影響を受ける程度が国家ごとに異なることが挙げられる。これまで温室効果ガス

の排出量を増やしてきたのは工業化が進んだ国々，先進工業国である。また，工業化を進めることで，温室効果ガスの排出量を増やしている中国やインドなどの開発途上国も，地球温暖化・気候変動への寄与国になっている。

　だが，前述した地球温暖化・気候変動の悪影響を甚大かつ大規模に受けるのは，温室効果ガス排出量が相対的に少ない小島嶼国や後発開発途上国であると見られている。そこで，寄与国に地球温暖化の防止や気候変動への対処に向けた積極的な取り組みが求められている。この第3の特徴では，地球温暖化・気候変動に関する寄与国と被害国の「関係性」が問われることになる。

　第4に，地球温暖化・気候変動問題は人類の活動すべてに関わるので，その対処には経済と社会の構造やあり方の変化が求められる。この観点から地球温暖化の防止や気候変動への対処には政府と政策の役割が不可欠となる。

　本節では，地球温暖化・気候変動問題の発生原因とその結果として生じる悪影響，ならびに，問題の特徴について論じた。長期的に地球規模で悪影響が生じる地球温暖化を防止し，気候変動に対処するためには，現在世代，特に温室効果ガスを大量に排出している寄与国が協力して積極的に問題に対処する必要がある。ここに地球温暖化・気候変動問題の解決に向けた国際協力が求められる理由が存在する。そこで次節ではこれまで行われてきた地球温暖化・気候変動問題に関する国際協力の歴史を論じる。

2．国際協力史

　これまでの地球温暖化・気候変動問題に関する国際協力は，国際交渉(多国間交渉)を中心に進められてきた。科学的知見を踏まえ，地球温暖化・気候変動問題が国際政治上の交渉議題と位置づけられてからは，先進工業国が主催した国際会議を経て，国際連合(以下，国連と略す)に交渉の場が移った。

　国連における国際交渉の成果が，気候変動枠組条約(条約と略す。気候変動枠組条約以外の国際法上の条約は「条約」と記す)と京都議定書(議定書と略す)の2つの国際合意である。これらの国際合意を主軸に位置づけると，これまでの地球温暖化・気候変動問題に関する国際交渉の歴史は，①先進工業国主催の国

際会議(1988～1989年)，②国連主体の条約の採択に至る国際交渉(1988～1992年5月)，③国連主体の議定書の採択に至る国際交渉(1992年6月～1997年)，④国連主催の議定書の発効要件を整備する国際交渉(1998～2005年2月)，に大きく分けることができる。

条約の採択から議定書の発効に至る国際交渉の詳細は第2章で扱う。本節では，上述した分類に基づき，地球温暖化・気候変動問題に関する国際協力として，国際交渉の通史を論じる。

まず，表序-1で示すように条約発効までの国際交渉を概観する。1985年にオーストリアのフィラハで科学者の国際会議が開かれた。この会議は地球温暖化・気候変動をめぐる国際交渉プロセスの始まりと位置づけられている。

表序-1 気候変動問題に関する国際協力史(1)：条約の発効まで

年月	国際的取り組み	場所
1985年10月	フィラハ会議(科学者の会合)	オーストリア・フィラハ
1988年6月	変化する地球大気に関する国際会議	カナダ・トロント
1988年12月	IPCC(気候変動に関する政府間パネル)発足	カナダ・トロント
1989年3月	地球大気に関する首脳会議	オランダ・ハーグ
1989年11月	気候変動に関する閣僚会議	オランダ・ノルトヴェイク
1990年8月	IPCC第1次評価報告書公表	——
1990年11月	第2回世界気候会議	スイス・ジュネーブ
1990年12月	第45回国連総会 条約作成のための政府間交渉委員会設立(INC)	米国・ニューヨーク
1991年2月	第1回政府間交渉会合(INC1)	米国・ワシントン
1991年6月	第2回政府間交渉会合(INC2)	スイス・ジュネーブ
1991年9月	第3回政府間交渉会合(INC3)	ケニア・ナイロビ
1991年12月	第4回政府間交渉会合(INC4)	スイス・ジュネーブ
1992年2月	第5回政府間交渉会合(INC5)	米国・ニューヨーク
1992年5月	第5回政府間交渉再開会合(INC5 part 2) 条約採択	米国・ニューヨーク
1992年6月	国連環境開発会議 条約署名開始	ブラジル リオ・デ・ジャネイロ
1992年12月	第6回政府間交渉会合(INC6)	スイス・ジュネーブ
1993年3月	第7回政府間交渉会合(INC7)	米国・ニューヨーク
1993年8月	第8回政府間交渉会合(INC8)	スイス・ジュネーブ
1994年2月	第9回政府間交渉会合(INC9)	スイス・ジュネーブ
1994年3月	条約発効	——

(出所)亀山(2002a)，田邊(1999)より作成

会議の末，地球温暖化への懸念とその対策への必要性が打ち出された[11]。

1988年6月には，カナダのトロントで「変化する地球大気に関する国際会議」が開催された。この会議では2005年までにCO_2排出量を1988年比で20%削減，長期に50%削減を目指すべきとの勧告が出された。1989年11月にはオランダのノルトヴェイクで初の閣僚級会合が開かれた。

先進工業国が主催する国際会議が行われる一方で，国連による取り組みも進められていく。1988年12月にはUNEP(United Nations Environment Programme：国連環境計画)とWMO(World Meteorological Organization：世界気象機関)によって，IPCCが設立された。

IPCCは気候変動に関する科学的知見の現状をレビューする組織である。IPCCでは，3つの作業部会が設定されている。第1作業部会は地球温暖化・気候変動の現象を科学的に解明している。第2作業部会では，地球温暖化・気候変動の影響，適応を扱う。そして，第3作業部会は温室効果ガス排出量の削減策について検討している。

1990年8月にIPCCは第1次評価報告書を公表した。この報告書は条約の採択に向けて，基礎的な科学的知見を提供することになった[12]。その後も第2次(1995年)，第3次(2001年)，第4次(2007年)の評価報告書が公表された。これらの報告書は地球温暖化・気候変動に関する科学的知見を深めることで，国際交渉の進展に貢献している。

1990年12月の国連総会で，政府間交渉プロセスとしてINC(Intergovernmental Negotiating Committee：政府間交渉委員会)を設置する決議が採択された。1991年2月から交渉が始められ，1992年5月のINC5再開会合で条約が採択された。条約は同年6月の国連環境開発会議で署名のために開放され，1994年3月に発効した。

条約の発効後，条約の内容を強化する議定書の採択を目指して，条約締約国会議(COP：Conference of the Parties to the UNFCCC)が1995年3月から始められた。表序-2は議定書の採択に至る国際交渉の歴史を示したものである。COP1(条約第1回締約国会議)では，ベルリン・マンデートが採択され，COP3

序章　気候変動問題に関する国際協力論　9

表序-2　気候変動問題に関する国際協力史(2)：議定書の採択まで

年月	国際的取り組み	場所
1994年8〜9月	第10回政府間交渉委員会会合(INC10)	ジュネーブ
1995年2月	第11回政府間交渉委員会会合(INC11)	ジュネーブ
1995年3〜4月	条約第1回締約国会議(COP1) ベルリン・マンデート採択	ベルリン
1995年8月	第1回ベルリン・マンデートに関する特別委員会(AGBM1)	ジュネーブ
1995年10〜11月	第2回ベルリン・マンデートに関する特別委員会(AGBM2)	ジュネーブ
1996年3月	第3回ベルリン・マンデートに関する特別委員会(AGBM3)	ジュネーブ
1996年7月	第4回ベルリン・マンデートに関する特別委員会(AGBM4) 条約第2回締約国会議(COP2)	ジュネーブ
1996年12月	第5回ベルリン・マンデートに関する特別委員会(AGBM5)	ジュネーブ
1997年3月	第6回ベルリン・マンデートに関する特別委員会(AGBM6)	ボン
1997年6月	国際連合環境特別総会	ニューヨーク
1997年7〜8月	第7回ベルリン・マンデートに関する特別委員会(AGBM7)	ボン
1997年10月	第8回ベルリン・マンデートに関する特別委員会(AGBM8)	ボン
1997年12月	条約第3回締約国会議(COP3) 議定書採択	京都

(出所)亀山(2002a, p.5)，田邊(1999, pp.3-4)より作成

(条約第3回締約国会議)までに，新たな議定書あるいはそれに代わる法的文書の採択が目指されることになった。

1995年8月以降，8回にわたって行われたAGBM(Ad hoc Group for Berlin Mandate：ベルリン・マンデートに関する特別委員会)では，議定書の内容に関する議論が進められた。この議論の集大成として，1997年12月には日本の京都で議定書が採択された。

だが，議定書は駆け込み的に採択されたこともあって，議定書を発効させるための要件が十分に整っていなかった。そこで，表序-3で示すように，議定書の発効要件を整備するための国際交渉が進められることになった。

2001年3月に米国政府が議定書の批准を拒否すると発表し，議定書の発効が危惧された。このような事態を乗り越え，2001年にはボン合意とマラケシュ合意が採択され，議定書の発効要件が整えられた。日本政府は2002年6月に議定書を批准した。そして，ロシアの批准後，2005年2月に議定

表序-3　気候変動問題に関する国際協力史(3)：議定書の発効まで

年月	国際的取り組み	場所
1998年11月	条約第4回締約国会議(COP 4) ブエノスアイレス行動計画採択	ブエノスアイレス
1999年10～11月	条約第5回締約国会議(COP 5)	ボン
2000年11月	条約第6回締約国会議(COP 6)	ハーグ
2001年 7月	条約第6回締約国会議再開会合 ボン合意採択	ボン
2001年11月	条約第7回締約国会議(COP 7) マラケシュ合意採択	マラケシュ
2002年 8～9月	「持続可能な開発・発展」に関する世界サミット	ヨハネスブルグ
2005年 2月	議定書発効	──

(出所)亀山(2002a, p.5)より作成

書が発効された。

　議定書が発効されたことで，先進国に課せられた議定書の約束履行が正式に求められることになった。2008年は先進国が議定書の約束を履行する期間の開始年であった。この意味において，2008年はこれまでの地球温暖化・気候変動問題に関する国際協力の進捗状況を評価する歴史的契機と位置づけることができる。ここに2008年に日本でも地球温暖化・気候変動問題が集中的に取り上げられている歴史的背景があった。

3．国際協力の評価準備

　前節まで，地球温暖化・気候変動の現象と特徴，ならびに，地球温暖化・気候変動問題に関する国際協力史を論じた。地球温暖化・気候変動問題に関する国際協力の必要性を指摘するとともに，2008年がその国際協力を評価する歴史的な契機に当たることを明らかにした。

　本節では，地球温暖化・気候変動問題に関する国際協力の現状評価を行うための準備として，まず，第1項で地球温暖化・気候変動問題の国際協力および先進国・途上国の区分と定義を行う。なお，本節で取り上げる以外の用語は適宜定義する。次に，第2項では国際協力の評価を行う意義について論じる。そのうえで，第3項では本書で適用する国際協力の評価手法の概要を

示す。第4項では，本書の研究対象国と位置づける日本が関わる国際協力を取り上げる理由について明らかにする。

3-1．用語の定義と区分

本書では，地球温暖化・気候変動問題の国際協力を「国際交渉過程」と「約束履行過程」，ならびに，「緩和」と「適応支援」に大きく分けて論じる。

国際交渉過程とは，地球温暖化・気候変動問題に関する国際的な合意事項が決められていくプロセスを表す。特に条約と議定書は地球温暖化・気候変動問題に関する国際協力の基礎を形成している。一方，約束履行過程とは，国際合意で定められた約束を守るための政策措置[13]（約束履行措置）が行われるプロセスを表す。各国が行う政策措置は，国内で行われるもの（国内政策措置）と，他国との間で行われるもの（国際協力）に大きく分けられる。

次に，気候変動問題の国際協力に関するもう1つの区分として，「緩和」[14]（mitigation or abatement：「抑制」・「軽減」も使われる）と「適応支援」を説明する[15]。

気候変動の緩和とは，人為的な温室効果ガスの排出を減らすことで，大気中濃度が上がることを食い止めようとする取り組みである。本書では以下，地球温暖化の防止と同義として用いる[16]。

適応（adaptation）[17]とは，地球温暖化・気候変動の現象で生じるさまざまな悪影響に対処することである。適応支援とは，地球温暖化・気候変動によるさまざまな悪影響に適応しようとする国家への援助を示す。

気候変動は一度生じると元の状態に戻すことができない不可逆性があると認識されているために，生じた悪影響に適応していく必要がある。特に途上国は，先進国と比べて気候変動に適応するうえで資金面をはじめとしたさまざまな制約があるので，先進国や国際機関などによる援助が必要になる。

表序-4は気候変動問題の解決に向けた取り組みを整理したものである。この取り組みは気候変動の緩和と適応，ならびに，国内的活動と国際的活動に大きく分けられる。緩和に関する取り組みのうち，国内的活動は「緩和に関する国内政策措置」，国際的活動は「緩和に関する国際的政策措置（国際協

表序-4　気候変動問題の解決に向けた取り組みの区分

	気候変動の緩和	気候変動への適応
国内的活動	緩和に関する国内政策措置	適応に関する国内措置
国際的活動	緩和に関する国際的政策措置（国際協力）	適応に関する国際的措置（国際協力）：適応支援

力）」と示した。一方，適応に関する取り組みのうち，国内的活動は「適応に関する国内措置」，国際的活動は「適応に関する国際的措置（国際協力）：適応支援」と表した。

本書では，気候変動の緩和と適応に関する国際協力を対象事例として取り上げる。緩和については，第3章において国内政策措置の進捗状況を検討したうえで，国際協力の現状評価に反映させる。

次に，本書で使う先進国と途上国の区分について説明する。先進（工業）国（developed countries）については，気候変動問題の国際合意を踏まえ，先進締約国[18]，条約附属書Ⅰ締約国（附属書Ⅰ国と略す），条約附属書Ⅱ締約国（附属書Ⅱ国と略す），議定書附属書B締約国（附属書B国と略す）を適宜使い分ける。同じく，開発途上国（developing countries：単に途上国と略して使う場合もある）は，開発途上締約国[19]，非附属書Ⅰ国，非附属書B国を適宜使い分ける[20]。

表序-5は，条約や議定書など国際合意で示されている先進国を区分したものである。附属書Ⅰ国は条約の附属書Ⅰに記された条約締約国と地域経済機関（地域的な経済統合のための機関[21]）で構成される。附属書Ⅰ国には条約4条2で，CO_2その他の温室効果ガスの人為的な排出量を2000年までに従前の水準に戻す約束が課せられた[22]。

附属書Ⅱ国は条約の附属書Ⅱで示され，附属書Ⅰ国から市場経済への移行過程にある国とその他の国を除いたOECD（Organization for Economic Cooperation and Development：経済協力開発機構）加盟国[23]で構成される。附属書Ⅱ国には条約4条3から4条5に基づき，開発途上締約国に対して資金供与や技術移転などを行うことが求められている[24]。

附属書B国は議定書の附属書Bに記された条約締約国と地域経済機関で

表序-5 気候変動問題の国際合意における先進国の区分

国名	附属書Ⅰ国	附属書Ⅱ国	附属書B国		
オーストラリア	○	○	108	OECD加盟国	
オーストリア	○	○	92	OECD加盟国	欧州共同体加盟国
ベラルーシ	○				市場移行国
ベルギー	○	○	92	OECD加盟国	
ブルガリア	○		92		市場移行国
カナダ	○	○	94	OECD加盟国	
クロアチア	○		95		市場移行国
チェコ	○		92	OECD加盟国	市場移行国
デンマーク	○	○	92		欧州共同体加盟国
欧州経済共同体	○		92		
エストニア	○		92		市場移行国
フィンランド	○	○	92		
フランス	○	○	92		欧州共同体加盟国
ドイツ	○	○	92		
ギリシャ	○	○	92	OECD加盟国（経済協力開発機構）	
ハンガリー	○		94		市場移行国
アイスランド	○	○	110		
アイルランド	○	○	92		欧州共同体加盟国
イタリア	○	○	92		
日本国	○	○	94		
ラトヴィア	○		92		市場移行国
リヒテンシュタイン	○		92		
リトアニア	○		92		市場移行国
ルクセンブルク	○	○	92	OECD加盟国	欧州共同体加盟国
モナコ	○		92		
オランダ	○		92		欧州共同体加盟国
ニュージーランド	○		100	OECD加盟国	
ノールウェー	○		101		
ポーランド	○		94		市場移行国
ポルトガル	○	○	92		欧州共同体加盟国
ルーマニア	○		92		
ロシア連邦	○		100		市場移行国
スロヴァキア	○		92	OECD加盟国	
スロヴェニア	○		92		
スペイン	○	○	92		欧州共同体加盟国
スウェーデン	○	○	92	OECD加盟国	
スイス	○	○	92		
トルコ	○	○			
ウクライナ	○		100		市場移行国
グレート・ブリテン及び北部アイルランド連合王国	○	○	92	OECD加盟国	欧州共同体加盟国
米国	○	○	93		

(注) 附属書B国の欄に記している数値は、「排出の抑制及び削減に関する数量化された約束（基準となる年または期限に乗ずる百分率）」である。
(出所) 地球環境法研究会 (2003, pp.484-485, p.495) より作成

構成される。附属書Ⅰ国からはトルコとベラルーシが除かれている。これら両国を除く附属書Ⅰ国が附属書B国と位置づけられる。附属書B国には緩和に関して，議定書3条1で第1約束期間(2008～2012年の5年間)における約束の履行(数値目標の達成)が求められている[25]。表序-5で示すように，日本にも第1約束期間に基準年比で6％の温室効果ガス排出量を削減する約束・数値目標が課せられている[26]。

3-2．国際協力を評価する意義

前節でこれまでの歴史を見てきたように，気候変動問題の国際協力は何度か転換点を迎えていた。その1つとして，例えば条約と議定書それぞれの採択および発効が挙げられる。

気候変動問題の解決に向けた国際協力の歴史上，2005年もその転換点と位置づけることができる。その理由の1つは，第1約束期間に向けた国際協力が国際交渉過程から約束履行過程へと本格的に移ることにあった[27]。

附属書B国は2005年2月に議定書が発効されたことで，第1約束期間における約束の履行に向けて，緩和の政策措置を国内外で本格的に進めていくことになった。また，今後の国際交渉の進展にあわせ，条約と議定書で定められた開発途上締約国への適応支援も本格的に進められることになる。

もう1つの理由は，2005年が議定書3条9に基づき，2013年以降に向けた協議項目をめぐる国際交渉が始められる転換点になっていたことである[28]。議定書では第1約束期間における約束と政策措置が定められ，2013年以降における約束の設定や国際協力の枠組は2005年から始められる国際交渉で協議されている。また，2013年以降に関する国際交渉では，第1約束期間における約束履行の進捗状況を評価しながら[29]，積み残された交渉課題が検討される。

さらに，議定書ではこれまでの国際協力を評価するように定められていると解釈できる。議定書3条2は，附属書Ⅰ国が2005年までに議定書に基づく約束の達成に明らかな前進を示すように求めている[30]。附属書Ⅰ国が明らかな前進を示しているか否かを判断するためには，これまでの附属書Ⅰ国に

よる政策措置の評価が必要になる。すなわち、この条項は2005年までに附属書Ⅰ国による第1約束期間の約束履行状況を評価するように求める規定になっている。

　上記した現状認識と規定内容から、2005年は国際協力の現状評価を行うべき時機となっていた。そして、第1約束期間の開始年である2008年も、これまでの気候変動問題に関する国際協力を評価しはじめる時機と位置づけることができる。2005年が中間評価の年と捉えられるならば、2008年からの第1約束期間では気候変動問題の国際協力に関して本格的な評価が求められる。

　また、2009年9月に鳩山由紀夫内閣総理大臣(当時)は、国連気候変動首脳会合における演説で、具体的な中期目標の数値と途上国支援に関する「鳩山イニシアティブ」を発表した。中期目標として、すべての主要国の参加による意欲的な目標の合意を前提としながらも、日本は温室効果ガスを2020年までに1990年比で25％削減することを目指すと国際社会に約束した。途上国支援については、これまでと同等以上の資金的、技術的支援を行う用意があること、公的資金が民間資金の呼び水となるような効果的な仕組み作りを各国首脳と検討すること、などを国際社会に問うている[31]。

　このような意欲的な中期目標を打ち出した日本が温室効果ガス排出量25％削減をどのように達成し、これまでと同等以上の途上国支援に関する「鳩山イニシアティブ」をどのように進めるかについて、今後さらに検討していかなければならない[32]。そのためにも、これまでの気候変動問題に関する国際協力を適宜評価しつづける必要がある。

　本書では、日本を研究対象国と位置づけ、主として2007年までの国際協力の現状評価を行う。この場合の「現状」とは2007年現在までの国際協力の状況を指す。本書で行う国際協力の「現状」評価は、中間評価の時期と位置づけられる2005年を経て、本格的な評価が行われるべき第1約束期間の前段階に当たる。したがって、本書では、2007年現在までにおける国際協力の中間評価を行うとともに、第1約束期間の本格的な評価にも活用できる

評価手法を設定し，国際協力の評価に適用する。

3-3．国際協力に関する評価手法の概要

前項では，気候変動問題に関する国際協力の現状評価を行う必要性について示した。次に，この国際協力をどのように評価するか，評価手法が問われる。気候変動問題に関する国際協力の評価手法は学術的，実践的課題であり，多様なアプローチがあり得る。本書では，本章の第1節で示したような気候変動問題とその国際協力の特徴を踏まえ，国際協力の評価手法を検討し，提案する。

気候変動は多くの原因が複雑に絡み合うことで生じている。そして，気候変動問題は地球規模で人類や生態系に影響が及ぶ環境問題，地球環境問題であり，超長期間にわたる人類共通の課題と認識されている。すなわち，気候変動の現象および問題の特徴は，複雑かつ複合的な要因で生じ，長期間かつ広範囲に人類や地球上の生態系へ悪影響を及ぼすところにある。

このような問題の解決を目指し，国際合意において，10年程度を対象期間とする約束が定められた。100年を念頭におく超長期的な人類共通の課題に対処するためには，この約束の履行をはじめとする国際協力の進捗状況について評価しつづける必要がある。同時に，現状評価を踏まえたうえで，気候変動問題に関する国際協力が進まない要因を検討することも必要不可欠な研究課題である[33]。

本書では，気候変動に関する現象と問題の特徴を踏まえ，この問題に関する国際協力の現状評価を行い，阻害要因を検討するための適切な手法として，諸科学を総合する広領域学と位置づけられる国際関係学にとっての鍵概念である「関係性」，ならびに，「総合性」と「学際性」の方法論的特長を持つ環境政策研究のアプローチを採用する[34]。複雑かつ複合的な要因で生じ，長期間かつ広範囲に悪影響を及ぼす特徴がある気候変動問題に関する国際協力の現状を評価し，その阻害要因を解明するためには，複数の学術分野や概念を関係づけたアプローチが必要になるからである。

気候変動問題に関する環境政策研究では，自然科学や社会科学の専門分化

が進む一方,「統合評価モデル」のように学際化,総合化の動きも見られる[35]。この動きは複数の要因が複雑に絡みあって生じる気候変動の現象と問題の特徴を踏まえた評価手法論と捉えることができ,個別学術分野における専門分化の限界を克服する試みである。これは評価領域において,経済学・心理学・政治学・人類学がその発展に貢献しているとともに,学際的な相互借り入れが広範囲に行われることにも通じている。

上記した評価手法論の動向も踏まえ,本書では気候変動を社会的介入[36]が必要な問題と捉えたうえで,環境政策研究における複数の社会科学分野から,気候変動問題の国際協力に関連する複数の要素を体系的に結びつけて評価枠組を設定し,事例研究に適用する。評価枠組の設定と適用は,「関係性」に基づき,国際協力の現状評価を学際的,総合的に行うための試みである。このような評価手法には,気候変動問題に関する国際関係学および環境政策研究の発展に貢献できる学術的意義があるとともに,気候変動問題の解決につながり得る実践的意義を持っている。

国際関係学の鍵概念である「関係性」と環境政策研究における社会科学分野の学際的なアプローチに基づき,気候変動問題の国際協力に関連する要素を総合的,体系的に結びつける評価手法の内容については,第1章で詳しく検討する。

3-4. 日本を研究対象国と位置づける理由

本書では,日本を研究対象国と位置づけ,気候変動問題に関する国際協力の現状評価を行う。日本を研究対象国と位置づける第1の理由は,気候変動問題の国際協力における責任と役割の重要性にある。

附属書B国である日本は議定書3条1に基づき,第1約束期間における温室効果ガス排出削減の約束,すなわち,緩和に関する数値目標を守らなければならない。日本政府は2002年6月に議定書を批准したことから,第1約束期間における数値目標の達成に向けた政策措置を国内外で進める必要がある。

また,2011年11月現在,米国が議定書に批准していないことから,気候

変動問題に関する国際協力の維持と進展について，日本の存在と役割が相対的に重視される。

同じく，附属書Ⅱ国でもある日本は，気候変動問題に関して開発途上締約国への支援を進めていかなければならない。特に条約4条3から4条5に基づき，開発途上締約国による気候変動への適応を支援する必要がある。

日本を研究対象国と位置づける第2の理由は，気候変動問題の国際協力を重視しなければならない国内事情にある。

日本は2007年度の温室効果ガス排出状況から，第1約束期間における数値目標を達成することが難しいと見られている[37]。このような現状から，EU(European Union：欧州連合)に比べ，議定書の約束履行において，緩和に関する国際的な政策措置(国際協力)である京都メカニズムを重視せざるを得ない。

一方，開発途上締約国との関係を踏まえると，京都メカニズムを利用するうえで，日本政府は緩和に関する国内政策措置と国際協力の調整を図る必要がある。このように，緩和に関する約束履行を目指すとともに，開発途上締約国との関係を踏まえながら京都メカニズムを利用しなければならない日本の国内事情については，第3章で詳しく検討する。

また，日本政府はODA(Official Development Assistance：政府開発援助)の原則を定めた「ODA大綱」(1992，2003年)で環境保護の重視を定め，適応支援に関連する環境ODA(環境保護・保全に関する政府開発援助[38])を進めている。一方，日本政府の厳しい財政事情もあり，近年資金面を含めたODAのあり方が問われている。このような背景もあり，日本政府は国際交渉で京都メカニズムの1つであるCDM(Clean Development Mechanism：クリーン開発メカニズム)にODA向けの資金を活用するように提案した。だが，日本政府の提案は各国の賛同を得られなかった。

日本政府は気候変動問題の国際協力に重要な責任と役割を担う一方，特に緩和に関する約束履行で厳しい国内事情を抱えている。このような両面を持つことが，本書で日本を研究対象国として取り上げる理由である。

日本が関わる国際協力の対象事例として，緩和に関するCDMと適応支援

に関する環境ODAに焦点を当てる。本書では，日本政府が関わるCDMと環境ODAの実施状況を検討することで，気候変動問題に関する日本の国際協力の現状評価を行う。

4．本書の目的と構成

本書の研究目的は，日本を研究対象国と位置づけ，気候変動問題に関する国際協力の現状評価を行うことによって，そこで適用した評価手法を実証的に検討することにある。この研究目的は次章以降で具体的に検討される。そこで，本節では次章以降の構成，概容および研究手法について概説する。

第1章では，気候変動問題の環境政策に関する先行研究をレビューし，この問題の国際協力を評価するための分析枠組を設定する。この評価枠組は，気候変動問題の国際協力に関連する要素と同問題の解決に向けた世界的な多国間協力の阻害要因を体系的に関係づけたものである。あわせて，設定した評価枠組を適用することで，日本が関わる国際協力の現状評価を行う手順について説明する。

第2章では，議定書が発効されるまでの国際交渉過程を対象として，緩和と適応支援の両面について，国際合意の規定，国際協力の評価基準と論点，多国間協力の阻害要因を関係づけて検討する。あわせて，これらの協議における日本政府の主張と立場を論じる。そのために，条約事務局，日本政府，環境NGO(Non-Governmental Organization：非政府組織)が公表した資料の調査と国際交渉の進捗状況について論じている文献の調査を行う。この国際交渉過程の検討結果を踏まえ，第1章で示した評価枠組に基づき，日本が関わる国際協力の現状評価を行うための評価事項を設定する。

第3章～第5章では，第1章と第2章で設定した評価枠組および評価事項を適用し，第1約束期間に向けた約束履行過程を対象に，日本が関わる気候変動問題の国際協力の現状を評価する。

そのうち，第3章と第4章では，緩和の国内政策措置と国際協力に共通する論点を取り上げる。同じく，第4章と第5章では，緩和と適応の国際協力

に共通する論点に着目する。日本政府が関わる国際協力の論点の確保状況を吟味し，第2章で設定した評価事項を検討する。特に日本が関わる国際協力は，気候変動問題の解決に向けた世界的な多国間協力の阻害要因に影響を及ぼしているか否かについて明らかにする。この検討結果に基づき，日本が関わる国際協力の現状評価を行う。

第3章では，日本政府と産業界および英国政府が公表した資料を調査し，緩和に関する日本の国内政策措置の進捗状況について検討する。特色ある政策措置として日本でも注目された英国のポリシー・ミックスと比較することで，日本の産業部門における国内政策措置の成果と課題を検討し，議定書で課せられた緩和に関する約束を履行するために，国際協力である京都メカニズムを積極的に活用せざるを得ない事情について論じる。あわせて，緩和に関する国内政策措置と国際協力の比率を調整しつづける必要があると提起する。

第4章では，緩和に関する日本の国際協力として，日本との関係が深いアジア地域の開発途上国（アジアの途上国と略す）であるベトナムにおけるCDMの現状評価を行う。同じく，第5章では，適応に関する日本の国際協力として，アジアの別の途上国であるモルディブにおける環境ODAの現状を評価する。日本政府が関わる国際協力の論点の確保状況を吟味し，第2章で設定した評価事項を検討することによって，日本が関わる国際協力の現状評価を行う。

終章では，2つの事例研究の結果に基づき，評価事項の検討結果，特に気候変動問題の解決に向けた世界的な多国間協力の阻害要因への影響を検討した結果についてまとめることで，日本が関わる国際協力の現状評価の結果を示し，その政策課題を提起する。また，日本を研究対象国と位置づけた事例研究の結果を踏まえ，気候変動問題に関する国際協力の評価手法について実証的に提案する。この評価手法は，「関係性」および「総合性」・「学際性」と過程・歴史を重視した段階的かつ体系的な特長があることについて明らかにする。

1) 1988年の国連総会で，マルタ政府は，海洋法の交渉で提唱された「人類共同の遺産」を「気候の維持」，すなわち，地球温暖化・気候変動問題にも適用することを提唱した。それは国連決議として採択された。United Nations General Assembly (1988) A/RES/43/53，横田 (1997, p.63)，中島清隆 (2003, p.2)
2) 国際協力 (international cooperation) は「複数のアクターが，ある共通の目的に関する合意形成を図るために，あるいは合意された共通の目的実現のために，国境を越えて，個と全体の利益を調整しながら，持てる『力』(構想力・交渉力・実行力) をお互いに出し合う政治的プロセス」と定義される。後藤監修 (2004, p.76)，高木編 (2004, p.29)。なお，本書は環境政策論における社会科学分野のアプローチをとることから「政治的」プロセスだけに焦点を当てていない。川田・大畠編 (2003, p.232) では，国際協力が広義に政治的な活動を含みうるが，一般的には経済的，文化的，人道的活動を指すことが多いと指摘する。
3) Nobelprize.org ホームページ (2008年7月14日現在), http://nobelprize.org/nobel-prizes/peace/laureates/2007/index.html
4) 条約1条5では，「大気を構成する気体 (天然のものであるか人為的に排出されるものであるかを問わない) であって，赤外線を吸収し及び再放射するもの」と定義される。地球環境法研究会 (2003, p.476)
5) IPCC (2002, p.24)。それぞれの温室効果ガスの大気中の寿命は，CO_2 が5～200年，メタンが12年，一酸化二窒素が114年，クロロフルオロカーボンが45年，ハイドロフルオロカーボンが260年となっている。IPCC (2002, p.33)
6) IPCC (2002, p.10, p.26), (2007a, p.5), (2009, p.2, p.27)
7) IPCC (2007a, p.13), (2009, p.8, p.35, p.95), 木本 (2007, p.699)
8) IPCC (2002, p.21, p.60, p.69), (2007a, p.13), (2009, p.8, p.35, p.95), 木本 (2007, p.699)
9) IPCC (2002, pp.68-70), (2007b, p.16), (2009, p.10), 原沢 (2007, p.719)
10) 高村 (2005c, pp.45-48), 田邊 (1999, pp.15-17)
11) 竹内 (1998, p.5)
12) オーバーチュアー・オット (2001, p.4), IPCC (2002, p.23)
13) 政策措置 (policies and measures：政策および措置) について，グラブ・フローレイク・ブラック (2000, p.82) は，条約締約国および議定書締約国が，温室効果ガスの排出を削減，抑制する，ならびに，吸収源を拡大するためのあらゆる行動 (国内的行動と国際的行動) と定義する。また，この定義や議定書2条1(a)，2条1(b) でも示されているように，政策措置は気候変動の緩和に限定され，気候変動への適応支援には適用されていない (地球環境法研究会, 2003, p.485)。
14) Yamin and Depledge (2004, p.76) は，緩和を「排出源からの温室効果ガスを減らすこと，あるいは，吸収源による温室効果ガスの除去を増やすための人為的干渉」と定義する。環境省 (2004a, p.4) は，緩和を「温室効果ガスの排出削減及び吸収」と定義する。
15) 羅・植田 (2002, pp.33-34)，西岡 (2000, p.46)，松岡・森田 (2002, p.53)，標 (2003, p.99)，Bodansky (1993, p.456)，フィールド (2002, p.373)。Sprinz (2001, p.248)，松本 (2005, p.124) は，気候変動への対応策 (気候変動問題に関する政策) として，抑制 (緩和) と適応を挙げる。羅・林 (2005, p.194) は，地球温暖化・気候変動の悪影響への対策として，緩和措置と適応対策を挙げる。前者には，①温室効果ガス排出量を削減，抑制すること，②吸収源を増やして温室効果ガス排出量の増加を相殺することを含めている。船尾 (2005, p.126) は，気候変動への対応に必要な経費として，①気候変動自体を抑制，

緩和するための経費，②気候変動の起因する問題に適応するための経費を挙げる。

[16] 以下，正式な法律や計画，組織名，あるいは引用箇所など以外では，「地球温暖化」を「気候変動の緩和」あるいは「気候変動」と表す。

[17] 適応について，GEF(Global Environment Facility：地球環境ファシリティ)Council(2004, p.4)は，IPCCとUNDP(United Nations Development Programme：国連開発計画)の定義を援用している。前者は適応を「現実あるいは予期される気候への刺激や影響に対する調整」，後者は気候現象の影響を和らげ，対処し，利用する政策が高められ，発展し，行われるプロセスと定義する。Lim and Spanger-Siegfried(2005, p.9, p.36, p.248)は適応を「気候に関する出来事の結果を緩和，対処し，利用するための戦略が開発され，行われる過程」，環境省(2004a, p.4)は「地球温暖化による悪影響に対する対処」と定義する。

[18] 条約や議定書を結んだ先進国である。

[19] 条約や議定書を結んだ開発途上国である。

[20] 米本(1994, pp.132-133)は，条約に関する特徴の1つとして，国際的な取り決めの場では，本来対等な存在であるはずの主権国家が先進国と開発途上国の二分法で分けられていることを挙げる。さらに，先進国を附属書Ⅰ国と附属書Ⅱ国の2種類に分けていることも条約の特徴の1つとして挙げる。

[21] 条約1条6では「特定の地域の主権国家によって構成され，この条約又はその議定書が規律する事項に関して権限を有し，かつ，その内部手続に従ってこの条約若しくはその議定書の署名，批准，受諾若しくは承認又はこの条約若しくはその議定書への加入が正当に委任されている機関」と示されている。地球環境法研究会(2003, p.476)

[22] 地球環境法研究会(2003, pp.477-478)，西井(2001, p.113)

[23] OECDの加盟国は1992年まで24カ国であった。その後，2011年5月時点で34カ国になっている。OECD東京センターhttp://www.oecdtokyo.org/outline/about02.html#02(2011年12月11日現在)

[24] 地球環境法研究会(2003, p.478)

[25] 地球環境法研究会(2003, p.486)

[26] 議定書3条7では，第1約束期間に，1990年を基準年・期間における6種類の温室効果ガス(議定書附属書Aで規定)をCO_2に換算した人為的な排出量の合計に附属書Bに記載する百分率94を乗じたものに5(第1約束期間の5年間)を乗じて得た値に等しいものとすることが記されている。すなわち，日本政府には，基準年である1990年における6種類の温室効果ガス排出量から6%減らした同排出量5年分(年11億8,534万CO_2換算トン×5年間＝59億2,670万CO_2換算トン)が認められている。

[27] 亀山(2001, p.5)

[28] 地球環境法研究会(2003, p.487)，グラブ・フローレイク・ブラック(2000, p.119)。環境省(2004a, p.3)は，この条文の他に，2013年以降に向けた第2(次期)約束期間の枠組について交渉を開始する根拠として，議定書9条2，13条4(b)，条約4条2(a)，7条2(a)を挙げている。

[29] 議定書13条4(a)では，COP／MOP(Conference Of Parties／Meeting Of the Parties to the protocol：議定書締約国会議)において，議定書の実施状況や条約の目的達成に向けた進捗状況が，定期的に検討することが示されている。地球環境法研究会(2003, p.491)

[30] 地球環境法研究会(2003, p.486)，グラブ・フローレイク・ブラック(2000, p.119)

[31] 首相官邸ホームページ「国連気候変動首脳会合における鳩山総理大臣演説」，平成21

年 9 月 22 日, http://www.kantei.go.jp/jp/hatoyama/statement/200909/ehat_0922.html(2011 年 12 月 11 日現在)

[32] 「鳩山イニシアティブ」を発表後,日本政府内では,開発途上国支援に関する「鳩山イニシアティブ」の具体化が検討され,2009 年 11 月に開発途上国向けの多国間の支援の制度的枠組(2013 年以降)についての提案,同年 12 月には「『鳩山イニシアティブ』における 2012 年末までの途上国支援について」が発表された。外務省ホームページ「気候変動問題と日本の取り組み」平成 22 年 4 月,http://www.mofa.go.jp/mofaj/gaiko/kankyo/kiko/torikumi.html(2011 年 12 月 11 日現在)

[33] 中島清隆(2003)では,「人類益」という概念を用い,各国の国益と対比させながら,地球温暖化問題の国際交渉における「積極派」と「消極派」の主張や動向を分析することで,国際交渉の阻害要因を検討した。

[34] 百瀬(2003, p.20),西川(2005, p.47)

[35] 松岡・森田(1999, p.38, p.44)

[36] ロッシ・リプセイ・フリーマン(2005, p.29)は,社会的介入(social intervention)を「社会問題を緩和する,あるいは社会状況を改善するためにデザインされた組織的,計画的そして通常は現在継続中の取り組み」と定義する。

[37] 2008 年度における 6 種類の温室効果ガス排出総量は基準年よりも 1.6%増,2009 年度は同 4.1%減となっており,第 1 約束期間における数値目標達成の見込みが出ている。環境省(2011b, p.2)より試算。

[38] 後藤監修(2004, p.42)

第1章　気候変動問題に関する国際協力の研究史

1. 先行研究のレビュー
2. 評価枠組の設定
3. 評価枠組の特長

学者たちの白熱する議論〜深化する学問（イラスト・佐藤史子）

　気候変動問題の環境政策に関する先行研究をレビューし，国際協力を評価するための枠組を設定した。この評価枠組は国際合意の規定，国際協力の評価基準と論点，気候変動問題の解決に向けた世界的な多国間協力の阻害要因を体系的に関係づけたものである。

本章[1]では，環境政策研究の社会科学分野で気候変動問題の国際協力を扱う先行研究について検討する。この先行研究のレビューを踏まえ，気候変動問題に関する国際協力の現状評価を行うための分析枠組(評価枠組)を設定する。

第1節では，国際協力に関する研究の動向を検討することで，本書の研究対象を絞り，評価枠組を構成する2つの要素(構成要素1と2)を導き出す。また，政策科学の観点から環境政策における基本的な評価枠組を検討する。次に，環境政策研究の社会科学分野における先行研究を取り上げ，気候変動問題に関する国際協力とその評価基準がどのように論じられているかを検討し，国際協力に関する評価枠組を構成する2つの要素(構成要素3と4)および4つの評価基準(有効性・衡平性・効率性および「持続可能性」)の「関係性」を導き出す。

第2節では，環境政策における基本的な評価枠組と先行研究のレビューに基づき，4つの構成要素と4つの評価基準の「関係性」で構成される国際協力の評価枠組を設定する。あわせて，気候変動問題に関する国際協力の評価手順を次章以降の構成と内容に結びつけて論じる。

第3節では，設定された気候変動問題の国際協力に関する評価枠組の特長が，国際関係学の鍵概念である「関係性」を「学際性」と「総合性」として具体化することで，これまで個別的に扱われていた国際協力の関連要素を環境政策研究の社会科学分野から体系的に関係づけるところにあることについて明らかにする。

1. 先行研究のレビュー

1-1. 国際協力の研究動向

序章では，気候変動問題の国際協力を，国際交渉過程と約束履行過程，ならびに，緩和と適応支援に大きく分けた。気候変動問題の解決に向けた取り組みは複雑化，専門化している。このような現状認識に基づくと，気候変動問題の国際協力を便宜的に区分することが，その進捗状況を把握するために

必要である。

　本項では，上記の区分に基づき，気候変動問題に関する国際協力を扱う研究の動向について検討し，本書の研究対象を絞る。あわせて，この国際協力に関する評価枠組を構成する2つの要素(構成要素1と2)を導き出す。

　国際交渉過程に関しては，例えば，Bodansky(1993)，グラブ・フローレイク・ブラック(2000)，オーバーチュアー・オット(2001)，高村・亀山(2002)のように，実際の進捗状況にあわせて，緩和に関する国際交渉に焦点を当てた研究が積み重ねられている。

　同じく，亀山他(2004)，高村(2005a，2005b)，高村・亀山(2005)のように，緩和に焦点を当て，2013年以降における国際制度の提案を検討する研究も進められている。また，高村(2005a，2005c)のように，2013年以降の国際制度のあり方を検討する前提として，条約や議定書など現行の国際的な法的枠組を評価する研究も見られる[2]。特に高村(2005c)は，今後の交渉課題として議定書を批准していない附属書B国の復帰と開発途上締約国の将来的な参加を挙げている[3]。

　一方，議定書の発効要件が整えられた後，国際交渉での協議がさらに進められるようになったこともあり，適応および適応支援に対する学術的関心も高まっている[4]。原沢他(2003)は，IPCC第2次評価報告書が公表されてから，適応研究の重要性が認められてきたと指摘する[5]。Yamin & Depledge(2004)は，緩和に加えて，適応に関する国際交渉過程を検討している。また，久保田(2006)は，近年の国際交渉で適応策の重要性に対する認識が急速に高まってきた背景の1つとして，2013年以降の国際制度の枠組において，開発途上国，特に温室効果ガス大排出国の参加を求める観点から，先進国が適応支援に関する拡充の必要性を認識するようになったことを挙げる[6]。

　約束履行過程に関しては，緩和と適応支援の双方が研究課題になっている[7]。例えば，張(2005)や和気・早見(2004)で見られるように，緩和に関する日本の国際協力として，中国や東アジア地域でのCDMに関する実証研究が増えている。Lim & Spanger-Siegfried(2005)は，適応に関する政策の枠組を検討し，キリバス・ケニア・メキシコにおける事例研究を行っている。

気候変動問題の国際協力に関する研究動向を整理すると，気候変動問題の国際協力として，緩和と適応支援に関する約束履行過程が主な研究対象になっている。また，国際交渉過程では適応支援を対象として検討することに加え，約束履行過程における国際協力の進捗状況を踏まえた現状評価，2013年以降における国際協力のあり方を検討することが求められている。

　さらに，気候変動問題に関する国際協力の現状評価を行うためには，国際交渉過程と約束履行過程，ならびに，緩和と適応支援について，先行研究で見られたようにそれぞれ個別に検討することに加え，両者を関係づけて検討する必要がある。

　本書では，気候変動問題の国際協力として国際交渉過程と約束履行過程が同時に進められていくことを重視する[8]。この「関係性」については第2章で改めて検討する。

　一方，緩和と適応支援の国際協力は相互補完的な「関係性」にある。例えば，IPCC第3次・第4次評価報告書やHarris(2002)，原沢他(2003)，NEDO(New Energy and Industrial Technology Development Organization：新エネルギー・産業技術総合開発機構)・地球産業文化研究所(2000)は，緩和と適応の双方を取り上げる重要性を指摘する[9]。松本(2005)は，緩和と適応に関する議論を紹介し，両者を代替関係と捉えることの限界，ならびに，両者の適切な組み合わせの必要性を提起する[10]。また，Munasinghe & Swart(2005)は，緩和と適応が相互に補完しあうものの，望ましくないトレード・オフが生じる代替関係にもなり得ると指摘する[11]。

　本書では，国際協力の現状評価を行うために，国際交渉過程(第2章)，ならびに，緩和と適応支援に関する約束履行過程(第3～5章)を検討する。その際，本項で整理した研究動向に基づき，国際協力の評価枠組を構成する2つの要素として，国際交渉過程と約束履行過程の同時進行性(構成要素1)，ならびに，気候変動の緩和と適応支援に関する相互補完性(構成要素2)を取り上げる。

1-2. 環境政策の基本的な評価枠組

本書では，気候変動問題の国際協力を環境問題および環境保護・保全に関する公共政策(環境政策)の一分野として捉える。そのうえで，本項では，政策科学の観点から気候変動問題に関する環境政策の基本的な評価枠組を検討し，①国際協力の研究対象，②政策評価の基本枠組，③国際協力の評価基準，④環境政策研究の社会科学分野について順に説明する。

第1に，環境政策の定義を「環境」と「(公共)政策」に分けて検討する。まず，環境は国連人間環境宣言で自然のもの(大気，水，動植物など)と人によって作られるものに分けられている。環境は人間の生存を支えるものと位置づけられ，現在および将来の世代のために，適切に保護することが求められている(国連人間環境宣言1，原則1，原則2，原則4)[12]。

一方，公共政策は「社会全体あるいはその特定部分の利害を反映した何らかの公共的問題について，社会が集団的に，あるいは社会の合法的な代表者がとる行動方針」と定義される[13]。

この環境と公共政策の定義から，環境保護は人間の生存に関わる公共的問題であるために，その問題の解決に向けた行動方針が必要になるといえる[14]。したがって，環境政策は上記したように，環境問題および環境保護・保全に関する公共政策と定義できる。本書で論じる気候変動問題も環境保護・保全に関する公共的問題の1つであることから，環境政策の対象になる。

また，気候変動問題は国境を越える地球規模の環境問題であることから，一国内における公共政策を行うだけでは不十分であり，二国間および多国間における国際協力が必要になる。すなわち，環境政策の研究対象として気候変動問題に関する国内の公共政策に加え，その国際協力も扱う必要がある。この観点を踏まえ，本書では気候変動問題に関する日本国内の公共政策(政策措置)に加え，日本と関係が深いアジア途上国における国際協力を取り上げる。

さらに，本書では，気候変動問題に関する環境政策を行う「社会の合法的な代表者」として主権国家(中央政府)および経済団体を研究対象と位置づける[15]。

第2に，気候変動問題に関する国際協力の現状評価を行うために，政策科学の観点から政策過程に含まれる政策評価の基本枠組を検討する。

政策過程は政策決定・政策実施・政策評価という3段階の循環構造で成り立つ[16]。だが，政策過程における循環型の問題点が指摘されていることを踏まえ[17]，直線型(ライン&エンド型)の政策過程も提案されている[18]。この直線型では，政策評価が政策過程の最初から最後まであらゆる段階に組み込まれていて，事前評価・中間評価・事後評価に大きく分けられる[19]。

直線型の政策過程においては，図1-1で示すように，政策決定段階で事前評価，政策実施段階で中間評価および事後評価が適宜行われる[20]。また，政策科学の観点から政策(policy)・施策(program)[21]・事業(project)[22]の3つは組み合わせられている[23]。この政策の階層構造と直線型の政策過程に基づくと，表1-1で示すように，政策レベルだけでなく，施策レベルと事業レベルでも，決定段階と実施段階でそれぞれ評価が行われる[24]。

第3に，政策評価には政策目標が明らかにされた後，政策実施の影響や目

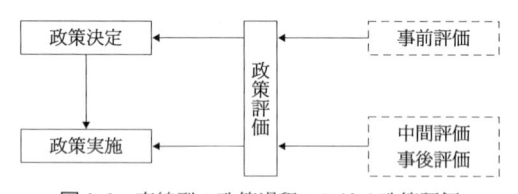

図1-1 直線型の政策過程における政策評価

表1-1 直線型の政策過程と政策階層構造

政策レベル	政策決定	政策評価	事前評価
	政策実施		中間・事後評価
施策レベル	施策決定	施策評価	事前評価
	施策実施		中間・事後評価
事業レベル	事業決定	事業評価	事前評価
	事業実施		中間・事後評価

(出所)図1-1を踏まえ，作成

標達成を評価するための基準,ならびに,政策目標を測定するための尺度が常に複数必要となる。本書では,気候変動問題の国際協力と関係が深い評価基準として,有効性(effectiveness)・公平性(衡平性：equity[25])・効率性(efficiency)および「持続可能性」(sustainability)を取り上げる[26]。気候変動問題に関する国際協力の評価基準については,第2章で詳しく取り上げる。

第4に,政策科学では公共政策と諸科学が相互に結びつけられている。政策科学および公共政策と最も関係が深い諸科学として,政治学・法律学・経済学などが挙げられる[27]。このような公共政策と諸科学の相互関連性に基づき,環境政策は学術的に環境問題および環境保護・保全に関する政治学・法律学・経済学といった社会科学から構成される。環境政策に関して,倉坂(2004),植田・森田(2003),蟹江(2004),Kraft(2004),高村(2005a)も,政治学・法律学・経済学などの社会科学や自然科学といった関連する諸分野を結びつける必要があると提起する[28]。

本書では,主権国家(政府)が関わる気候変動問題の国際協力を研究対象と位置づけることから,環境政策研究における3つの社会科学分野として政治・法律・経済の各分野を取り上げる[29]。

次項では,環境政策における先行研究で,気候変動問題に関する国際協力とその評価基準がどのように論じられているかについて検討する。そのために,国際協力との関連性に基づき,表1-2で示すように,政治・法律・経済といった3つの社会科学分野,ならびに,有効性・衡平性・効率性および「持続可能性」といった4つの評価基準を組み合わせ,次項における先行研究の検討で用いる枠組を設定する。

表1-2 環境政策研究における社会科学分野と評価基準の組み合わせ：検討前

評価基準／社会科学分野	政治分野	法律分野	経済分野
有効性			
衡平性			
効率性			
「持続可能性」			

(注)各空欄は,次項における検討事項である。

1-3. 環境政策研究の社会科学分野における先行研究

本項では，表1-2に基づき，環境政策研究における3つの社会科学分野，政治・法律・経済分野に関連した先行研究が，気候変動問題に関する国際協力およびその評価基準である有効性・衡平性・効率性および「持続可能性」をどのように論じているかについて検討する。

図1-2は，本項における学術的な位置づけとして，国際関係学と環境政策研究の「関係性」を示したものである。表1-2で示した環境政策研究における3つの社会科学分野として，環境政治学・国際環境法・環境経済学の議論をレビューする。

その一方で，本書では気候変動問題に関する日本の国際協力を取り上げることから，国際関係学の範疇にも含まれる。国際関係学を構成する分野のうち，国際政治学は環境政治学，国際法は国際環境法の基盤となっている。

したがって，本項では，国際関係学も交え，環境政策研究に関する3つの社会科学分野から先行研究を精査し，気候変動問題に関する国際協力およびその評価基準である有効性・衡平性・効率性および「持続可能性」をどのように論じているかについて検討する。

(1) 環境政策研究における政治分野の先行研究

環境政策研究の政治分野として，国際政治学におけるレジーム論と二層ゲームを用いている先行研究を取り上げ，気候変動問題に関する国際協力とその評価基準がどのように論じられているかについて検討する。政治分野における先行研究のレビューを踏まえ，国際協力の有効性を検討するために，

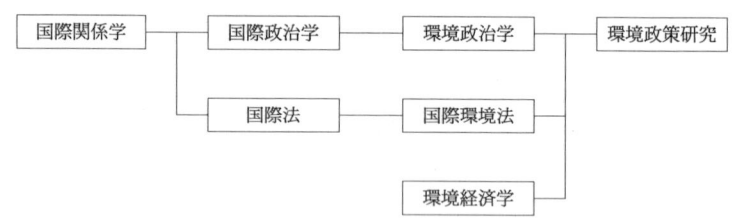

図1-2 本書における学術的な位置づけ：国際関係学と環境政策研究の「関係性」

国内的側面と国際的側面の相互作用が考慮されていることを指摘する。

レジーム論を適用した先行研究

レジーム論は国際政治学における一般理論の1つである[30]。レジーム論を適用している先行研究では，条約や議定書を「気候変動レジーム」と捉え，気候変動問題の国際交渉過程におけるレジームの形成と変容を分析している。

この研究では，例えば横田(1997, 2002)，沖村(2000)のように，力(power)・利益・知識といった複数の視角を適用することで，気候変動問題の国際交渉[31]において，主権国家をはじめとする行為主体の動向や関係，国家間の合意形成過程に関する多角的な分析が行われている[32]。そのうち，利益の要因において，参加国間での衡平性が取り上げられている[33]。

気候変動問題にレジーム論を適用した先行研究では，主にレジームの形成に焦点が当てられており，レジームの効果(有効性)についての検討は今後の研究課題と位置づけられている[34]。その際，ポーター・ブラウン(1998)や太田(1999)のように，レジームの形成に関する分析でも国内要因が踏まえられている[35]とはいえ，約束履行過程で各国における国内外の政策措置に関する進捗状況，ならびに，政策措置に携わる行為主体の動向や関係をどこまで検討できるかについては疑問が残る。すなわち，この先行研究では，「気候変動レジーム」の有効性を多角的に検討できたとしても，本書で論じる国際協力の有効性を評価するには限定的である。

亀山(2003)は，レジームの定義が幅広い協調を表しているために，レジームが存在しているか否かの判断が難しいという問題点を提示する。この問題点を克服するために，レジームの形成過程や成立・安定・発展条件，国家とレジームが相互に与えあう影響というように，レジームの機能の一部をより深く掘り下げた研究が近年増えていると指摘する[36]。

二層ゲームを適用した先行研究

本書で取り上げる国際政治学に関するもう1つの先行研究では，二層ゲーム(two-level game)[37]のアプローチを用い，気候変動問題に関する国内的側面(国内政治・国内政策)と国際的側面(国際政治・外交政策)の相互作用が検討される[38]。

二層ゲームを適用する研究分野は，特定国を取り上げる「地域研究」と複数国を取り上げる「比較研究」[39]に大きく分けられる。

前者に関連する研究として，蟹江(2001)は，気候変動問題に関して，国内調整，EU内交渉，国際(多国間)交渉といった複数の次元で，行為主体間のコンセンサス形成をめぐるオランダ政府のリーダーシップについて分析している。Harris(2000, 2003a)は，国内的側面と国際的側面から，米国および中国や日本といった東アジア各国を対象として，気候変動問題に関する外交政策をめぐる行為主体の動向と制度について分析している[40]。

一方，「比較研究」に関連する研究として，Fisher(2004)は，日本・米国・オランダを取り上げ，3カ国の関係者に対するインタビュー調査から，科学・政府・産業界・市民社会における気候変動問題への対処を比較考察している。Sprinz & Weiß(2001)は，米国，ドイツおよびEU，インドにおける国内的要因(国内政治)と国際的要因(国際政治)の相互作用という観点から，生態的脆弱性，緩和費用，国内的制約などに関する7つの仮説を定め，比較検証している。

さらに，国際政治学におけるレジーム論と二層ゲームを両方用いた先行研究も見られる。例えば，横田(2002)は，国際レジーム論およびグローバル・ガバナンス論の観点から，地球環境問題における国際社会共通の政策形成・執行プロセスとしての「地球環境政策過程」，すなわち，地球環境問題をめぐるさまざまな行為主体間の国際公共政策過程を検討する[41]。この過程は合意形成と運用の段階に分けて検討される。前者は課題設定とレジームの形成，後者はレジームの効果(有効性)という段階を含む[42]。

この過程を検討するうえで，二層ゲームおよびそれを用いる比較政治的分析が事例研究における構成要素の1つとして念頭に置かれ，国内政策と国際公共政策過程の相互連関が扱われる。したがって，この研究は地球環境政策過程の観点から，レジーム論と二層ゲームという国際政治学・国際関係論における2つの分析アプローチを用いていると位置づけられる[43]。

また，太田(1997, 1999)は，条約や議定書の交渉段階において，国内政治経済の動態力学的な要因がレジーム論的見方・考え方より説明力を持つ局面

があると指摘し，国内的要因と国際的要因の両面から分析している[44]。これらの研究も，レジーム論だけでなく，二層ゲームの分析枠組を踏まえた国際政治学の観点から，気候変動問題に関する国際交渉過程を検討したものと位置づけられる。

以上の議論をまとめると，国際政治学における先行研究では，主として気候変動問題に関する国際協力の有効性に焦点を当てた検討が行われている。その際，国際交渉に焦点を当てるレジーム論だけでなく，国内的側面と国際的側面の相互作用を重視する二層ゲームが適用されることで，国際協力の有効性が検討されている。

(2) 環境政策研究における法律分野の先行研究

環境政策研究の法律分野として，主に国際環境法における先行研究を取り上げる。まず，この研究分野では，気候変動問題の解決を念頭におき，条約や議定書といった法的枠組の有効性が論じられている[45]。

高村(1999)は，環境条約が地球環境問題の解決に有効な法的枠組を提供できるかという「問題解決にとっての実効性」と，締結された環境条約がその目的と趣旨に合致して効果的に実施されるかという「成立した国際的合意の実効性」の観点から，環境条約の効果を妨げる法的限界について検討している[46]。

亀山(2003)は，条約や議定書といった国際法を評価するために，効力(effectiveness：有効性・実効性)を測ることが重要であると述べる。そのアプローチとして，環境の改善度・締約国の遵守の度合い・国の行動の変化・締約国の数に注目する方法を挙げ，これら4つは相互に補完しあうと指摘する[47]。

この法的枠組の有効性に関連する議論を踏まえ，気候変動問題を扱う国際環境法の先行研究では，国際合意で定められた原則・約束・約束履行措置の法的性格と規定内容が検討されている。同じく，国際交渉の進捗状況を踏まえ，国際合意で定められた約束の履行に向けた有効性の観点から，国内法と国際法との「関係性」に基づく議論が展開されている。

ここでは，気候変動問題を扱う国際環境法に関する先行研究から，約束履行の有効性を踏まえ，条約で定められた原則に含まれる衡平性と効率性および「持続可能性」をめぐる議論，ならびに，国内法と国際法の「関係性」について検討する。

国際合意の法的性格と規定内容をめぐる議論

　条約では，気候変動問題への対処を進めていくための指針となる原則として，「衡平の原則」と「共通だが差異のある責任原則」，「予防原則」，「持続可能な開発・発展[48]原則」が定められた[49]。本節で示した国際協力の評価基準に基づくと，衡平の原則と共通だが差異のある責任原則には衡平性に関連する内容，予防原則には効率性に関連する内容，「持続可能な開発・発展」原則には「持続可能性」に関連する内容が含まれる[50]。

　共通だが差異のある責任原則について，Sands(2003)は2つの要素が含まれていると指摘する。1つは国家，地域，地球規模のレベルで環境保護のために国家が果たす共通の責任であり，もう1つは異なる状況に配慮する必要性である[51]。堀口(2010)は，同原則の2つの要素である「差異のある責任」と「共通の責任」の「関係性」について，「『差異のある責任』はあくまで各国の『共通の責任』を前提としている点は十分認識されなければならない」と主張する[52]。

　高村(1999)は，共通だが差異のある責任原則に基づき，各国の利害や状況に応じて，義務を差異化することが条約への加入を促し，合意のレベルを高める工夫の1つであると指摘する[53]。この議論には法的枠組の有効性に関する観点が含まれている。

　また，Sands(2003)やRajamani(2000)は，共通だが差異のある責任原則と衡平性の関係を論じる[54]。特に後者は，この原則が，①気候変動問題を引き起こした(主として先進工業国による)歴史的責任，②気候変動問題に対処するための(主として開発途上国における)能力という衡平性に関する2つの観点に遡ることができると捉えている[55]。堀口(2010)は，条約で「先進国」と「途上国」と大雑把な2分法を基礎とした構造自体について改めて問い直すことも検討されるべきと提起し，その際には，条約3条1の「衡平」の概念に立ち戻り，

いかなる意味での実質的平等を実現するのかについて考えていく必要があると主張する[56]。

衡平性の評価基準は，表1-3で示すように，先進工業国と開発途上国における南北関係で象徴される世代内の衡平性(intra-generational equity)，ならびに，現在世代と将来世代[57]における世代間の衡平性(inter-generational equity)で構成される[58]。

ワイス(1992)は，世代間衡平性が必然的に世代内衡平性を含むと指摘する[59]。世代間衡平性は法学における規範として認識されている[60]。現在世代が気候変動問題に関する法や約束を守ることは，将来世代の利益を確保する意味で世代間衡平性に関する課題である[61]。Harris(1996, 1997, 1999, 2001, 2002, 2003a)は，リオ宣言や条約を踏まえ，共通だが差異のある責任原則と国際的な衡平性(international equity)・国際的公正(international justice)を論じている。堀口(2010)は，共通だが差異のある責任と世代内衡平および世代間衡平の関係について，「世代間衡平」が温暖化を防止する「共通の責任」の根拠を提供し，「世代内衡平」が「差異のある責任」と関連すると整理でき，「衡平」が「共通だが差異のある責任」の基礎にあるより一般的な原則であるともいえると述べる。その一方で，このような「衡平」と「共通だが差異のある責任」の関係は，条約3条1ではやや曖昧にされたという鶴田(2008)の分析を紹介している[62]。

予防原則について，兼原(1994)は，衡平性(「将来世代に対する衡平」)などの理念と結びつき，持続的，継続的な環境保護政策の必要性を示す革新的な原則として定められることが多いと指摘する[63]。

リオ宣言原則15には，予防的措置(予防的アプローチ)[64]の性格として，「費

表1-3　世代内衡平性と世代間衡平性の「関係性」

		世代内衡平性	
		先進工業国	開発途上国
世代間衡平性	現在世代	先進国における現在世代	途上国における現在世代
	将来世代	先進国における将来世代	途上国における将来世代

用対効果の大きな対策」と「予防的アプローチは各国によりその能力に応じて」という2つの要素が明文化されている[65]。前者は効率性に関する要素，後者は衡平性および共通だが差異のある責任原則に関連する要素を含むと解釈できる。「費用対効果の大きな対策」に関する要求は科学的不確実性を減らす政策に関連づけて主張される[66]。

一方，リオ宣言原則15と条約3条3における予防原則の違いとして，「費用対効果の大きな対策」には効率性の制約が踏まえられているが，「予防的アプローチは各国によりその能力に応じて」にはそれが取り入れられていないと指摘される[67]。堀口(2011)は，他の環境条約の予防原則・予防アプローチを定める条文と比較し，条約3条3の特徴として，費用対効果の考慮にも特に言及している点を挙げる[68]。

高村(2005d)は，条約が予見される損害または結果を回避するために取られるべき措置の費用対効果について言及していると述べる[69]。同じく，予防原則をめぐる規定の仕方について，条約は一般原則として一般的抽象的に定めたものと捉える[70]。そのために，議定書の採択に関する国際交渉と中長期的な国際制度のあり方に関する議論を例に挙げ，科学的不確実性をともなうリスクに対して，どのような具体的措置をとって対応すべきかが不明確で，原則の適用に関するあり方が条約の実施に当たり議論になり得ると述べる[71]。

岩間(2004)も，条約が予防原則に基づく措置を取るとき，費用対効果のある措置を求めるが，費用対効果の基準やその考慮の必要性などについて定式的，具体的でないので，実際の運用段階で問題が生じると指摘する[72]。

堀口(2011)は，条約3条の予防原則が「特定の具体的措置を指示するような規範としてそもそも定立されたわけではなく，基本的には温暖化問題への対応のタイミングに係る制度の指針として採用されたもの」であり，予防原則の主たる機能が「温暖化により懸念される損害の規模・性質に鑑み，科学的不確実性の残る段階からの早期の対応を図る議論に根拠を与え，不確実なリスクに効果的に対応するための規範の発展や行動を促すことにある」と述べ，予防原則の基本的意義と限界と位置づけた[73]。

上記のように，国際環境法における先行研究では，共通だが差異のある責

任原則および予防原則について個別の論議が深められている一方，両原則に含まれる衡平性と効率性の関係が検討されている。

Stone(2004)は，リオ宣言原則7で定められた共通だが差異のある責任原則を取り上げ，衡平性・公平性および公正と効率性の関係を論じている[74]。

岩間(1992)は，「条約」における一般的原則がそもそも一般的，基本的であるため，具体的なケースに適用する際，複数の原則の間で抵触が起こる可能性を含むと指摘する[75]。この指摘を踏まえると，約束履行措置を行う際に，共通だが差異のある責任原則と予防原則の間で抵触が起こる可能性もある。それは両原則に含まれる衡平性と効率性の評価基準が両立できないことにつながる。

Hsu(2004)も，環境法における公平性と効率性の概念がいくつか共通の道徳的基盤を分けあっていることから，両概念に基づく施策(program)が分かれることの弊害を指摘する[76]。

衡平性と効率性の「関係性」については，気候変動問題に関する国際交渉過程を検討することで議論が進められている。Sands(2003)は，条約で定められた共同実施の概念が短期的には先進国にとって費用効果的であるが，長期的には衡平の原則および究極的な目的(条約2条)を守れない可能性があると述べる[77]。これは共同実施の概念から派生して形成されたCDMを含む京都メカニズムにも関連する議論である。

西村(1999)やCullet(1999)は，先進国と途上国の共同事業であるCDMに関して，費用効果性の意義と衡平性の問題点を並存させていると指摘する[78]。また，西村(2000)や磯崎・高村(2002)は，衡平性と効率性に見られる矛盾が特に京都メカニズムにおける補足性をめぐる協議に表れていると捉える[79]。

一方，Mintzer & Michael(2001)は，効率的に世代間衡平性を成し遂げるために，京都メカニズムのような経済的措置が発展する可能性を示している[80]。Cullet(1999)は，条約で定められた2つの原則には本来的に矛盾がないことから，衡平性と効率性における緊張関係は緩められると指摘する[81]。

このように，条約の原則に含まれる衡平性と効率性の矛盾について，国際交渉過程の検討では見解が分かれていることから，約束履行過程，特に

CDMを対象とした議論が必要になる。

　先行研究では，条約における気候変動と「持続可能な開発・発展」の統合についても論じられている。岩間(1999)は，条約の「持続可能な開発・発展」原則について，経済発展を犠牲にしてまで気候変動に対処する政策や措置をとるのではなく，各国の個別の事情に応じて適切な措置をとり，それを国内の開発計画に統合することと解釈している[82]。Sands(2003)は，条約が環境への配慮を長期的な開発・発展の目的に統合する包括的なアプローチを採用しようとしていると述べる[83]。

国内法と国際法の「関係性」

　序章では，気候変動問題に関する国際協力が転換点を迎えていると指摘した。この国際協力は国際交渉過程から約束履行過程へと本格的に移っていく。すなわち，国際合意で定められた約束を履行するために，各国が国内外で政策措置を行う過程に焦点が当てられる。

　環境政策研究の法律分野に関する先行研究でも，国際合意で定められた約束を履行するために，国際交渉の進捗状況(国際交渉過程)を踏まえ，各国の法政策・法制度が検討されている。これは国内法と国際法の「関係性」を踏まえた法政策・法制度の有効性をめぐる議論と捉えられる。

　この議論について，村瀬(2002)は，国際法の履行確保の大半が国内法その他の国内措置によるもので，国際環境法においても同様であると指摘する[84]。西井他(2005a)では，国際条約の遵守が国内法に依存していると述べ，国際環境法と国内環境法が今日不可分の関係にあると捉える[85]。

　高村(1999)，西原(2001)，坂口(1992)，南(2004)も，地球環境問題(気候変動問題)の解決に向けた有効性の観点から，法制度や法政策に関して，国内的側面と国際的側面を結びつけて検討，分析する必要があると提起する[86]。

　西原(2001)，岩間(1989)，佐藤(1997)，村瀬(1992)は，国際環境法について，国際法と国内法の両面から総合的に環境問題を取り扱う学際的な学問分野であると定義する[87]。

　このような国内法と国際法の関係を踏まえ，気候変動問題に関する法政策・法制度の有効性を検討する研究として，例えば大塚(2004)が挙げられる。

この先行研究は，条約や議定書に関する交渉過程とその内容を踏まえ，緩和に関する日本国内の法政策・法制度の現状を分析する。そして，欧米諸国における法制度構築の動向を示したうえで，日本国内における法政策・法制度が議定書の約束を履行するには不十分であると述べ，政策手段を組み合わせるポリシー・ミックスの導入について検討している[88]。この研究は，国内法と国際法および比較法の観点から，緩和に関する日本国内の法政策・法制度を検討していることが特長である[89]。

また，条約で定められた原則を検討するために，国内法と国際法の「関係性」を結びつけた議論も展開されている。Harris(1999, 2000)は，共通だが差異のある責任原則について，条約や議定書の国際的側面と米国の議会や政府における国内的側面との両面から論じる。これは国内法と国際法の「関係性」を踏まえた論議と位置づけられる。

小山(2001)も，予防原則について国内法と国際法の関係をめぐる2つの流れの中で捉えていく必要性を指摘する。それは国際法から国内法へ受容されていく方向と国内法から国際法へと昇華していく方向が同時に併存し，連動しあっていくことで，国際法規則が生成されるプロセスである[90]。

この指摘を踏まえると，予防原則を検討するうえでも，国内法と国際法の関係を踏まえる必要がある。

(3) 環境政策研究における経済分野の先行研究

環境政策研究の経済分野として，気候変動問題に関する環境経済学の先行研究を取り上げる[91]。この研究では，環境税や排出量取引，CDMといった政策措置(約束履行措置)の有効性を検討するために，衡平性と効率性および「持続可能性」の評価基準をめぐる調整および両立が検討されている[92]。

衡平性は，前述したように，世代内と世代間に大きく分けられる[93]。そのうち，羅・植田(2002)は，世代内衡平性に関して，4つの国家間衡平性が検討されると指摘する。すなわち，①先進国の責任問題，②気候変動の原因と影響の非対称性および不平等性の問題，③対応能力の差の問題，④気候変動問題に関する政策措置の費用分担をめぐる問題である[94]。このような世代内

衡平性に含まれる国家間衡平性の問題は，気候変動問題の政策措置にともなう費用と便益の配分に関連している[95]。

効率性は，費用便益・費用効果・環境効率性に大きく分けて検討される[96]。パレート効率性[97]は，費用便益分析の理論的基礎となっている[98]。岡(2006)は，関連する先行研究を批判的に検討し，地球温暖化(気候変動)問題を純便益最大化という意味での効率性の観点から論じることが無意味であると指摘する。その理由の中には，地域による極めて大きな貧富の差の存在が挙げられていることから，衡平性の観点が踏まえられている[99]。また，費用効果(費用対効果)も費用効率性が強く意識されている[100]。

ただし，フィールド(2002)は，効率性と費用効果の片面的関係を指摘する。すなわち，効率的な政策は必然的に費用効果的[101]であるといえるが，費用効果的ならば効率的な政策であるとはいえないと説明する[102]。

衡平性と効率性の評価基準は結びつけられて論じられている。植田・森田(2003)は，経済学では衡平性が効率性とならんで，環境問題・環境政策の評価基準とされているが，実際の分析で客観的な基準を示すことが難しいこともあり，軽視されてきたと述べる[103]。

Toth(2001)，Munasinghe(2002)，Ghersi, Hourcade & Criqui(2003)は，衡平性と効率性の両概念が2分され，矛盾しているように捉えられていると指摘する[104]。

一方，衡平性と効率性の調整および両立を重視する指摘も見られる。宇沢・國則(1993)，奥野・小西(1993)，後藤(1999)，羅・植田(2002)は，気候変動問題の政策措置において，効率性の観点だけでなく，衡平性(公平性)を踏まえる必要があると提起する[105]。

ターナー・ピアス・ベイトマン(2001)は，経済的効率性とともに，経済的公平性が重要であると指摘する[106]。Ghersi, Hourcade & Criqui(2003)は，議定書の枠組の中で，衡平性と効率性のジレンマ(二律相反)から派生する阻害要因をどのように克服するかについて探求していく重要性を強調する[107]。

Rose(1990)は，衡平性と効率性の原則が常に矛盾するわけではなく，時には互いに補いあうことを示し，その良い例として，二酸化炭素税(環境税)を

挙げている[108]。

　天野(2003)は，効果的な地球環境政策の実施に当たって，公平性と効率性それぞれの視点からの政策策定が強く求められていると述べ，有効性・公平性・効率性といった政策手段達成の基準を整合させる政策パッケージについて提案している[109]。

　さらに，羅(2006)は，伝統的な経済学の概念である衡平性と効率性に加え，地球環境問題に関わって新しく提示された概念として「持続可能性」を挙げる。まず，衡平性(世代内，世代間)・効率性(費用便益，費用効果，環境効率性)・「持続可能性」(環境的，経済的，社会的)それぞれの概念を検討する。その後，衡平性と効率性，効率性と「持続可能性」，衡平性と「持続可能性」の相互関係を論じている[110]。

　これら3つの概念とその相互関係の議論を踏まえ，羅(2006)は，「持続可能な発展」の目的として，気候安定化を達成するための温室効果ガス排出量を設定し，その目的を達成するための政策を導入する際の評価基準として，衡平性，効率性，「持続可能性」によって測ることを提案している。そして，温室効果ガス削減のオプションの実施における意思決定の過程では，衡平性，効率性，「持続可能性」のシナジー(相乗作用)効果を最大にするような政策の導入が必要であると提起する[111]。

　また，先行研究でも，例えば，羅(2006)やBanuri & Spanger-Siegfried (2002)は，本書で扱った衡平性と効率性に「持続可能性」を加え，CDMを含む国際協力について検討している[112]。

(4) 環境政策研究における社会科学分野と評価基準の「関係性」

　本項では，環境政策研究における3つの社会科学分野から，気候変動問題の国際協力を扱う先行研究についてレビューした。この結果を踏まえ，先行研究で見られた共通点として，図1-3で示すように，国際協力の評価枠組を構成する2つの要素(構成要素3と4)を導き出すことができる。

　第1に，環境政策研究の政治分野と法律分野における先行研究では，国内政治と国際政治の相互作用，ならびに，国内法と国際法の関係が論じられて

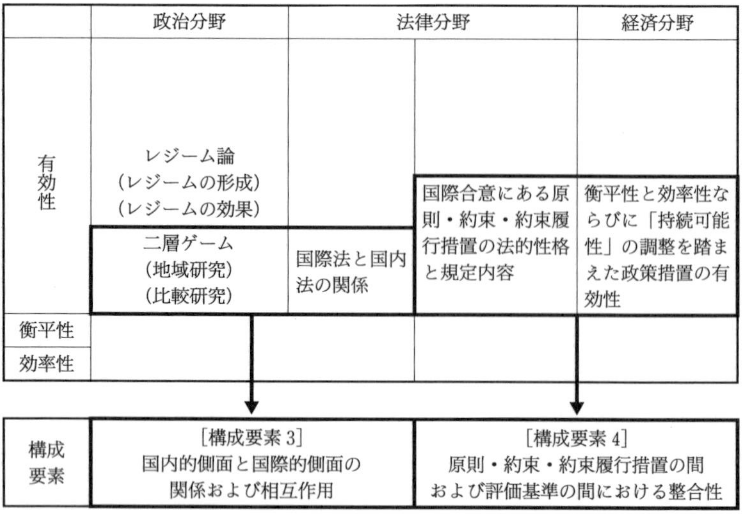

	政治分野	法律分野	経済分野
有効性	レジーム論 （レジームの形成） （レジームの効果）	国際合意にある原則・約束・約束履行措置の法的性格と規定内容	衡平性と効率性ならびに「持続可能性」の調整を踏まえた政策措置の有効性
	二層ゲーム （地域研究） （比較研究）	国際法と国内法の関係	
衡平性			
効率性			
構成要素	［構成要素3］ 国内的側面と国際的側面の関係および相互作用		［構成要素4］ 原則・約束・約束履行措置の間および評価基準の間における整合性

図1-3　環境政策研究における社会科学分野と評価基準の「関係性」：検討後
（出所）表1-2に基づき，作成

いる。

　これらの先行研究のレビューに基づき，約束履行過程における政策措置の進捗状況を検討し，国際協力の現状評価を行うためには，国内的側面（国内政治・国内法）と国際的側面（国際政治・国際法）の関係および相互作用を踏まえる必要がある（構成要素3）。これは気候変動問題の環境政策における研究対象として，国内の公共政策（国内政策措置）だけでなく，国際協力を取り上げる必要があると論じた本節第2項の指摘と重なる。

　第2に，環境政策研究の法律分野と経済分野における先行研究では，気候変動問題に関する国際合意で定められた原則・約束・約束履行措置とその国際協力の評価基準が関係づけられて検討されている。言い換えると，原則に含まれる衡平性と効率性および「持続可能性」を踏まえて約束を履行するために，政策措置（約束履行措置）の効果的な実施（有効性）が論じられている。そこでは，国際合意で定められた原則と約束の間における整合，ならびに，国際協力の評価基準である衡平性と効率性および「持続可能性」の間における整合が問われている（構成要素4）。

あわせて，この構成要素4を踏まえ，気候変動問題の国際協力に関する現状評価を行うためには，衡平性と効率性および「持続可能性」の矛盾および調整による有効性への影響を検討する必要がある(評価基準の「関係性」)。これは国際合意で定められた原則と約束の関係を検討することでもある。

しかしながら，羅(2006)のように，経済学の観点から，衡平性・効率性・「持続可能性」の「関係性」を論じている先行研究も見られるものの，IPCC第4次評価報告書で指摘されているように，気候変動の緩和・適応と「持続可能な開発・発展」の「関係性」を扱う議論は不足している[113]。

Najam et al.(2003)は，気候変動に対処するための政策指示書(policy mandate)と位置づけられる条約や議定書で「持続可能な開発・発展」が権利や義務として明確に表現されていると指摘する[114]。だが，水野(2006)や羅(2010)が，条約・議定書およびマラケシュ合意文書における気候変動と「持続可能な開発・発展」の位置づけを検討した結果，「どのようなことが途上国における持続可能な発展と気候変動問題の改善に貢献するのかについては，具体的な言及はなされていない」，「持続可能な発展という概念が地球温暖化防止のための国際的な合意文書に与えた影響は極めて限定的」と結論づけている[115]。Swart, Robinson & Cohen(2003)も，条約と議定書で「持続可能な開発・発展」は言及されているものの，まだ運用化(operationalize)されていないと指摘する[116]。

「持続可能性」を気候変動の緩和と適応に関する国際協力の評価基準と位置づけ，国際協力の評価を行うためには，Swart, Robinson & Cohen(2003)やRobinson et al.(2006)が図示している[117]ように，気候変動と「持続可能な開発・発展」の「関係性」を双方向から論じ，評価基準としての「持続可能性」をさらに検討する必要がある。

本書では，図1-4のように，気候変動と「持続可能な開発・発展」を関係づけることはできる。だが，気候変動と「持続可能な開発・発展」の「関係性」をめぐる議論，特に「持続可能な開発・発展」自体の議論が不十分である以上，「持続可能性」の評価基準は限定的に適用せざるを得ない。したがって，構成要素4および4つの評価基準の関係に「持続可能性」を含める

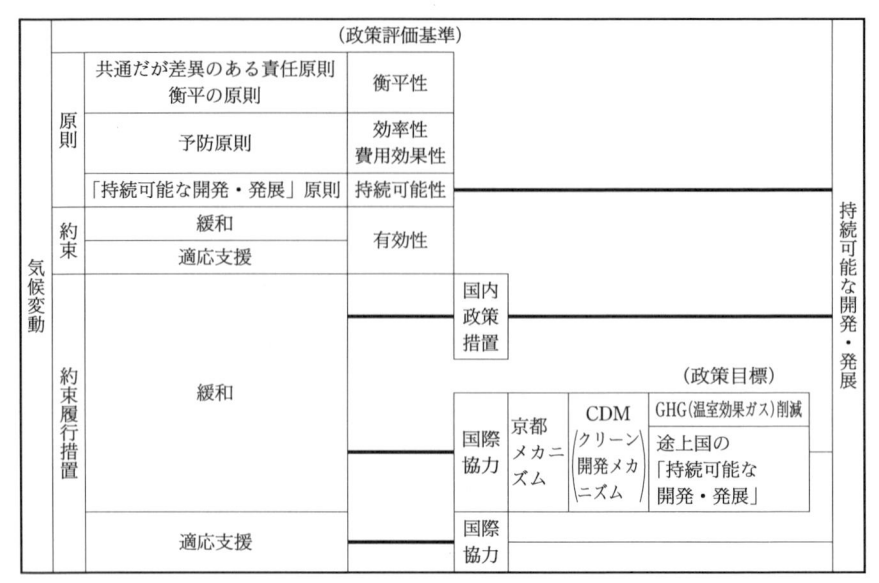

気候変動	(政策評価基準)						持続可能な開発・発展
	原則	共通だが差異のある責任原則 衡平の原則	衡平性				
		予防原則	効率性 費用効果性				
		「持続可能な開発・発展」原則	持続可能性				
	約束	緩和	有効性				
		適応支援					
	約束履行措置	緩和		国内政策措置			
						(政策目標)	
				国際協力	京都メカニズム	CDM クリーン開発メカニズム	GHG(温室効果ガス)削減 途上国の「持続可能な開発・発展」
		適応支援		国際協力			

図 1-4　本書における気候変動と「持続可能な開発・発展」の「関係性」

ものの，他の3つの評価基準とは異なる位置づけで扱う。

　国際合意の規定内容と国際協力の評価基準との関係については，第2章で再度検討する。特に国際合意の規定である原則と約束の内容を踏まえ，国際協力の評価基準である有効性・衡平性・効率性および「持続可能性」を限定して定義する。

2. 評価枠組の設定

　前節では，環境政策研究の社会科学分野から，気候変動問題の国際協力を扱う先行研究について検討し，国際協力の現状評価を行うための分析枠組(評価枠組)を構成する4つの要素と4つの評価基準の「関係性」を導き出した。

　評価枠組における4つの構成要素の「関係性」とは，①国際交渉過程と約

束履行過程の同時進行性，②気候変動の緩和と適応支援の相互補完性，③国内的側面と国際的側面の関係および相互作用，④国際合意で定められた原則・約束・約束履行措置の間および評価基準の間における整合性である。

また，構成要素 4 から，国際協力における 4 つの評価基準の「関係性」として衡平性と効率性および「持続可能性」の矛盾および調整による有効性への影響を検討する必要があると提起した。

図 1-5 は国際協力の評価枠組と評価手順を示したものである。前節では，国際協力に関する研究動向を検討することで，構成要素 1 と 2 を導き出した。同じく，環境政策研究の社会科学分野における先行研究のレビューから，構成要素 3 と 4 に加えて，4 つの評価基準の「関係性」を導き出した。図 1-5 で示した評価枠組は，これら 4 つの構成要素と 4 つの評価基準の「関係性」を体系的に組み合わせたものである。

同じく，図 1-5 は気候変動問題に関する国際協力の現状評価を行う手順について示している。この図の上部は，国際交渉過程における協議を踏まえ，CDM と環境 ODA に関して，政策・施策・事業の各レベルで補足性と資金追加性の確保状況が約束履行過程で検討されることを表している。

補足性とは，京都メカニズムが国内政策措置を補うものと位置づけられていることである。本書では，これを狭義と捉え，補足性について，緩和に関する国内政策措置と国際協力の調整をめぐる論点と広く定義する。

一方，資金追加性は CDM に対する ODA の流用禁止と定義される。本書では，これを狭義と捉え，資金追加性について，CDM を含む京都メカニズムに対する ODA など公的資金の活用をめぐる論点と広く定義する。

気候変動問題に関する国際協力の現状評価を行ううえで，2 つの論点ともに狭義にとどまらない重要性を有している。国際交渉過程では，これら 2 つの論点について，国際合意の規定である原則・約束・約束履行措置，ならびに，国際協力の評価基準である有効性・衡平性・効率性および「持続可能性」を関係づけて検討する。

また，約束履行過程では，補足性を緩和の国内政策措置と国際協力，資金

(気候変動問題に関する国際協力の区分)				
国際 交渉 過程		緩和		適応支援
		原則・約束・約束履行措置に関する協議 有効性・衡平性・効率性・持続可能性に関する協議 先進国責任論・開発途上締約国の将来的な参加をめぐる協議 補足性　・　資金追加性　に関する協議		
約束履行過程	国内政策措置	国際協力		国際協力
政策 (Policy)	総合的政策(計画)			
	決定段階－事前評価　実施段階－中間評価と事後評価			
施策 (Program)	CDM(クリーン開発メカニズム)施策	環境ODA(政府開発援助)施策		
	決定段階－事前評価　実施段階－中間評価と事後評価			
個別事業 (Project)	CDM(クリーン開発メカニズム)事業	環境ODA(政府開発援助)事業		
	決定段階－事前評価　実施段階－中間評価と事後評価			

環境政策の社会科学分野と評価基準				
		政治分野	法律分野		経済分野
有効性				
衡平性				
効率性				
「持続可能性」				

気候変動問題に関する国際協力の 区分と研究動向	政治分野　法律分野		法律分野　経済分野
(4つの構成要素)			
構成要素1 国際交渉過程と約束履行過程の同時進行性	構成要素2 気候変動の緩和と適応支援の相互補完性	構成要素3 国内的側面と国際的側面の関係および相互作用	構成要素4 原則・約束・約束履行措置の間および評価基準の間における整合性

(評価基準の「関係性」) 衡平性と効率性および「持続可能性」の矛盾および調整による有効性への影響

図 1-5　気候変動問題に関する国際協力の評価枠組の設定
(注) 太い矢印は評価枠組の設定に反映されていること，細い矢印は評価手順を表す。
(出所) 表 1-1, 表 1-2, 図 1-1, 図 1-3 に基づき，作成

追加性を緩和と適応の国際協力について論じる。両過程における2つの論点を吟味することで，気候変動問題の解決に向けた世界的な多国間協力の阻害要因と位置づける先進国責任論および開発途上締約国の将来的な参加論への影響を検討する。

先進国責任論とは，気候変動問題の歴史的責任が先進国にあるので，先進国がまず問題に対処すべきとする途上国の主張を指す。開発途上締約国の将来的な参加論とは，議定書で先進締約国に課せられた法的拘束力つきの数値目標を開発途上締約国にも定めるか，開発途上締約国が自ら目標を定めるべきとする先進国の主張である。

表1-4は，国際協力の評価枠組に基づき，本書における各章の関係を示したものである。第2章と第3章・第4章・第5章の関係は，評価枠組の構成要素1である「国際交渉過程と約束履行過程の同時進行性」に基づく。第2章で扱う国際交渉過程の検討結果は，緩和に関する国内政策措置を扱う第3章，その国際協力を扱う第4章，適応に関する国際協力（適応支援）を扱う第5章での議論に反映される。

第3章と第4章の関係は，構成要素3である「国内的側面と国際的側面の相互作用および関係」に基づく。第3章で行う国内政策措置に関する現状評価の結果は，緩和に関する国際協力の現状評価を行う第4章での議論に反映される。また，第3章と第4章で，緩和に関する国内政策措置と国際協力の

表1-4　気候変動問題に関する国際協力と本書の構成

				構成要素2	
				気候変動の緩和	気候変動への適応支援
構成要素1		国際交渉過程		第2章	
	約束履行過程	国内政策措置	構成要素3	第3章	
		国際協力		第4章	第5章

(注) 矢印は互いの「関係性」を示す。

調整をめぐる論点である補足性について検討する。

　同じく，第4章と第5章の関係は，構成要素2である「気候変動の緩和と適応支援の相互補完性」に基づく。この構成要素を踏まえ，本書では，国際協力の現状評価として，緩和(第4章)と適応支援(第5章)の双方を取り上げる。また，緩和と適応の国際協力に共通する論点である資金追加性を検討する。

　本書では，図1-5で示した国際協力に関連する要素について，表1-4で説明した本書の構成と各章の関係を踏まえて検討する。そこで本節の最後に，第2章以降で検討する内容を概説する。

　第2章で扱う国際交渉過程では，本章で設定した評価枠組に基づき，緩和と適応支援の両面から，国際合意の規定，国際協力の評価基準・論点，問題の解決に向けた世界的な多国間協力の阻害要因をめぐる協議とそれらの内容について検討する。あわせて，これらの協議における日本政府の主張と立場を論じる。国際交渉過程における検討結果を踏まえ，第1章で示した評価枠組に基づき，日本が関わる国際協力の現状評価を行うために評価事項を設定する。

　第3章〜第5章では，第1約束期間に向けた約束履行過程を取り上げ，日本政府による補足性と資金追加性の確保状況を吟味する。これらの論点を吟味することは，3つの評価基準の「関係性」と位置づけた「衡平性と効率性および『持続可能性』の矛盾および調整による有効性への影響」，ならびに，国際合意で定められた原則と約束の関係を検討することでもある。CDMと環境ODAを対象とする事例研究として，第2章で設定した評価事項，特に世界的な多国間協力の阻害要因への影響を検討し，日本が関わる国際協力の現状評価を行う。

　なお，前述したように，補足性は緩和の国内政策措置と国際協力をめぐる論点であることから，第3章と第4章で扱う。同じく，資金追加性は緩和と適応の国際協力に関する論点であることから，第4章と第5章で取り上げる。

　第3章では，国内的側面から補足性を吟味するために，緩和に関する日本の国内政策措置を論じる。特色ある政策措置として日本でも注目された英国のポリシー・ミックスと比較し，日本国内の産業部門における政策措置の進

捗状況を検討する。この検討結果を踏まえ，日本政府や産業界による国内政策措置の現状認識と京都メカニズムの国際協力を重視せざるを得ない事情について明らかにする。

　第4章と第5章では，日本と関係が深いアジア途上国との緩和および適応支援に関する共同事業を取り上げる。

　第4章では，緩和に関する日本の国際協力として，CDMに関する施策と事業の現状評価を行う。第1節では，日本が関わるCDM施策を取り上げ，補足性と資金追加性に関する現状認識および確保状況を吟味する。

　第2節では，ベトナムにおけるCDM事業を取り上げ，日本とベトナム（政府とCDM関係者）による国際協力の評価基準と論点をめぐる現状認識について検討する。

　第3節では，CDMに関する施策と事業の評価結果をまとめ，第2章で設定した評価事項，特に気候変動問題の解決に向けた世界的な多国間協力の阻害要因への影響を検討することで，緩和に関する日本の国際協力の現状評価を行い，今後の政策課題を提起する。

　最後に，第4節では，緩和の観点から，気候変動問題に関する国際協力の評価手法を実証的に提案する。

　第5章では，日本が関わる適応支援として，環境ODAに関する施策と事業の現状評価を行う。第1節では，気候変動問題に関する日本政府の環境ODA施策の進捗状況について，主に資金的支援の観点から検討する。

　第2節では，アンケート調査に基づき，モルディブを含む小島嶼国による気候変動問題への現状認識について明らかにする。

　第3節では，4つの評価基準から，モルディブにおける環境ODA事業の現状評価を行う。

　第4節では，環境ODAに関する施策と事業の評価結果をまとめ，第2章で設定した評価事項，特に気候変動問題の解決に向けた世界的な多国間協力の阻害要因への影響について検討することで，日本が関わる適応支援の現状評価を行い，今後の政策課題を提起する。

　最後に，第5節では，適応支援の観点から，気候変動問題に関する国際協

力の評価手法を実証的に提案する。

終章では，2つの事例研究の結果に基づき，日本が関わる国際協力の現状評価の結果と今後の政策課題を明らかにする。あわせて，この研究結果を踏まえ，気候変動問題に関する国際協力の評価手法を実証的にまとめて提案する。

3．評価枠組の特長

前節では，気候変動問題の国際協力に関連する複数の要素を体系的に関係づけて評価枠組を設定した。次章以降，この評価枠組をCDMと環境ODAの事例研究に適用することで，問題の解決に向けた世界的な多国間協力の阻害要因への影響を検討し，日本が関わる国際協力の現状評価を行う。

図1-6は，気候変動問題の国際協力に関連する複数の要素の体系的な結びつきについて，図1-5をさらに詳しく示したものである。本節では図1-6に基づき，前節で設定した評価枠組の特長について論じる。

本書で検討する気候変動問題における国際協力の関連要素とは，①国際合意の規定である原則・約束・約束履行措置，②国際協力に関する4つの評価基準である有効性・衡平性・効率性および「持続可能性」，③国際協力に関する2つの論点である補足性と資金追加性，④気候変動問題の解決に向けた世界的な多国間協力の阻害要因と位置づけた先進国責任論および開発途上締約国の将来的な参加論，を指す。

これらの要素は，国際交渉過程と約束履行過程，緩和と適応支援，国内政策措置と国際協力で構成された評価枠組に基づき検討される。それぞれの要素は国際交渉過程における協議を検討することによって，図1-6で示すように体系的に関係づけることができる。これら複数の要素は，日本が関わる国際協力の現状評価を行うために設定する評価事項に盛り込まれる。

そして，約束履行過程において，研究対象国である日本政府による補足性と資金追加性の確保状況を吟味し，気候変動問題の解決に向けた世界的な多

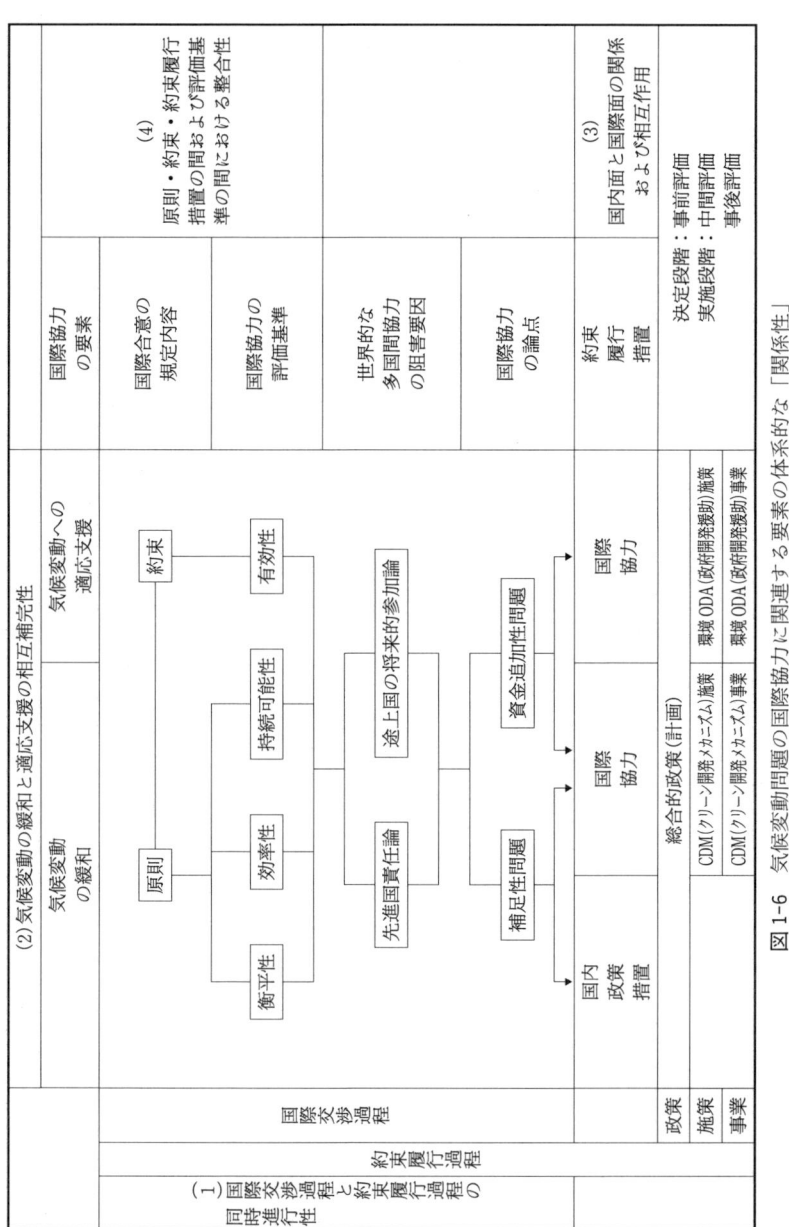

図 1-6　気候変動問題の国際協力に関連する要素の体系的な「関係性」
(出所) 図 1-5 に基づき作成。中島清隆 (2010, p.90) を修正

国間協力の阻害要因への影響を検討することで，緩和の国内政策措置と国際協力，ならびに，適応に関する国際協力の現状評価を行う。

これまで個別的に扱われていた国際協力の関連要素を体系的に関係づけて論じるところに，本書の意義がある。

図1-6で示した国際協力に関連する複数の要素の体系的な結びつけによる評価枠組の設定と適用は，気候変動問題とその国際協力の特徴に加えて，国際関係学の鍵概念である「関係性」，ならびに，環境政策研究の方法論的特長である「総合性」と「学際性」に基づいている。

百瀬(1993)は，諸科学を総合する広領域学[118]としての国際関係学における鍵概念である「関係性」について，「ものとものとの相関関係」と定義する。「関係性」の概念は研究対象である事物と事物を比較するだけでなく，「なぜ両者が異なるのか」という相違点の原因を究明することにつながるものである。

また，「学際性」は国際関係学における基本的な事柄の1つと位置づけられている。「学際性」について，百瀬(2003)は「関係性」の概念がどのように貢献するかを論じている。政治や経済が持つそれぞれの問題に対して，多様な価値観がどのような取り組みを用意するかに焦点が当てられる場合に，「学際性」の問題が生じてくることになると提起する[119]。

百瀬(2003)が論じる「関係性」の概念は，環境政策研究の方法論的特長である「総合性」と「学際性」に関連づけて具体化することができる。

まず，「関係性」は，学術分野の観点から，本章の図1-2で示した国際関係学と環境政策研究を概念的に結びつける。学術分野における「総合性」は，国際関係学における国際政治学・国際法，ならびに，環境政策研究における環境政治学・国際環境法・環境経済学を広領域学として融合させるものである。したがって，環境政策研究は，国際関係学と同様に，諸科学・諸専門分野のうち，本書では社会科学(分野)が総合する広領域学と捉えられる。

同じく，本書で「学際性」は，これらの学問分野が融合される，あるいは，関係づけられる際に生じる相違点あるいは共通点を検討することにあると捉える。図1-3で示したように，環境政策研究の政治・法律・経済分野におい

て，国際協力の評価基準である有効性・衡平性・効率性および「持続可能性」の議論をレビューしたことは，3つの分野における議論の共通性を見出す学際的な検討であった。

また，「関係性」の概念は，気候変動問題の国際協力における要素の「総合性」にも適用されている。本書では，国際協力の要素として，評価枠組の構成要素1で取り上げた国際交渉過程と約束履行過程，構成要素2の気候変動の緩和と適応支援，構成要素3の国内的側面と国際的側面，構成要素4の原則・約束・約束履行措置，そして4つの評価基準として取り上げた有効性・衡平性・効率性および「持続可能性」を挙げている。これらの「関係性」を検討することは，気候変動問題に関する国際協力の現状を総合的に評価することにつながると捉えた。

序章で論じたように，気候変動問題に関する国際協力の現状評価とその阻害要因の検討は，この問題が解決するまで必要となる学術的，実践的課題である。図1-7では，異なる学術分野における「関係性」を「学際性」および「総合性」として，ならびに，評価枠組の構成要素における「関係性」を「総合性」として具体化した。本書で「関係性」および「総合性」と「学際性」に基づき，国際関係学も踏まえたうえで，環境政策研究の社会科学分野から国際協力の評価枠組を設定し，日本を対象国と位置づけた事例研究に適用することは，「持続可能な開発・発展」を含む気候変動問題という学術的，実践的な課題の考究を深めることにつながる。

本書は，国際関係学と環境政策研究の学術的立場から，それぞれの学術分野や研究対象における「関係性」に基づく「総合性」と「学際性」を具現化した評価枠組を用い，「持続可能な開発・発展」を含む気候変動問題に関する国際協力の評価手法について実証的に検討するところに学術研究ならびに実践上の意義がある。このような研究成果は，気候変動問題の解決に向けた実践的な貢献があるとともに，国際関係学と環境政策研究の学術的な発展にもつながるものである。

また，本書における評価枠組の設定は，統合評価モデルと同じように学際

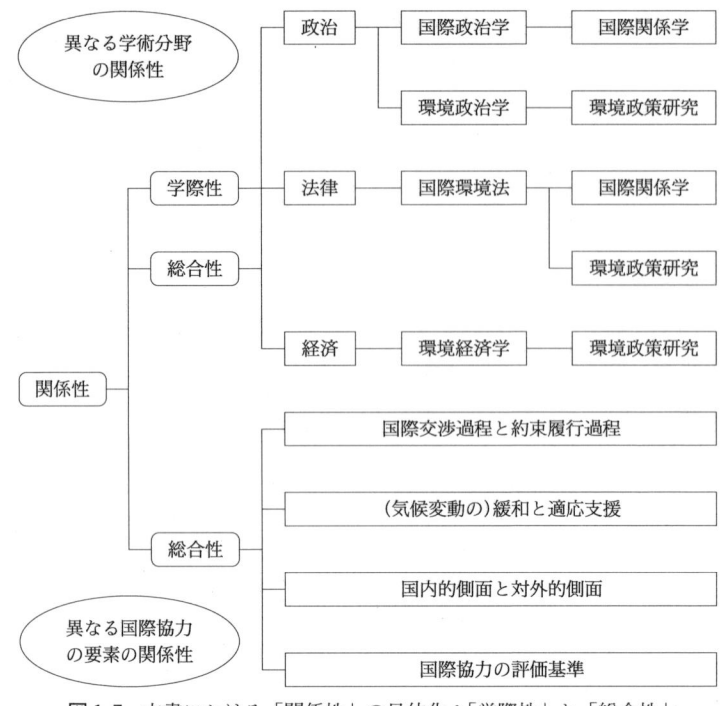

図1-7　本書における「関係性」の具体化：「学際性」と「総合性」

性，総合性を具体化する試みである。だが，本書で設定する評価枠組は，研究対象国である日本が関わる緩和と適応の国際協力について，政策の階層構造に基づき，事業と施策レベルで評価するところに統合評価モデルとの違いがある。

　本章で設定した評価枠組に基づき，次章以降，特に第4章と第5章で，実際に行われてきた，あるいは，行われている事業や施策の評価を踏まえ，研究対象国が関わる気候変動問題の国際協力を総合的に評価する。これは従来の気候変動問題に関する環境政策の評価研究には見られない試みである。このような事例研究を通して，「持続可能な開発・発展」を含む気候変動問題に関する国際協力の評価手法について実証的に検討する。

1) 本章は，中島清隆(2005a)を加筆修正している。
2) 高村(2005a, p.88)，(2005c, pp.51-52)
3) 高村(2005c, pp.51-52)。オーバーチュアー・オット(2001, p.374)は，開発途上締約国の参加が議定書の枠組内における国際協力の将来的な成功に極めて重要と指摘する。
4) 松本(2005, p.124)，久保田(2006, p.71)。また，Fankhauser, Smith, Tol(1999, pp.67-68)は，緩和対策に関する研究や分析が継続的に洗練されている一方で，適応の選択肢に関する研究が少ないと指摘する。
5) 原沢他(2003, p.389)
6) 久保田(2006, p.71)
7) 総合科学技術会議環境担当議員・内閣府政策統轄官(科学技術政策担当)(2003)
8) 亀山(2002c, p.197)
9) IPCC(2002, p.142, p.164, pp.167-168, p.201, p.252, p.282)，(2009, p.132, pp.182-184, p.188, p.213, p.225, p.227)，Harris(2002, p.134)，原沢他(2003, p.386, p.405)，NEDO・地球産業文化研究所(2000, p.25)
10) 松本(2005, pp.128-129)
11) Munasinghe and Swart(2005, p.200)
12) 外務省国際連合局経済課地球環境室(1991, pp.1-3)，地球環境法研究会(2003, pp.4-5)，臼杵(2003, p.2)，渡部(2001, p.1)。一方，倉坂(2004, pp.5-6)は，「環境」を人の活動を取り巻く物理的自然的存在で人が設計していないものと定義する。この「環境」に関する定義は「自然」と「人工物」を「環境」に含めている国連人間環境宣言と異なる。
13) 宮川(2002, p.92)。倉坂(2004, pp.6-7)は，「政策」(公共政策)について，一定の目的のために制度(言語・慣習・契約・法律などの総称)を変えようとする活動と広く定義する。横山(2002, p.10)は，社会構成員すべてに関わる社会の意識的な方向づけを実現するためになされる人間の諸活動と定義する。
14) 倉坂(2004, p.8)は，環境政策の課題が環境問題を回避，解決する観点から，どのような制度が必要であるかを検討し，現在の制度をどのような政策を用いてどのように変えていくことが合理的であるかを明らかにすることと指摘する。Kraft(2004, p.12)は，環境政策が環境の質や天然資源の利用に影響するさまざまな政府活動から成り立つと捉える。そして，環境政策は特定の環境上の目標や目的を追求するための社会の集団的な決定を表すと述べる。
15) 気候変動問題に関する環境政策を行う他の「社会の合法的な代表者」として，例えば，国際機関，地方公共団体，環境NGOが挙げられる。
16) 宮川(2002, p.210)，龍・佐々木(2004, p.21)，早川他(2004, pp.191-192)，横山(2002, p.12)，福田(2003)
17) 龍・佐々木(2004, p.21)は，循環型の問題点として，①いったん，政策が形成されると，自動的に更新され，基本的に終了しないこと，②政策評価が政策決定段階，政策実施段階から切り離されたまったく別の第3の段階として行われること，③政策実施段階が終了した後でなければ，政策評価が行われないことを挙げる。
18) 龍・佐々木(2004, pp.22-23)は，直線型の政策過程にもフィードバックのためのサイクルといえる部分が存在するが，従来の循環型で見られるように，自動的，場合によっては，半永久的に回転するものではないと述べる。
19) 牟田(2005, p.146)は，評価活動を効果あるものとするために，事前・中間・事後に至る一貫した視点に基づく評価の必要性を提起する。

[20] 龍・佐々木(2004, pp.21-24), 横山(2002, p.12), 福田(2003, pp.91-92)
[21] 本書では, CDMと環境ODA両事業の集合体を「施策」と位置づける。後藤監修(2004, p.190)は, 開発プログラム(program)がテーマ別・国別・分野別などに共通の目的・目標を持つ複数のプロジェクト(事業)から構成されると定義する。
[22] 後藤監修(2004, p.191)は, プロジェクト(project)について, 限られた期間に限られた資源の投入・活動によって特定の目的・目標を達成するために計画された事業を指すと定義する。
[23] 龍・佐々木(2004, p.8)。上野(2001, p.18)は, 行政活動が一般的に, 政策(policy), 施策(program), 事業(project)の三層構造で理解されていると指摘する。
[24] 牟田(2005, p.151)は, プロジェクト(事業)レベルより上位の目標達成が重要であることから, プログラム(施策)レベルの評価, 政策レベルの評価が重視されていると述べる。だが, 施策のまとまりがプログラムとして1つの構造をなしておらず, 事業のまとまりが全体として政策を反映していないために, 事業レベルの意識で行われた事業を束ねて評価しても, 厳密には施策レベルの評価にも政策レベルの評価にもならないと指摘する。そして, それを防ぐために目標体系図の必要性を提起する。
[25] 本書では, 'fairness'に「公平性」, 'equity'に「衡平性」の訳語を当てる。特に条約の原則で'equity'が使われていることを踏まえ, 衡平性を主に用いる。Wiegandt(2001, p.129)は, 衡平性を財・権利・義務などの公平(fair)配分と定義する。Harris(1996, p.275), (2001, p.4, p.7, p.25, p.28)は, 国際的な衡平性について, 国際関係における利益(benefits), 負担(burdens), 意思決定者(decision-making authority)をめぐる国家間の公平で公正な分配(a fair and just distribution)と定義する。同じく, Harris(1997, p.1), (2002, p.131, p.139), (2003b, p.28)は, 衡平性および公平性と同様の概念として, 国際的公正(international justice)を「気候変動に関連する公正で衡平な(just and equitable)負担配分」と定義する。また, 衡平性と有効性の関連について, Harris(1996, p.274, p.276, p.297), (2001, p.16)は, 国際的な衡平性が環境問題をめぐる国際制度(international environmental institutions)における有効性(effectiveness)の重要な一因と指摘する。
[26] 宮川(2002, pp.280-285), (1995, pp.234-238), (1994, pp.289-290), 早川他(2004, p.199), 横山(2002, p.13), Kraft(2004, p.217), 天野(1997, pp.67-70), フィールド(2002, p.203, p.205, p.213), IPCC(2002, p.139)。IPCC第4次評価報告書では, 政策と手法の評価の主な基準として, 環境上の効果性, 費用効果性, 衡平性を含む分配効果に加え, 制度的実現可能性を挙げ, 「持続可能性」は含まれていない。IPCC(2009, p.211)。なお, 本書で対象とする評価基準の定義(解釈)範囲は, 主に気候変動問題の国際協力(特に条約や議定書といった国際合意)とそれを扱う環境政策における先行研究に基づいている。評価基準の選択は, 行為主体や政策措置といった研究対象が異なれば, 本書とは違う場合があり得る。
[27] 宮川(2002, pp.72-73)は, 他に経営学, 社会学, OR(オペレーションズ・リサーチ)・経営科学, システム工学・情報工学, 心理学を挙げている。
[28] 倉坂(2004, pp.7-8, pp.328-335), 植田・森田(2003, p.2), 蟹江(2004, p.2), Kraft(2004, pp.13-14), 高村(2005a, p.113)。西岡(1990, p.96)は, 気候変動問題を解決するために, 自然科学による解明だけでなく, 政策科学的取り扱いが不可欠であると指摘する。また, 西川(2005, p.47)は, 先行文献の調査から「環境学」の研究方法として, 総合的, 学際的アプローチが採られると述べる。同じく, 環境学の性質として先行研究で人文・社会・自然科学の融合が主張されていると指摘する。

29) 本書では，政府(主権国家)による国際協力を扱うことから，特に環境政策研究における政治・法律・経済分野との関連が深いと捉える。行為主体や政策措置など研究対象が異なれば，取り上げるべき環境政策研究の学術分野は，本書とは違う場合もあり得る。

30) 「国際レジーム」(international regimes)の定義として，Krasner(1982, pp.185-186)による「国際関係の課題領域において，行為主体の期待が集まる，暗黙の，あるいは，明白な原理・規範・規則・政策決定手続きのセット」が広く用いられている。山本(1989, p.156)は，基本的な原理・目的，国家が従わなければならない行動のルール，国家間の対話・交渉の場の設定と決定に関するルール，ルール違反および紛争処理に関するルールから成り立つセットであると定義する。蟹江(2004, p.27)は，規則・政策決定手続き・原則・規範といった要素が総合してできあがっている国際管理体制と定義する。ポーター・ブラウン(1998, pp.19-20)は，多国間協定によって特定化される規範と規則のシステムで，拘束的な協定ないし法的手段の形をとると述べ，最も普通に見られる法的手段が「条約」であると定義する。また，大島(2004, p.103)は，レジーム論が純粋理論というよりも，環境問題への取り組みの進展という現実に誘発されて進んだ「理論」であったと指摘する。

31) 太田(1999, p.102)は，環境レジームの生成と変質の過程について，問題の定義づけおよび問題の設定，レジーム形成のための交渉，レジームの変質(弱体あるいは強化)という3つの段階に分け，気候変動問題に関する国際交渉過程を考察する。

32) レジーム論を適用してはいないが，国際関係論および国際政治学の観点から，気候変動問題に同様の視角を用いる先行研究として，Rowlands(1995)，Paterson(1996)，Autunes(2000)参照。

33) 横田(2002, p.59, p.64, pp.74-76)。Young(1989, pp.24-25, pp.221-222)によると，いくつかの明確な社会的目標あるいは集合的目標には，経済的効率性・分配の公平性・生態系の保護などが含まれる。また，レジームがすぐに複数の目標を達成する方向に向けられるときには，これらの目標の間で取引されることに細心の注意を払わなければならないと指摘する。その中では，衡平性と効率性のトレード・オフに焦点が当てられている。

34) 横田(2002, p.15, p.17, p.165)，沖村(2000, p.165)。Autunes(2000)は，米国の外交政策と気候変動における政策措置であるJI(Joint Implementation：共同実施)を取り上げ，力(パワー)・利益・知識という3つの仮説からレジームの有効性を論じている。

35) ポーター・ブラウン(1998, p.27)は，地球環境レジームの形成と変化を理論的に説明しようとする場合に，国家アクターの国内政治という変数を取り入れる必要があると提起する。太田(1999, p.117)は，議定書の交渉段階で国内政治経済の動態力学的な要因がレジームの変質に大きく関わってくるようになったとして，米国・日本・EU(European Union：欧州連合)諸国・開発途上国の政策決定における背景を踏まえている。

36) 亀山(2003, p.94)

37) Putnam(1988, p.434)。蟹江(2004, pp.94-95)は，二層ゲームについて，国内コンセンサスの形成を対外政策決定過程の国内要因と見立て，国際交渉と国内要因を同等に評価し，その相互作用に焦点を当てたアプローチであると解釈する。

38) 亀山(2003, p.118)は，「国」以外の主体の役割に注目する研究方法の1つとして，二層ゲーム分析を念頭に置き，国際レベル，国レベル，国内レベルという3つの異なる分析レベルの関係に注目する方法を挙げる。山本(1989, p.85)は，国際政治過程では，国際システム，国家レベル，国内レベルという3つの異なるレベルに焦点を当てて分析を行うと指摘する。Manning(1977, p.309)，山本(1989, p.90)は，内政と外交，すなわ

ち，国内政治と国際政治が融合する現象を〝intermestic politics″と表した。
[39] 環境問題に関する国家間の政策を比較する分析および研究(比較研究)の動向については，例えば，亀山(2003, pp.141-146)参照。
[40] Harris(2000, p.vi)，(2003a, p.18)。その中で，米国については，Harrison(2000, p.89, p.108)，中国については，Hatch(2003, p.44)，日本については，Kameyama(2003, p.136)，Sato(2003, p.168)が扱っている。
[41] 横田(2002, p.3, p.14, p.19)
[42] 横田(2002, pp.18-19)において，気候変動問題はレジームの形成をめぐる検討事例として扱われている。同じく，横田(2002, p.123)は，国際レジームの有効性と環境の改善における因果関係を検証することにさまざまな困難がともなうと指摘する。
[43] 横田(2002, p.19, p.85)
[44] 太田(1997, p.22, p.27)，(1999, p.99, p.124)
[45] 高村(1999, p.74)，亀山(2003, pp.49-51)。Mitchell(2001, p.221)は，研究者や実務家が有効性(effectiveness)の用語を遵守，経済的効率性や環境改善というように，かなり異なる使い方をしていると指摘する。
[46] 高村(1999, p.74)
[47] 亀山(2003, pp.49-51)
[48] 本書では，'Sustainable Development'を「持続可能な開発・発展」と訳して使う。開発と発展の双方を持続可能なものにする必要があるとの考え方に基づく。だが，日本語文献の場合は，著者が用いている訳語をそのまま掲載する。訳語に著者の考え方が反映されていると理解しているからである。
[49] 高村(2002, p.26)
[50] 堀口(2010, pp.86-87)は，条約3条における原則について，「条約による規律に方向づけを与える規範を意味し，例えば，より詳細なルールを形成・解釈する場合や，具体的な温暖化対応策をとる際に，指針として機能することが期待されている。つまり，それ自体は国家の行為の合法・違法を評価する基準であるとは考えにくいとしても，少なくともそうした評価基準の発展の方向性を明らかにするという意義を持つ」と述べる。本書では，原則と政策評価基準の内容が一致しているとは捉えず，原則には評価基準の内容が含まれていると捉える。
[51] Sands(2003, p.286)
[52] 堀口(2010, p.89)
[53] 高村(1999, p.75)
[54] Sands(2003, p.285)
[55] Rajamani(2000, pp.122-123, p.130)
[56] 堀口(2010, p.99)
[57] Wood(1996, p.298)は，現在世代がどのように費用を配分するかをめぐる意思決定に将来世代が関与できないと指摘する。
[58] 地球環境法研究会(2003, p.475)，西井(2001, p.124)，Bodansky(1993, p.455, p.498)，川島(1999, p.102)，Wood(1996, p.298, p.304)，Mintzer and Michael(2001, pp.214-215)，Yamin and Depledge(2004, p.72)
[59] ワイス(1992, p.37)
[60] Wood(1996, p.295)。また，世代間衡平の定義，原則と基準については，ワイス(1992, p.37, pp.50-51)参照。
[61] Wood(1996, p.305)

62) 堀口(2010, p.99), 鶴田(2008, pp.135-136)
63) 兼原(1994, pp.172-173, p.175)
64) 「原則」と「アプローチ」および「措置」の定義と違いについては, 西井他(2005b, p.27)参照。この定義を踏まえ, 現在,「予防原則」と言われているものは, 内容的には「予防的アプローチ」と呼ぶべきものであると述べる。また, 高村(2004, p.61), (2005d, p.3)は, 予防原則と予防的アプローチが, 原則あるいはアプローチの法的効果を厳密に定義することなく発展してきたと指摘する。
65) 堀口(2000, p.49), 外務省国際連合局経済課地球環境室・環境庁地球環境部企画課(1993, p.16), 地球環境法研究会(2003, p.8)
66) 堀口(2000, p.50)
67) Yamin and Depledge(2004, p.71)
68) 堀口(2011, p.194, p.196)
69) 高村(2005d, p.7)
70) 高村(2005d, p.6)
71) 高村(2005d, p.18)
72) 岩間(2004, p.56)
73) 堀口(2011, pp.202-203)
74) Stone(2004, p.291, p.293)
75) 岩間(1992, p.23)
76) Hsu(2004, p.337, p.346, p.369)
77) Sands(2003, p.162)
78) 西村(1999, p.88, p.94)。Cullet(1999, p.171, p.173)は, CDMと共通だが差異のある原則における密接な関係を指摘する。
79) 西村(2000, pp.45-46), 磯崎・高村(2002, p.234)
80) Mintzer and Michael(2001, p.217)
81) Cullet(1999, p.178)
82) 岩間(1999, p.134)
83) Sands(2003, p.360)
84) 村瀬(2002, p.75)
85) 西井他(2005a, pp.20-21)
86) 高村(1999, pp.76-77), 西原(2001, pp.203-204), 坂口(1992, p.iv), 南(2004, p.122, p.128)
87) 西原(2001, p.203), 岩間(1989, p.51), 佐藤(1997, p.189), 村瀬(1992, p.360, pp.364-365)
88) 大塚(2004, p.249, pp.272-274)
89) 大塚(2004, p.5)
90) 小山(2001, p.256)
91) フィールド(2002, p.10)は, 環境政策(環境質を改善するための公共政策)を設計する際に, 環境経済学が大きな役割を果たすべき余地があると述べる。
92) 植田(1996, p.103, p.112), 後藤(2003, p.21), Ridgley(1993, pp.224-226), フィールド(2002, p.402)。フィールド(2002, p.206)は, 分配(衡平性)と効率性について, どのように重点を置くべきかが合意されていないと指摘する。
93) 羅・植田(2002, p.25), 羅・林(2005, p.199), 常木・浜田(2003, p.68), Toth(2001, p.226)。ターナー・ピアス・ベイトマン(2001)は, 環境問題が現存する人々の間の公正

性だけでなく，現存する人々とまだ生まれてこない将来世代との間の公正性とも関わると指摘する。Metz(2000, p.111)は，衡平性を国家間衡平性，国家的衡平性あるいは社会的衡平性，世代間衡平性に大きく分ける。グラブ・フローレイク・ブラック(2000, pp.274-275, p.289)は，環境経済学で世代間衡平性に関する評価が重要な論点となっていると指摘する。

94) 羅・植田(2002, pp.25-28)。他に，植田・林・羅(2003, p.349)，羅・林(2005, p.200)，Burtraw & Toman(1992, pp.122-123)，Mintzer & Michael(2001, p.219)，Wood(1996, p.295, p.298)，後藤(1999, p.127)参照。

95) 羅・植田(2002, p.28)

96) 羅・植田(2002, p.25)

97) 社会成員(社会を構成する個人や組織)の誰かの状況を改善するために，他の誰かの状況を悪化させずに行うことは不可能である状態，すなわち，資源配分に無駄がない状態を示す。環境経済・政策学会(2006, p.52)

98) 羅・植田(2002, p.22)。なお，竹内(2006, p.8)は，日本の行政機関が費用便益分析を「費用対効果分析」と呼ぶ慣例があると述べる。この指摘を踏まえると，費用便益と費用効果(費用対効果)が区別されていないと考えられる。

99) 岡(2006, pp.245-246)

100) Toth(2001, p.230)，Ridgley(1993, p.227)。フィールド(2002, p.374)は，現時点における緩和(軽減)措置を講じるうえで，費用効果の概念を念頭に置くことが重要であると指摘する。

101) フィールド(2002, p.204)は，ある政策が資源支出額に対して最大限の環境改善を達成するとき，言い換えると，所与の大きさの環境改善を最小限の費用で達成するとき，(対)費用効果的であると述べる。

102) 誤った目標を目指す政策であっても，(対)費用効果的ということがあり得るとの理由を挙げている。フィールド(2002, p.204)

103) 植田・森田(2003, p.6)

104) Toth(2001, pp.226-227)，Munasinghe(2002, pp.61-62)，Ghersi, Hourcade & Criqui(2003, p.116)。常木・浜田(2003, p.68)は，法学と経済学の境界領域である「法と経済学」では，効率性の問題と公平の問題を方法的に分けて考える傾向があると指摘する。だが，これら2つの問題を独立に解することは多くの場合難しく，どちらかといえば効率性を重んじる経済学と，分配関係に敏感な法律学との相克が生じると指摘する。また，Wood(1996, pp.316-317)は，経済的な効率性と衡平性の規範は世代間で矛盾すると指摘する。

105) 宇沢・國則(1993, p.7)，奥野・小西(1993, p.145)，後藤(1999, p.128, p.142)，羅・植田(2002, p.39)

106) ターナー・ピアス・ベイトマン(2001, p.27)は，「経済的効率性」について費用が除かれた純便益を最大化するように，希少資源を利用することと説明する。同じく，「経済的公平性」について便益・費用の結果的な分配面での公正さを測定することと説明する。また，ターナー・ピアス・ベイトマン(2001, pp.164-165)は，政策手段の選択基準として経済的効率性や公平性を挙げた後，それぞれの基準が相容れないものもあるので，ある程度のトレード・オフがやむをえないと述べる。

107) Ghersi, Hourcade & Criqui(2003, p.116)

108) Rose(1990, p.927)

109) 天野(2003, p.151, pp.217-218)

110) 羅(2006, pp.41-45, pp.49-50, p.55, p.77)
111) 羅(2006, p.68, p.77)
112) 羅(2006, p.77), Banuri & Spanger-Siegfried(2002, p.124)。Munasinghe & Swart(2005, p.150)は,「持続可能な開発・発展」と気候変動の緩和を結びつけて論じている。
113) IPCC(2009, p.188, p.275, p.284-285)
114) Najam et al.(2003, p.S 10)
115) 水野(2006, p.52), 羅(2010, p.18)
116) Swart, Robinson & Cohen(2003, p.S 20)
117) Swart, Robinson & Cohen(2003, p.S 21), Robinson et al.(2006, p.3)
118) 百瀬(1993, p.8)は,広領域学について「諸専門分野を総合的に組織した学問体系」と定義する。
119) 百瀬(2003, pp.20-21, p.26, p.30)

第2章　気候変動問題に関する多国間交渉の過程

1. 原則・約束・約束履行措置と評価基準の「関係性」
2. 緩和と適応支援の相互補完性
3. 国際交渉過程と約束履行過程および国内的側面と国際的側面の「関係性」
4. 評価事項の設定

世界中の人々が集う気候変動の国際会議（イラスト・佐藤史子）

気候変動問題の主要な国際合意である京都議定書が発効するまでの国際交渉を対象として，緩和（気候変動の主要因である人為的な温室効果ガス排出量の削減）と適応（気候変動の悪影響への対処）支援について，国際合意の規定，国際協力の評価基準と論点，世界的な多国間協力の阻害要因を関係づけて検討した。この国際交渉過程の検討結果から，日本が関わる国際協力の現状評価を行うための評価事項を設定した。

本章では，気候変動問題の国際合意が形成される交渉過程(国際交渉過程)を取り上げる。本書では，表2-1で示すように，第1約束期間(2008～2012年の5年間)に向けた国際交渉過程を，条約の採択に至る交渉過程，議定書の採択に至る交渉過程，議定書の発効に至る交渉過程に大きく分ける[1]。

そのうち，議定書の採択に至る交渉過程は，COP1からAGBMを経て，COP3までの期間と位置づける。また，議定書の発効に至る交渉過程はCOP3以降，COP4(条約第4回締約国会議)，COP6(条約第6回締約国会議)再開会合を経て，COP7(条約第7回締約国会議)までの期間と位置づける。

本章では，このような国際交渉過程の区分を踏まえ，前章で設定した国際協力の評価枠組に基づき，緩和と適応支援の両面から，国際合意で定められた原則・約束・約束履行措置に関連する内容とそれらをめぐる協議について

表2-1 第1約束期間に向けた国際交渉過程の区分と主なできごと

年	主なできごと	国際交渉過程
1990	条約をめぐる国際交渉開始	条約の採択に至る交渉過程
1992	条約採択	
1994	条約発効	議定書の採択に至る交渉過程
1995	COP1(条約第1回締約国会議) －ベルリン・マンデート	
1996	COP2(条約第2回締約国会議) －ジュネーブ宣言	
1997	COP3(条約第3回締約国会議)－議定書採択	
1998	COP4(条約第4回締約国会議) －ブエノスアイレス行動計画	議定書の発効に至る交渉過程
2000	条約の約束履行目標年	
	COP6(条約第6回締約国会議)	
2001	COP6再開会合－ボン合意	
	COP7(条約第7回締約国会議) －マラケシュ合意	
2005	議定書発効	
2008～2012	第1約束期間	

検討する。

　第1章では，国際協力の評価枠組が4つの構成要素と4つの評価基準の「関係性」で成り立つことを示した。4つの構成要素の「関係性」とは，①国際交渉過程と約束履行過程の同時進行性，②緩和と適応支援の相互補完性，③国内的側面と国際的側面の関係および相互作用，④国際合意で定められた原則・約束・約束履行措置の間および国際協力の評価基準の間における整合性を示す。一方，4つの評価基準の「関係性」とは，国際協力における衡平性と効率性および「持続可能性」の矛盾および調整による有効性への影響を検討することである。

　本章では，評価枠組に関する構成要素および評価基準を国際交渉過程における協議から検討し，次章以降で日本が関わる気候変動問題の国際協力を評価するために，評価事項を設定する。あわせて，日本が関わる国際協力の現状評価に反映させるために，国際交渉過程における日本政府の主張と立場を検討する。

1．原則・約束・約束履行措置と評価基準の「関係性」

1-1．緩和の国際交渉における「関係性」
(1) 原則と約束の「関係性」

　国際交渉過程では，附属書Ⅰ国および附属書B国の数値目標を定めるうえで，国際合意における原則と約束が結びつけられて協議された。それは原則に含まれる衡平性と効率性および「持続可能性」，ならびに，約束に含まれる有効性の評価基準が結びつけられて協議されたともいえる。

　ここでは，国際合意の規定にある原則と約束の「関係性」，ならびに，4つの評価基準である有効性・衡平性・効率性および「持続可能性」の「関係性」を検討する。これらの「関係性」を踏まえ，本書における有効性・衡平性・効率性および「持続可能性」を限定して定義する。

　気候変動問題に関する国際交渉では，「枠組条約－議定書方式」が用いられている[2]。この方式では，基本的な原則やその後の交渉の枠組に関する

「枠組条約」が決められた後に，科学的知見の発展や技術の進歩などに応じて，具体的で明確な義務が含まれた「議定書」や「附属書」が定められる[3]。本章で論じる条約の採択から議定書の発効に至る国際交渉過程は「枠組条約－議定書方式」に基づいている。

条約2条にある究極的な目的を達成し，条約を実施するための措置をとるうえで，5つの指針(原則)が同3条で定められた[4]。究極的な目的とは「気候系に対して危険な人為的干渉を及ぼすこととならない水準において大気中の温室効果ガスの濃度を安定化させる」ことである。この水準は「生態系が気候変動に自然に適応し，食糧の生産が脅かされず，かつ，経済開発が持続可能な態様で進行することができるような期間内に達成されるべき」と定められた[5]。これは，緩和と適応に関する超長期的な目標を示している。

条約の前文と3条1の衡平性および3条4の「持続可能性」が含まれる原則は，同4条2(a)で定められた附属書I国の法的拘束力がない2000年までの目標と結びつけられている。

条約3条1では，衡平の原則と共通だが差異のある責任原則が定められた[6]。これら2つの原則に基づき，「人類の現在及び将来の世代のために気候系を保護すべき」ことが示され，そのために「先進締約国は，率先して気候変動及びその悪影響に対処すべき」と定められた[7]。この条項には緩和と適応に関する世代間衡平性および世代内衡平性が含まれる[8]。

世代間衡平性について，前文で，条約締約国は「現在及び将来の世代のために気候系を保護することを決意」すると示された。この内容には，1988年に採択された人類の現在および将来の世代のための地球的規模の気候保護に関する国連総会決議が踏まえられている。この決議では，気候変動が「人類共通の関心事」であると認識され，現在世代と将来世代への経済的，社会的脅威になり得ることが示された[9]。

一方，世代内衡平性について，前文では，条約締約国が，①過去および現在における世界全体の温室効果ガス排出量の大部分を占めるのは先進国で排出されたものであること，②開発途上国における1人当たり排出量は依然として比較的少ないこと，③世界全体で開発途上国における排出量が占める割

合はこれらの国の社会的なニーズおよび開発のためのニーズに応じて増えていくことに留意すると示された。この内容には，共通だが差異のある責任原則が踏まえられ，先進工業国と開発途上国の関係をめぐる世代内衡平性が含まれる。

また，世代内衡平性には，1991年の環境と開発に関する開発途上国閣僚会議で採択された北京宣言が反映されている[10]。世代内衡平性には，気候変動問題は先進工業国が引き起こしたので，先進工業国がまず対処しなければならないとする「先進国責任論」の影響が見られる[11]。

さらに，前文では「気候変動が地球的規模の性格を有することから，すべての国が，それぞれ共通に有しているが差異のある責任，各国の能力並びに各国の社会的及び経済的状況に応じ，できる限り広範な協力を行うこと及び効果的かつ適当な国際的対応に参加することが必要であることを確認」している。この内容にも，条約3条1にある2つの原則が踏まえられている。

条約4条にある約束は，同3条1の原則を具体化したものと位置づけられる[12]。条約4条1では，緩和と適応に関して，すべての締約国が有する約束が定められた[13]。この条項には共通だが差異のある責任原則が踏まえられている。

同じく，条約4条2(a)では，全締約国の約束に加え，緩和に関して附属書Ⅰ国に課される約束が定められた[14]。附属書Ⅰ国は「気候変動を緩和するため」に「自国の政策」を採用し，「これに沿った措置をとる」ことになる。附属書Ⅰ国が行うことは「二酸化炭素その他の温室効果ガス(モントリオール議定書によって規制されているものを除く。)の人為的な排出の量を千九百九十年代の終わりまでに従前の水準に戻すこと」であり，「温室効果ガスの人為的な排出の長期的な傾向をこの条約の目的に沿って修正する」ために「寄与するものであることが認識され」ている。ただし，条約4条2(a)は附属書Ⅰ国に法的拘束力付きの数値目標を課していないと解釈される[15]。

このように，条約では全締約国が究極的な目的を達成しようとしながらも，先進国で占められる附属書Ⅰ国と途上国で占められる非附属書Ⅰ国において，約束の内容に違いが見られた[16]。それは条約3条1で定められた共通だが差

異のある責任原則が踏まえられているからであるといえる。

　条約3条4では,「持続可能な開発・発展」原則が定められた。条約の締約国は,持続可能な開発・発展を促進する権利と責務を有する。経済開発・発展が気候変動への対処に不可欠であることを考慮したうえで,気候変動の政策措置は各締約国の個別の事情に適合したものとし,各国の開発・発展計画に組み入れるべきと定められている。高村(2002)は,条約3条4の文言について,「持続可能な発展を促進する『権利』を承認しつつ,他方で,その『権利』の実現に当たっては,その発展が持続可能なものとなることを条件としている」と解釈する[17]。条約3条5でも,協力的で開放的な国際経済体制の内容として,全締約国,特に開発途上締約国に持続可能な経済成長と開発・発展をもたらし,締約国が気候変動に対処できることが挙げられている。

　附属書I国に課される緩和の約束が定められている条約4条2(a)には,「強力かつ持続可能な経済成長を維持する必要があること」に「考慮が払われる」と記されている。前文でも,気候変動への対処について,開発途上国の正当で優先的な要請である持続的な経済成長の達成と貧困の撲滅を十分に考慮すること,社会・経済の開発・発展に対する悪影響を回避するため,これらの開発・発展との総合的な調整が図られるべきであることが確認されている[18]。条約の3条4・5および前文で見られる「持続可能性」は,4条2(a)の緩和に関する約束を履行するうえで,考慮すべき条件の1つとなっている。

　条約発効後,議定書の採択に至る国際交渉過程では,条約で定められた附属書I国の約束が不十分であるとの認識から,2000年以降の新たな約束が検討された。

　条約事務局がまとめた附属書I国の国別報告書に関する審査では,条約にある2000年までの目標を達成する行動が不十分であると示された[19]。また,大半の国から,条約4条2(a)と(b)の約束は,条約2条にある究極的な目的を達成するには不十分との意見が出された。INC10(第10回政府間交渉委員会,条約採択に向けた国際交渉)では,先進国間においても約束が不十分であるという見解で一致した[20]。

AOSIS(Alliance Of Small Islands States：小島嶼国連合)はCOP1での採択を念頭において，条約17条2[21]に基づき，会議開催の6カ月前に議定書案を提出した。この案は先進締約国に対して，2005年までにCO_2排出量を少なくとも20%減らすように求める内容であった[22]。だが，INCでは，この提案が協議されなかった[23]。

COP1では附属書I国の約束に関する規定の妥当性をめぐる協議が最大の焦点になった。この会議で採択されたベルリン・マンデートでは，COPが条約4条2(a)と(b)を審査し，それらが不十分と結論づけられた場合に，議定書あるいは他の法的文書の採択を通して，温室効果ガス削減に関する附属書I国の約束強化などの適切な行動を2000年以降にとることができるプロセスを始めると定められた[24]。このプロセスには，衡平性に関する原則や先進締約国が気候変動とその悪影響に率先して対処すること，ならびに，先進国が過去および現在における温室効果ガス排出量の大部分を占めていて，開発途上国の1人当たり温室効果ガス排出量が比較的低いことが踏まえられている。

AGBMの交渉過程では，緩和に関する約束の強化を目指して，2000年以降における温室効果ガス排出量の削減・抑制をめぐる附属書I国の数値目標が協議された[25]。

AGBM3(第3回ベルリン・マンデートに関する特別委員会)では，数値目標の差異化に関する協議が行われた。米国を除くJUSCANZ[26]は将来的な数値目標の差異化を求めた。日本も省エネルギーの努力を反映する観点から，各国の温室効果ガス排出削減の負担における衡平性を確保するために差異化が望ましいと主張した[27]。これは省エネルギーの努力を認めるべきとする効率性に基づく主張でもある。一方，いくつかのEU諸国とAOSISは附属書I国で一律な目標の設定(一律削減)を主張した。この協議では，衡平性が繰り返し言及された[28]。

COP2(条約第2回締約国会議)で示されたジュネーブ宣言では，COP3において法的拘束力のある議定書または他の法的文書が採択されるように交渉を進めることになった。附属書I国の約束については，2005年・2010年・2020

年といった特定の時間枠内で温室効果ガスを抑制,削減する法的拘束力のある数値目標が示された[29]。

AGBM5(第5回ベルリン・マンデートに関する特別委員会)では,議定書の枠組に関する各国案が検討された[30]。日本提案は附属書Ⅰ国による1人当たりCO_2排出量と総排出量の選択を認める内容であった。また,各国の状況が異なるため,各締約国は温室効果ガスを一律に削減することが難しいと指摘し,数値目標を差異化する必要性が補足説明された[31]。

AGBM6(第6回ベルリン・マンデートに関する特別委員会)以降,EU・日本・米国・G77(開発途上国グループ)プラス中国は,附属書Ⅰ国の数値目標が含まれる議定書案を公表した[32]。日本は附属書Ⅰ国が2008～2012年に,1990年比で3種類の温室効果ガス合計排出量を最大5%減らすと提案した。各国の目標はGDP(Gross Domestic Product:国内総生産)当たり排出量,1人当たり排出量,人口増加率で差異化される[33]。この結果,日本の数値目標は2.5%となる。

AGBMを経て,COP3では,①対象ガス,②基準年と目標年(期間),③附属書Ⅰ国間における数値目標の差異化などが,温室効果ガスの削減および抑制に関する具体的な数値の設定に結びつけられて協議された[34]。

第1に,対象ガスについては,CO_2・メタン・亜酸化窒素にHFCs(Hydro fluorocarbons:ハイドロフルオロカーボン類)・PFCs(Per fluorocarbons:パーフルオロカーボン類)・SF6(Sulfur hexafluoride:6フッ化硫黄)を加えた6種類のガスが附属書Aに定められた[35]。

第2に,基準年については議定書3条1で,EU諸国の主張どおりに,旧ソ連諸国や東欧諸国を除き,1990年と定められた[36]。また,目標年および目標期間については,議定書3条7で2008～2012年の5年間(第1約束期間)と定められ,この5年間の平均値が数値目標とされた[37]。

第3に,差異化については,COP3初日に一律削減を主張していた米国が限定された範囲内で認める姿勢を示した[38]。日本は省エネルギーの努力を基準として,附属書Ⅰ国を2つから3つのグループに分けるように提案した[39]。EUは会議途中で日本・米国以外の附属書Ⅰ国に差異化を認め,最終的に日

本・米国との差異化も認めた[40]。

　これらの検討項目が合意された後で，具体的な数値目標が定められた。議定書3条1に基づき，附属書Ⅰ国はその全体として，6種類の対象ガスにおける人為的な総排出量を第1約束期間に1990年水準より少なくとも5%削減することを目指すことになった[41]。また，国別の差異化が認められたことによって，日本には6%削減というように附属書Bで個別の削減率が記された[42]。

　議定書の採択に至る交渉過程では，ベルリン・マンデートで附属書Ⅰ国に法的拘束力のある数値目標の設定が求められる一方，非附属書Ⅰ国の約束を定めることは見送られた。AGBMとCOP3では，附属書Ⅰ国における数値目標の設定をめぐり，先進国と途上国の間における衡平性に加え，先進国間の衡平性が問われた。特に後者は附属書Ⅰ国における数値目標の差異化をめぐる協議で見られた[43]。議定書には先進国間の衡平性に配慮した数値目標が定められた。

　なお，緩和に関する約束として，条約2条にある究極的な目的，同4条2(a)の附属書Ⅰ国における2000年までの法的拘束力がない目標，ならびに，議定書3条で附属書Ⅰ国に課された第1約束期間の法的拘束力がある数値目標において，温室効果ガス排出量を抑制，削減する総量基準が使われた。これらの条文から，条約や議定書といった国際合意では，温室効果ガス排出量を抑制，削減する総量目標が達成できるか否かによって，緩和に関する国際協力の有効性が評価される。

　その一方，国際交渉過程では，緩和の約束について，総量目標以外に衡平性に関連する1人当たり温室効果ガス排出量や効率性に関連するGDP当たり温室効果ガス排出量が示された[44]。このように，原則で示された衡平性および効率性を約束に関連する有効性に結びつけた協議も見られた。

(2) 約束履行措置における原則と約束の「関係性」

　約束履行措置をめぐる協議では，原則と約束が結びつけられ，衡平性と効率性が矛盾する論点が検討された。

条約3条3に含まれる効率性は，同4条2(a)にある共同実施の概念に結びつけられた。予防原則が示された条約3条3には，「気候変動に対処するための政策及び措置は，可能な限り最小の費用によって地球規模で利益がもたらされるように費用対効果の大きいものとすることについても考慮を払うべき」と定められている。これは効率性のうち，費用対効果および費用効果性に当たる。この効率性が含まれる条約3条3から，同4条2(a)にある共同実施の概念が導き出される[45]。

条約4条2(a)では，附属書Ⅰ国が，気候変動問題に関する政策措置を他の締約国と共同して行うこと，ならびに，緩和に関する約束履行に貢献するために「他の締約国を支援することもあり得る」と定められた[46]。この内容は共同実施の概念を示すものと解釈できる。共同実施は附属書Ⅰ国が他国で緩和に関する政策措置を行うことによって，費用効果的に温室効果ガスの排出を削減できるものである[47]。

共同実施の概念には，先進締約国から開発途上締約国への資金や技術の移転を促す可能性が含まれる[48]。この概念は温室効果ガスの削減と資金・技術協力が結びつくことで，先進締約国と開発途上締約国の双方が利益を得ることができ，世代内衡平性と世代間衡平性が整合する可能性を持っている[49]。

だが，共同実施が先進締約国と開発途上締約国の間で行われる場合には，衡平性の問題が生じる可能性がある。共同実施が行われることで，先進締約国は開発途上締約国と比べ，費用効果的でないと認識している自国内での政策措置[50]を少なくできる[51]。

その一方で，開発途上締約国に法的拘束力のある数値目標が課せられる場合，それを達成するために，より多くの費用が必要となる政策措置の選択肢しか残されないことが生じ得る。これはlow-hanging fruits問題と称される[52]。

この状況は世代内と世代間における2つの衡平性の問題を含むとともに，共同実施の概念に含まれる効率性に関わる問題となり得る[53]。すなわち，効率性を追求する先進締約国の現在世代により，開発途上締約国の将来世代が持つ政策措置に関する選択の可能性を狭めることになりかねない。

議定書の採択に至る国際交渉過程では，条約で定められた共同実施の概念から派生したAIJ(Activities Implemented Jointly：共同実施活動)と柔軟性措置が協議された。COP1では，附属書Ⅰ国間，あるいは，附属書Ⅰ国と自発的な参加を望む非附属書Ⅰ国との間で，温室効果ガス排出削減分のクレジット[54]が生じないAIJを始めることが合意された[55]。AIJは共同実施の試行段階と位置づけられた。

COP1に至るINCの交渉過程で，先進国は基準の作成と経験の蓄積のために，条約4条2(a)で定められた共同実施の試行を主張した。日本はクレジットがつかないAIJを支持した。G77を代表したフィリピンは共同実施の試行は受け入れながらも，クレジットをつけずに附属書Ⅰ国間で行うべきと主張した[56]。

多くのG77諸国は共同実施を試験的に行い，自発性に基づいたうえで，非附属書Ⅰ国にも開かれるべきとの立場を示した[57]。AIJは先進締約国と開発途上締約国に見られた立場の違いを調整するための概念であった[58]。

一方，柔軟性措置の導入に関して，EUおよび開発途上締約国と米国や日本などの非EU諸国で見解の違いが見られた。AGBM6開催前に米国は議定書の枠組案で共同実施や排出量取引といった柔軟性措置を示した[59]。G77は米国が提案する柔軟性措置に反対した。

AGBM7(第7回ベルリン・マンデートに関する特別委員会)でも，米国は効率性の観点から共同実施を引きつづき提案した[60]。EUを代表してオランダは共同実施に関する事業を国内政策に対して補足的なものとすべきと提案した[61]。日本と米国はAGBM8期間中に発表した議定書提案の中で，排出量取引や共同実施といった柔軟性措置を含めるように求めた[62]。

柔軟性措置の積極的な導入を求める非EU諸国は，約束の履行における効率性を重視した。一方，EUは柔軟性措置について国内政策措置よりも優先させるべきではないと補足性の論点を示した。この論点は非EU諸国が重視する効率性を制限するとともに，特に開発途上国の将来世代における衡平性への配慮を示したものである[63]。

AGBMを経て，COP3で採択された議定書の3条10と3条12において，

附属書Ⅰ国は緩和に関する数値目標を達成するために，柔軟性措置(京都メカニズム)を利用できることになった[64]。京都メカニズムは附属書Ⅰ国が各々の数値目標を達成するために必要となる費用の削減を目的としている[65]。

この京都メカニズムの1つであるCDMは，議定書12条2において，非附属書Ⅰ国が「持続可能な開発・発展」を達成すること，および，条約で定められた究極的な目的に貢献することを支援する制度であるとともに，議定書3条で定められた附属書Ⅰ国の数値目標の達成を支援する制度であると示された[66]。

議定書12条3(a)に基づき，非附属書Ⅰ国はCDMを行うことで，CER(Certified Emission Reductions：認証排出削減量)が生じる事業活動から利益を得ることができる[67]。一方，議定書12条3(b)に基づき，附属書Ⅰ国はCDMから得られるCERを自国の数値目標を達成するための一部として使うことができる[68]。

AGBM7でブラジルはクリーン開発基金に関する提案を行った。この基金は先進締約国が数値目標を達成できなかった時にかかる罰金で成り立つ。開発途上締約国は，この基金を原資として緩和や適応に関する(政策)措置を行うことができる[69]。

G77プラス中国は附属書Ⅰ国の約束不履行に関する罰則と新たな基金の創設の観点からブラジル提案を支持した。一方，先進国側は罰則と新たな基金の創設に反対した[70]。

だが，1997年11月の主要先進国・途上国非公式閣僚会議で，米国はクリーン開発基金が共同実施に近いメカニズムであると独自の解釈を試みた[71]。COP3でも米国などが中心となり，ブラジル提案を活かしながらも実質的には温室効果ガス削減・抑制に関する附属書Ⅰ国と非附属書Ⅰ国の共同事業であるCDMが提案され，議定書に取り入れられた[72]。これは衡平性の要素が強かったブラジル提案が，効率性の要素を含むCDMに変わったものである。

その一方で，京都メカニズムは附属書Ⅰ国が各々の数値目標を達成する際に，温室効果ガス削減・抑制に関する国内活動を補う手段と位置づけられた[73]。CDMについても，議定書12条3(b)を踏まえると，補足性が協議対

象になっている[74]。補足性に関しては，衡平性が配慮される一方，附属書Ⅰ国にとって費用対効果の効率性がある程度制限されるものになっている[75]。

このように，議定書には衡平性の意味合いが強かったブラジル提案に効率性の観点を加えたCDMが盛り込まれた。その一方で，柔軟性措置の1つであるCDMには衡平性と効率性に関連する補足性の論点が含まれている[76]。この論点は効率性をある程度制限し，特に開発途上締約国の将来世代における衡平性への配慮を示していることから，衡平性と効率性の調整が図られたといえる。

また，緩和に関する約束履行措置の1つであるCDMの目的には非附属書Ⅰ国における「持続可能な開発・発展」の達成があることから，条約の原則に含まれる衡平性と効率性に「持続可能性」が加えられているとともに，気候変動への対処と「持続可能な開発・発展」の達成の両立を目指す「関係性」が見られる。

CDM事業が非附属書Ⅰ国の「持続可能な開発・発展」達成に役立つかどうかは，COP7で採択されたマラケシュ合意において，ホスト国(非附属書Ⅰ国)の特権であることが確認された。同じく，マラケシュ合意で，CDM事業活動の確認や排出源からの人為的温室効果ガス排出量の検証・認証を行うCDM理事会に任命された運営機関(DOE：Designated Operational Entity－指定運営機関)は，CDM事業活動が「持続可能な開発・発展」の達成に役立つというホスト国による確認書を書面で受け取っていることが求められている[77]。

議定書の発効に至る国際交渉過程では，京都メカニズムおよびCDMに関する論点がさらに検討された。CDMを含む京都メカニズムは開発途上締約国の反発が強かったこともあり，COP3で制度が導入されるにとどまり，その実施に関する細則については，COP3後の検討課題となっていた[78]。

京都メカニズムの補足性について，COP4やCOP6でEU諸国およびG77プラス中国は数量的上限の設定を主張した。一方，米国をはじめとするアンブレラ・グループ[79]は，補足性の原則に囚われない自由で費用対効果的な京都メカニズムの利用を主張し，上限の設定に反対した[80]。

COP6再開会合で採択されたボン合意は，京都メカニズムの補足性に関す

る判断基準として,定性的な制約を設けた[81]。京都メカニズムの利用は第1約束期間における数値目標を達成するために,国内政策措置を補うものと位置づけられた[82]。また,条約にある究極的な目的の達成に向けて,先進締約国と開発途上締約国の1人当たり排出量の格差を縮める方法で国内政策措置を行わなければならないと示された[83]。これは京都メカニズムに関して,効率性の観点だけでなく,衡平性の観点を踏まえる方針が示されたといえる[84]。

COP7において,日本は京都メカニズムが実際に機能し,費用効果的で持続可能な温暖化対策を可能とすることが,地球規模において効率的で持続可能な排出削減につながると主張した。また,京都メカニズムについて,日本政府代表団は一定の制約はあるとしながらも,柔軟で幅広い利用ができるルールが作られたと評価した[85]。

このように,補足性については,緩和に関する国内政策措置を優先することが決まり,効率性の制限と衡平性への配慮が示された。これはCDMを含む京都メカニズムに関して,効率性を最大限に活かすのではなく,ある程度制限することで,特に開発途上締約国における将来世代への衡平性に配慮したものである[86]。

衡平性と効率性の評価基準は条約における原則で定められたように,究極的な目的や附属書B国の数値目標を達成するうえでともに重要である[87]。だが,2つの評価基準が矛盾する場合には,条約や議定書で定められた約束の履行,および,超長期的な目標である究極的な目的の達成に支障が生じる可能性がある。実際,国際交渉過程では,約束履行措置における衡平性と効率性が調整されていた。

国際交渉過程で効率性の制限と衡平性への配慮が示された背景には,途上国による先進国責任論が影響していた。先進国責任論は環境と開発に関する途上国閣僚会議で採択された北京宣言やクアラルンプール宣言[88]において,途上国が先進国へ示した主張と要望である。前者では,途上国が近い将来どのような義務も受け入れないと示された[89]。後者では,先進国に対して温室効果ガスの排出安定化と削減に関する約束を定めるように求めた[90]。

先進国責任論は開発途上締約国の将来的な参加論と米国による議定書未批

准に大きな影響を与えている。次に，衡平性と効率性の関係を踏まえ，先進国責任論と開発途上締約国の将来的な参加論，ならびに，米国による議定書未批准の関連性を検討する。

(3) 気候変動問題の解決に向けた世界的な多国間協力の阻害要因

議定書未批准の米国と開発途上締約国の将来的な参加論は，第1章で示したように，2013年以降に関する国際交渉の検討課題として先行研究でも指摘されていた。

前述したように，国際交渉過程では効率性の制限と衡平性への配慮が見られた。その背景には途上国による先進国責任論が受け入れられたことが影響している。それは条約における衡平性の原則および共通だが差異のある責任原則を踏まえ，ベルリン・マンデートや議定書で非附属書I国・B国に対して緩和に関する約束が定められなかったことにも表れている。

一方，国際合意では「枠組条約－議定書方式」に基づき，先進締約国を対象として，緩和に関する約束が強化された。だが，COP6再開会合開催前の2001年3月に米国が議定書の批准を拒否したことで，約束が強化された議定書そのものの発効が危ぶまれることとなった。

米国ブッシュ政権は議定書の批准を拒否する理由の1つとして，開発途上締約国の将来的な参加を挙げていた[91]。これは開発途上締約国に対する約束の義務化と自発的約束に大きく分けられる。前者は開発途上締約国に対して，法的拘束力のある数値目標，すなわち，緩和に関する約束を課すことであり，後者は開発途上締約国の中で，特に中進国および温室効果ガス大排出国が自発的に法的拘束力のある約束を定めるように求めることである[92]。

国際交渉において，附属書I国の中で[93]，特に米国は緩和に関する開発途上締約国の参加を求めつづけてきた。例えば，米国による議定書枠組提案では，全締約国が一定期限，例えば2005年までに法的拘束力のある数値目標を持たなければならない「約束の進化(エボルーション)」が盛り込まれた[94]。また，上院でも，米国が議定書を批准する前提条件として，開発途上締約国の「意味のある参加」を求めるバード・ヘーゲル決議が可決された[95]。

だが，議定書では，開発途上締約国の数値目標が定められなかった[96]。これは先進国責任論，共通だが差異のある責任原則，ベルリン・マンデートを主張する開発途上締約国からの反発が強かったことが影響している[97]。その後，議定書の発効に至るまでの国際交渉（COP7まで）において，開発途上締約国の参加をめぐる協議は進まなかった[98]。米国ブッシュ政権が緩和に関する約束の観点から，中国・インド・メキシコなど開発途上締約国との「不衡平（不公平）感」を強めたことは，議定書批准拒否の一因になっていた。

　このように，米国が議定書の批准を拒否した背景には，効率性の制限と衡平性への配慮に関する不満があったと推察できる。その不満は開発途上締約国の将来的な参加や京都メカニズムの制限的利用への反対を主張しつづけていたにもかかわらず，第1約束期間では両方が認められなかったことにも表れている。

　表2-2は，2007年におけるCO_2排出量の上位20カ国を取り上げ，議定書の批准状況ごとにCO_2排出総量を計算したものである。この表で示すように，議定書を批准した附属書B国のCO_2排出量よりも，中国・インドなど非附属書B国の方が2倍近く多い。議定書未批准の附属書B国である米国は，一国だけで世界の全体比の約2割を占めている。

　前述したように，緩和に関して，米国による議定書の批准と開発途上締約国の将来的な参加は，条約と議定書が直面する問題と位置づけられており[99]，2013年以降に関する国際交渉の検討事項となっている。すなわち，議定書未批准の附属書B国である米国と中国やインドなど温室効果ガス大排出国の参加が，緩和に関する国際協力の成果を左右することになる[100]。

　ただし，表2-2で示す1人当たりのCO_2平均排出量を見ると，議定書未批准の附属書B国である米国は非附属書B国の約3倍である。したがって，緩和に関する国際交渉では，議定書未批准の米国と温室効果ガス大排出国の参加に関して，数値目標をいかに設定するかをめぐり，衡平の原則および共通だが差異のある責任原則の観点から，開発途上締約国による先進国責任論が再燃する可能性もある。

表 2-2 議定書の批准状況別による上位 20 カ国の 2007 年 CO_2 排出量

議定書の批准状況	CO_2（二酸化炭素）排出量（1,000 炭素トン）	世界全体比	国数	1人当たり CO_2 平均排出量（炭素トン）
附属書 B 国議定書批准済	1,787,788	22.2%	10	2.79
附属書 B 国議定書未批准	1,591,756	19.7%	1	5.20
非附属書 B 国	3,060,522	37.9%	9	1.74
世界全体	8,070,152	100%	215	1.47

（注）CO_2 排出量および 1 人当たり CO_2 平均排出量は，化石燃料の燃焼，セメントの生産，ガスの燃焼によるものである。議定書批准済の附属書 B 国はロシア，日本，ドイツ，カナダ，英国，イタリア，オーストラリア，フランス（モナコ含む），スペイン，ウクライナ，未批准の附属書 B 国は米国，非附属書 B 国は中国，インド，韓国，イラン，メキシコ，南アフリカ共和国，サウジアラビア，インドネシア，ブラジルである。世界全体の国数には地域や各国所有の領土が含まれる。
（出所）Carbon Dioxide Information Analysis Center Homepage Top 20 Emitting Countries by Total Fossil-Fuel CO_2 Emissions for 2007, http://cdiac.ornl.gov/trends/emis/tre_tp20.html（2011 年 5 月 28 日現在）より作成

　2013 年以降を対象とした国際交渉の検討項目の 1 つである開発途上締約国の将来的な参加の協議を進めるためには，議定書で先進締約国に課せられた数値目標の達成に関して，その結果と内容・過程が問われる。
　まず，議定書で附属書 B 国に課せられた第 1 約束期間の数値目標を達成することが求められる。これは開発途上締約国の将来的な参加の協議を進める第 1 要件になる。この要件が満たされない場合，開発途上締約国は先進国責任論の観点から，先進締約国による気候変動問題の解決に向けた責任が果たされていないと主張し，自らの将来的な参加をさらに先送りする可能性が高くなる。
　表 2-3 で示すように，2007 年時点で議定書を批准した附属書 B 国による温室効果ガス排出量は基準年比より約 17%減っていて，全体で少なくとも 5%減らす数値目標が達成されている。ただし，ロシア・ウクライナなど市場経済への移行過程にある 13 カ国の温室効果ガス排出量が約 47%減っているのに対し，EU や日本など他の附属書 B 国の排出量は約 9%増えている。京都議定書で定められた市場移行国の数値目標は 1.8%減，他の附属書 B 国は 6.2%減である。2008 年時点では，附属書 B 国による温室効果ガス排出

表 2-3　附属書 B 国による温室効果ガス排出量の現状

	附属書 B 国	議定書批准国	議定書未批准国(米国)
数値目標	− 5.0%	− 4.1%	− 7.0%
1990 年比変化率(2008 年)	−11.1%	−22.6%	15.3%
1990 年比変化率(2007 年)	− 6.4%	−17.4%	19.1%
1990 年比変化率(2005 年)	− 8.8%	−20.6%	18.5%
1990 年比変化率(2000 年)	− 9.7%	−23.6%	22.3%
構成比(2008 年)	100%	60.8%	39.2%
構成比(2007 年)		61.6%	38.4%
構成比(2005 年)		60.7%	39.3%
構成比(2000 年)		59.1%	40.9%
構成比(1990 年)		69.8%	30.2%

(注)温室効果ガス排出量は吸収源による削減分を含む。
(出所)UNFCCC(2010, p.19)より作成

量は基準年比より約 11%減，議定書を批准した附属書 B 国は約 23%減，市場移行国は約 49%減，他の附属書 B 国は 0.6%増と削減率が軒並み高くなった。

　同じく，表 2-3 で示すように，議定書を批准していない米国による温室効果ガス排出量は，附属書 B 国全体の約 4 割を占める。したがって，開発途上締約国が先進締約国の責任を評価する場合，米国の議定書未批准をどのように判断するかも焦点になる。
　また，開発途上締約国の将来的な参加に関する協議を進めるためには，先進締約国が単に数値目標を達成するだけでなく，その過程で，例えば条約の原則をどの程度尊重しているかも問われる。特に先進締約国が数値目標を達成した場合，開発途上締約国が結果だけでなく，その結果に至るまでの内容と過程をどのように評価するかも，自らの将来的な参加を判断する基準の 1 つになる。
　米国の議定書批准と開発途上締約国の将来的な参加は，2013 年以降を対象とする国際交渉における主要な協議項目となり，互いが密接に関連しあっ

ている。この項目を検討するために，議定書を批准した附属書 B 国による約束履行の結果と内容・過程の評価が必要になる。その際，評価枠組の構成要素 4 で示したように，国際合意で定められた原則・約束・約束履行措置の間における整合性，ならびに，国際協力に関する評価基準の間における整合性を検討する必要がある。

1-2．適応支援の国際交渉における「関係性」

本項では，適応に関する国際協力（適応支援）として，開発途上締約国への資金供与に焦点を当てる。資金供与に関する国際交渉および国際合意でも，原則・約束・約束履行措置が結びつけられるとともに，資金追加性の論点をめぐり，国際協力の評価基準である衡平性と効率性の調整が図られていた。

資金追加性は途上国への資金的支援に関して，先進国による現行 ODA を含めた公的資金の活用が問われる論点である。この論点では，衡平性を重視する途上国と公的資金の効率的な活用を図りたい先進国の見解が相違していた。

条約では，衡平性に関する原則，および，前文と 3 条 2 にある開発途上国の特定の状況への考慮が，4 条 4 で定められた附属書 II 国による資金供与に関する約束と 11 条で定められた資金メカニズムの約束履行措置に結びつけられた。

条約 3 条 2 では，開発途上国などの個別のニーズと特別な事情への考慮に関する原則として，「特に，気候変動の悪影響を著しく受けやすい開発途上締約国」などには「個別のニーズ及び特別な事情について十分な考慮が払われるべき」と定められた[101]。前文でも，条約締約国は「標高の低い島嶼国その他の島嶼国(以下略)は，特に気候変動の悪影響を受けやすいことを認め」ている。前文と条約 3 条 2 には，1989 年に採択された「海面上昇による島及び沿岸地域への悪影響に関する国連総会決議」が踏まえられている[102]。この原則は先進締約国が開発途上締約国に対して適応支援を行う根拠となっている。

条約 4 条 4 では，附属書 II 国に課される約束として，資金供与に関する条

項が盛り込まれた[103]。この条項で附属書II国は「気候変動の悪影響を特に受けやすい開発途上締約国がそのような悪影響に適応するための費用を負担することについて，当該開発途上締約国を支援する」と定められた。これはAOSISからの要求に対して，先進国側が一般的な規定を盛り込むことで合意したものである[104]。

だが，附属書II国には，このような資金供与に関する約束が定められたものの，その水準が明確に定められていないために，附属書II国各国に対して，その約束に関する法的責任を問うことは難しいと解釈されている[105]。

条約11条5では，資金供与に関する制度である資金メカニズムが定められた。先進締約国は条約の実施に関連する資金を供与し，この資金を開発途上締約国は利用できる。1989年の国連総会決議では，環境問題に関して，開発途上国を支援するための新規で追加的な資金源を供与することが留意された[106]。

だが，INC1(第1回政府間交渉委員会)では，資金供与をめぐる先進国と開発途上国の主張に違いが見られた。インドをはじめとするG77は「新規かつ追加的な資金」を主張し，日本や米国などの先進国は「十分かつ追加的な資金」を主張した[107]。この資金追加性の協議では，現行のODAの転用が焦点となっている[108]。北京宣言は途上国への資金供与などに関して，先進国による確実な約束を求めた[109]。クアラルンプール宣言でも，途上国が気候変動とその悪影響に適応，対処するために，先進国が資金供与を行うべきと主張した[110]。

1992年の国連環境開発会議準備委員会最終会合では，日本と米国が譲歩し，途上国の主張どおり，条約に新規かつ追加的な資金が盛り込まれることになった[111]。

その後，条約と同じように，議定書にも資金メカニズムに関する内容が盛り込まれたが，条約の内容から発展しなかった。

AGBM2(第2回ベルリン・マンデートに関する特別委員会)で，開発途上締約国は気候変動への対処を目的とした新しい基金の設立を求めた[112]。COP2で示されたジュネーブ宣言では，附属書II国が開発途上締約国に資金供与を行

う必要性が認識された[113]。

COP3 で採択された議定書の 11 条 2 では，附属書 II 国が開発途上締約国に新規で追加的な資金を供与することが定められた[114]。この資金供与は現行の ODA による資金の移転に言及したものである[115]。

だが，結局，資金メカニズムに関する新たな進展は見られなかった[116]。これは COP3 で附属書 I 国の法的拘束力がある数値目標の設定を中心として，緩和に関する協議項目が集中的に検討されたことが影響している。また，適応支援に関する約束では，目標年や数値目標が定められていないために，緩和に比べると，その有効性を評価しにくいのが現状である。

COP3 後，議定書の発効に至る国際交渉過程では，条約の下に特別気候変動基金と後発開発途上国基金，議定書の下に適応基金が設けられた。これら 3 基金の内容を踏まえると，資金追加性が確保されたと捉えられ，開発途上締約国に対する衡平性への配慮がうかがえる。

COP6 では，資金メカニズムについて，LDCs（Least Developed Countries：後発開発途上国）や小島嶼国のニーズに特別な配慮を払うため，GEF[117] の下に，CDM 事業による収益の一部である CER 価額の 2％分から成る適応基金と，附属書 II 国が拠出する新規で追加的な資金から成る条約基金を設けることが提案された[118]。

2001 年 6 月に発表された統合交渉テキスト[119] で，資金メカニズムについて，適応基金と特別気候変動基金に関するさらに具体的な内容が示された。適応基金については，7 項目の対象事業が追加され，資金源として附属書 I 国からの拠出が加えられた[120]。特別気候変動基金は COP6 で示された条約基金に代わるものである[121]。アンブレラ・グループはこの基金に関する拠出方法の記述を削るように求め，G 77 プラス中国は附属書 II 国による新規で追加的な拠出を求めた[122]。

また，資金の勘定には CDM 事業による収益分担金の一部と CDM 事業向けの公的資金を含めないと定められ，開発途上締約国の主張が取り入れられた[123]。

COP6 再開会合では，G 77 プラス中国が資金メカニズムについて，適応

基金を議定書の問題として扱うように主張するとともに，条約の約束が十分に履行されていないと指摘した。EUは資金メカニズムに関する合意を達成するうえで，先進締約国と開発途上締約国の間における衡平性の問題を重視した。小島嶼国は適応に関する政策措置を行うために，追加的な基金が必要であると主張した[124]。

資金供与の義務化について，大部分の附属書I国は任意の拠出を支持し，開発途上締約国がそれを受け入れることで合意に達した[125]。

COP6再開会合で採択されたボン合意では，資金メカニズムについて，条約と議定書におけるそれぞれの基金が設けられた[126]。条約履行のために，特別気候変動基金と後発開発途上国基金が設けられた[127]。これら2つの基金はGEFの気候変動重点分野，ならびに，多国間および二国間の資金供与に配分される拠出に対して，新規で追加的であることが求められる[128]。そのうち，特別気候変動基金は適応など各分野の事業活動などへの資金供与を目的とする[129]。また，議定書の下で設けられた適応基金[130]も，CDM事業による収益分担金に対して追加的なものである[131]。

このように，適応支援に関連する基金が設置されたことで，開発途上締約国により主張されつづけてきた資金追加性が一定程度確保されるとともに，特に小島嶼国に対する衡平性への配慮がある程度示された。

一方，緩和に比べると，適応支援に関する約束の内容が不十分であることから，COP7以降，国際交渉における協議の進展が望まれる。3基金のさらなる充実[132]を含めた適応支援に関する国際協力の進展も，開発途上締約国の将来的な参加をめぐる協議に一定の影響を与えるからである。

また，適応支援に関する国際交渉でも，特に資金追加性の論点をめぐり，衡平性と効率性の調整が図られていた。したがって，緩和と同じく，適応に関する国際協力でも，評価枠組の構成要素4で示したように，国際合意で定められた原則・約束・約束履行措置の間における整合性，ならびに，国際協力に関する評価基準の間における整合性を検討することが必要になる。

2. 緩和と適応支援の相互補完性

　前章で設定した国際協力の評価枠組に関する構成要素2では，緩和と適応支援が相互に補いあう「関係性」にあることを示した。国際交渉過程でも，緩和と適応に関する国際協力が結びつけられて協議されていた。

　条約の採択に至る国際交渉過程では，適応支援に関する資金メカニズムと緩和に関する共同実施において，現行ODAの転用をめぐる論点である資金追加性が協議された。この論点は衡平性と効率性に関連づけられる。資金を受ける側の開発途上国は，気候変動問題に関して先進国の歴史的責任を求めている[133]ように，衡平性を主張する。それに対して，資金供与側である先進国は，現行の資金を転用しようと効率性を重視した。特に開発途上国は効率性に基づく共同実施を行ううえで，現行のODAが転用されることを警戒した[134]。

　議定書の採択に至る交渉過程では，共同実施の概念を引き継ぐAIJとCDMにおける資金追加性が協議された。特にCDMへの現行ODA転用が問われた。COP3で採択された議定書において，CDM事業から生じる収益の一部が適応に関する措置の費用に充てられたことは，緩和と適応支援が結びつけられたと捉えられる[135]。

　COP1で日本はAIJの資金について，現行のODAとは独立して拠出することを主張した[136]。この会議で採択されたベルリン・マンデートでは，AIJの資金を現行のODAに追加的なものとすることになった[137]。これはAIJにおける資金追加性が確保されたことを示す。一方，CDMにおける資金追加性は，AIJと違い，議定書上の要件になっていない[138]。

　だが，資金追加性は開発途上国が条約採択の交渉から繰り返し主張していることから[139]，CDMの実施に関する細則を協議するうえで重要な論点となっていた[140]。特にCDMに現行のODAを利用できるかが焦点であった[141]。日本政府はAIJの資金に関する主張とは異なり，CDMへODAを利用することに関心を示していた[142]。ただ，前述したように，CDMを含む京

都メカニズムはCOP3で制度が導入されるにとどまったことから，CDMへの現行ODAの転用をめぐる資金追加性もCOP3後の検討課題となった[143]。

また，議定書12条8では，AOSISからの要求もあり，CDMからの収益の一部が気候変動の悪影響を特に受けやすい開発途上締約国による適応活動を支援するために使われることになった[144]。CDMからの収益の一部を適応措置の費用に充てることは，気候変動の悪影響を特に受けやすい開発途上締約国の適応を支援する附属書II国の約束を補うもの[145]で，衡平性に配慮したものである。

COP3後，議定書の発効に至る交渉過程で，資金追加性についてはCDMに現行のODAが転用できないと決められた。これは効率性の制限と衡平性への配慮が示されたものである。また，この過程で合意された適応基金の一部にはCDMによる収益分担金が含まれること[146]から，緩和と適応支援が相互補完的に関係づけられたといえる。

COP4で日本は資金追加性について，CDMへODAを活用すべきと提案した[147]。EUや開発途上締約国は現行のODAが転用されることに反発した[148]。この会議で採択されたブエノスアイレス行動計画の検討項目リストには，方法論と技術的課題の1つとして，資金追加性の基準，ならびに，公的資金と民間資金を区別する必要性が盛り込まれた[149]。COP6でも，CDMにおける資金追加性について，日本はODAの転用を支持したが，中国・インドネシアが反対した[150]。

COP6再開会合で採択されたボン合意では，附属書I国がCDM事業に用いる公的資金として，ODAを転用することが認められなかった[151]。日本政府はODAの転用を主張しつづけたものの，ボン合意を踏まえ，その他の公的資金を活用することや新たな財源を模索することになる[152]。

また，CDM向けの公的資金は，附属書I国による資金メカニズムと別に切り離して計上しなければならないことが定められた[153]。

同じく，ボン合意では，CDM事業による収益分担金であるCERの2%分とその他の資金源で成り立つ適応基金が定められた。この基金は議定書締約国である開発途上国における適応事業などへの資金供与を目的としている。

したがって，適応資金の仕組みとして，緩和の国際協力であるCDMから生じるCERの一部が適応支援に使われることは，緩和と適応支援の相互補完性を示しているといえる。

国際交渉過程において，評価枠組の構成要素2で示したように，緩和と適応の国際協力が相互に補いあう形で結びつけられて協議されていた。それは特に途上国に対する資金メカニズムである適応基金の仕組みに表れていた。

また，国際交渉過程で，資金追加性は緩和と適応の国際協力をめぐる論点として検討された。この論点に関して，CDMに対する現行ODAの流用禁止が定められたことによって，先進締約国の中で特に日本が，途上国に対する資金的支援として，ODAなどの公的資金をどのように活用していくのかが問われることになった。その活用に対する開発途上締約国の判断と評価によっては，先進国責任論と開発途上締約国の将来的な参加をめぐる協議の進展に悪影響を及ぼす可能性がある。

3. 国際交渉過程と約束履行過程および国内的側面と国際的側面の「関係性」

本章では，国際交渉過程における日本政府の主張を取り上げた。前述したように，先進工業国である日本は，条約で附属書Ⅰ国および附属書Ⅱ国，議定書で附属書B国と定められ，気候変動問題の国際協力に重要な役割と責任を担っている。

緩和に関する約束をめぐる国際交渉で，日本政府は効率性を重視する立場から先進国間の衡平性を主張した。それは議定書の採択に至る交渉過程で，附属書Ⅰ国間における数値目標の差異化を求めたことに表れている。

また，議定書の発効に至る交渉過程では，効率性に基づく京都メカニズムに関して，EUや開発途上締約国に譲歩を求めつづけた。補足性に関しても，京都メカニズム利用の制約に反対したように，効率性を重視する主張が見られた。資金追加性についても，CDMに現行のODAが転用できるように求めたことから，ODAの効率的な活用を重視する姿勢が強く示された。

一方，適応支援については，開発途上国に対して環境ODAをはじめとする資金を供与してきたと主張しつづけていることから，衡平性への配慮がうかがえる。

このように，国際交渉過程における日本政府の主張は，効率性を重視する立場が強く示されていたとともに，衡平性への配慮が一定程度示されていたことから，両者の調整も念頭に置かれていた。

本節で論じた国際交渉における日本政府の主張は，緩和と適応をめぐる(政策)措置および国際協力の進捗状況，すなわち，約束履行過程を検討することで，さらに詳しく理解できる。これは国際協力に関する評価枠組の構成要素1で示したように，国際交渉過程と約束履行過程を同時に関連づけて検討することでもある。

表2-4は，本章における検討を踏まえ，国際交渉過程と約束履行過程を時期区分したものである。この表で示すように，両過程は互いの時期が重なり

表2-4 気候変動問題に関する国際交渉過程と約束履行過程の同時進行性

年	できごと	国際交渉過程		約束履行過程		
1990	条約の採択に至る国際交渉開始	条約の採択に至る国際交渉過程				
1992	条約採択				準備期	
1994	条約発効		議定書の採択	条約に関する約束履行過程	実施期	
1997	議定書採択					
2000	条約の約束履行目標年	議定書をめぐる国際交渉過程				
2001	COP7(条約第7回締約国会議)		議定書の発効			議定書に関する約束履行過程	準備期
2005	議定書発効		2013年以降			実施期
2008〜2012	第1約束期間					

(出所)表2-1に基づき，作成

合っていて，同時に進められていく。すなわち，国際交渉過程でなされた合意(国際合意)が約束履行過程において実施される一方，約束履行過程で行われたことが評価されることによって国際交渉の進展に影響することになる。このような両過程の同時進行性を踏まえ，国際協力の現状評価を行っていく必要がある。

　また，表2-4では，約束履行過程について，条約や議定書が採択されてから発効するまでの「準備」の時期と，それらが発効されてからの「実施」の時期に大きく分けている。約束履行過程における準備の時期は，条約や議定書の採択を目指した国際交渉過程，あるいは，国際交渉が始まる以前に遡って位置づけることができる。すなわち，国際合意が存在していない時期，および，国際交渉が始められていない時期に行われていた気候変動問題の国内政策措置や国際協力も約束履行に向けた取り組みと後から位置づけることもできる。

　この位置づけを踏まえると，条約や議定書に直接関係していない適応の国際協力である環境ODA事業も，約束履行過程における取り組みと捉えることができる。議定書の発効時点で緩和と違い，適応の国際協力には国際合意で目標年や数値目標などを含む明確な約束が定められていない。

　だが，緩和と同じく，将来的に国際合意で適応支援に関する約束が強化された場合には，それまでに行われていた環境ODA事業などの国際協力も適応支援に関する約束履行措置と位置づけられる可能性がある。したがって，適応に関する現在の国際協力も約束履行過程における準備の時期に含めることができ，その現状評価を行う意義もある。

　国際交渉過程と約束履行過程の同時進行性を踏まえ，緩和と適応に関する国内政策措置および国際協力の進捗状況を検討することは，前章で評価枠組の構成要素3として示した「国内的側面と国際的側面の関係および相互作用」に基づいている。特に補足性は緩和の国内政策措置と国際協力(京都メカニズム)をめぐる調整が問われる論点であることから，構成要素3を踏まえた検討が必要になる。

4．評価事項の設定

　本章では，前章で設定した気候変動問題に関する国際協力の評価枠組に基づき，国際交渉過程を対象として，国際合意で定められた原則・約束・約束履行措置，国際協力の評価基準である有効性・衡平性・効率性および「持続可能性」，国際協力に関連する論点である補足性と資金追加性をめぐる協議およびその内容について検討した。あわせて，国際交渉過程における日本政府の主張を検討した。

　本節では，本章の検討事項をまとめながら，日本が関わる国際協力の現状評価を行うために4つの評価事項を設定し，次章以降で検討する内容について概説する。

　国際交渉過程では，原則・約束・約束履行措置，ならびに，国際協力の評価基準が関係づけられて協議されていた。この協議では，原則・約束・約束履行措置の間および有効性・衡平性・効率性および「持続可能性」の評価基準の間における整合が問われていた。これは国際協力に関する評価枠組の構成要素4と共通している。

　特に国際交渉過程では，原則に含まれる衡平性と効率性における矛盾および調整が見られ，それらが約束に含まれる有効性をめぐる協議にも影響していた。補足性と資金追加性をめぐる協議はその一例であった。したがって，補足性と資金追加性は衡平性と効率性の矛盾および調整による衡平性への影響が問われる論点である。それは原則と約束の「関係性」が問われるともいえる。

　また，原則の規定内容を踏まえると，衡平性は世代内と世代間，効率性は費用効果性，「持続可能性」は気候変動政策の条件と限定して捉えられる。同じく，国際協力の有効性については，緩和と適応に関する約束が履行されるか，あるいは，その履行につながるかが問われる。この約束の履行は長期的に究極的な目的を達成することにもつながる。

　米国の議定書未批准と開発途上締約国の将来的な参加にも，衡平性と効率

性をめぐる矛盾および調整が影響していた。国際交渉および国際合意では，衡平性への配慮が示される一方，効率性を制限する方針が見られた。それは費用対効果の効率性に基づく京都メカニズムの利用がある程度制限されたことにも表れている[154]。京都メカニズムの利用制限に反対し，効率性の重視を主張しつづけていた米国が，共和党ブッシュ政権になって議定書の批准を拒否した一因には，このような国際交渉過程の方針が受け入れられなかったことが影響している。

　また，米国は議定書の批准を拒否する理由の1つとして，開発途上締約国の将来的な参加を挙げていた。ベルリン・マンデートや議定書では，先進国責任論を主張する開発途上締約国に対して，緩和に関する約束として数値目標が課せられなかった。これは条約3条1で定められた共通だが差異のある責任原則を踏まえ，途上国に対する世代内衡平性が配慮されたからである。

　一方，米国は国際交渉過程で開発途上締約国の将来的な参加を一貫して求めつづけてきたことから，特に中国やインドなどの温室効果ガス大排出国に対して，緩和に関する約束が課せられなかったことに不衡平感・不公平感を強めたと推察できる。

　米国の議定書未批准と開発途上締約国の将来的な参加は，先進国責任論も交え，衡平性と効率性の矛盾を背景にしている。それは国際合意で定められた約束履行に向けた国際協力の有効性にも悪影響を与えることになり得る。

　「持続可能性」および「持続可能な開発・発展」については原則で定められ，緩和に関する約束を履行するうえで考慮すべき条件となっている。また，約束履行措置であるCDMの目的の1つとして，非附属書Ⅰ国における「持続可能な開発・発展」の達成が盛り込まれている。

　だが，少なくとも国際交渉過程においては，衡平性と効率性の矛盾および調整に関する議論と比較すると，「持続可能性」が国際協力の有効性に与える影響は限定的であった。国際交渉については，COP7後，特に2002年に開催されたWSSD(World Summit on Sustainable Development：「持続可能な開発・発展」に関する世界サミット)とCOP8(条約第8回締約国会議)以降，気候変動と「持続可能な開発・発展」が結びつけられて協議されている。COP8で採

択された気候変動と「持続可能な開発・発展」に関するデリー閣僚宣言では，名称通り，気候変動の緩和・適応と「持続可能な開発・発展」の統合が示されている。そこでは「持続可能な開発・発展」の実現のために，気候変動やその悪影響に対処する条約の約束履行を進めることが締約国に求められている[155]。

本章で行った国際交渉過程の検討を踏まえ，第1章で示した評価枠組に基づき，本書では，日本が関わる国際協力の現状評価を行うために，表2-5で示す評価事項を設定する。

表2-5で示す4つの評価事項は，前章で示した国際協力の評価枠組に基づいている。この評価枠組は4つの構成要素と4つの評価基準の「関係性」で成り立つ。

4つの構成要素の「関係性」とは，①国際交渉過程と約束履行過程の同時進行性，②気候変動の緩和と適応支援の相互補完性，③国内的側面と国際的側面の関係および相互作用，④国際合意で定められた原則・約束・約束履行措置の間および国際協力に関する評価基準の間における整合性である。

また，4つの評価基準の「関係性」とは，衡平性と効率性および「持続可能性」の矛盾および調整による国際協力の有効性への影響を検討することにある。

国際協力の評価事項は，構成要素1と4，ならびに，4つの評価基準の「関係性」を踏まえている。本書では，原則・約束・約束履行措置の間および国際協力に関する評価基準の間の整合性について，本章で行った国際交渉

表2-5　気候変動問題に関する国際協力の評価事項

評価事項1	国際交渉過程で見られた「衡平性の尊重と効率性の制限および『持続可能性』の留意」の方針が約束履行過程でも守られているか。
評価事項2	衡平性と効率性および「持続可能性」の矛盾が有効性に悪影響を及ぼしているか。
評価事項3	国際合意で定められた原則と約束の間に矛盾が見られるか。
評価事項4	先進国責任論と開発途上締約国の将来的な参加論という気候変動問題の解決に向けた世界的な多国間協力の阻害要因への影響が見られるか。

過程での検討に加え，次章以降で約束履行過程における検討を行う。約束履行措置の実施過程(約束履行過程)において，原則と約束の間における矛盾，ならびに，衡平性と効率性および「持続可能性」の矛盾が国際協力の有効性に与える影響を検討し，国際交渉過程で示された「衡平性の尊重と効率性の制限および『持続可能性』の留意」の方針と照らし合わせる(評価事項1・2・3)。

　また，評価事項を検討するために，評価枠組の構成要素2と3を踏まえ，約束履行過程では，緩和に関する国内政策措置と国際協力，ならびに，適応に関する国際協力を対象事例として取り上げる。そして，気候変動問題の解決に向けた世界的な多国間協力の阻害要因として先進国責任論および開発途上締約国の将来的な参加論に焦点を絞り，議定書を批准した附属書B国の中で，日本が関わる国際協力がそれらの阻害要因に影響を及ぼしている否かについて検討する(評価事項4)。

　本章では，議定書で日本を含む附属書B国に課せられた緩和の約束履行に関する結果と内容・過程が，開発途上締約国の将来的な参加をめぐる協議の進展に悪影響を及ぼす可能性があると仮定する。特に議定書を批准した附属書B国によって，緩和に関する約束が履行されなければ，法的拘束力がない条約における約束の不履行と同じ結果になることから，開発途上締約国の将来的な参加，特に中国やインドなど温室効果ガス大排出国に対する約束(数値目標)の設定がさらに先送りされることも生じ得る。

　また，議定書における緩和の約束が履行されたとしても，附属書B国による原則への配慮不足，すなわち，衡平性の軽視と効率性への偏重ならびに「持続可能性」の留意不足が見られた場合，開発途上締約国による先進国責任論への判断・評価次第で，緩和に関する約束の設定に悪影響を及ぼすことになる。

　適応支援についても，議定書で目標年や数値目標の設定といった約束の強化が行われなかったとはいえ，開発途上締約国，特に小島嶼国は先進締約国による国際協力を強く期待している。したがって，先進締約国による3つの基金への拠出を含め，適応に関する国際協力の進展も，途上国による先進国責任論への評価と判断，ならびに，開発途上締約国の将来的な参加をめぐる

協議に一定の影響を与える。

　最後に，次章以降で検討する内容について概説する。第3章と第4章では緩和に関する日本の国内政策措置と国際協力の現状評価を行い，第5章では適応に関する日本の国際協力の現状評価を行う。

　その際，第3章と第4章では，衡平性と効率性および「持続可能性」の矛盾，ならびに，緩和の国内政策措置と国際協力に関する論点である補足性を吟味する。

　同じく，第4章と第5章では，衡平性と効率性および「持続可能性」の矛盾，ならびに，緩和と適応の国際協力に関する論点である資金追加性を吟味する。日本政府が関わる2つの論点の確保状況を吟味することを通して，評価事項1で示した「衡平性の尊重と効率性の制限および『持続可能性』の留意」の方針が約束履行過程でも守られているか，ならびに，評価事項2と3で示した衡平性と効率性および「持続可能性」の矛盾による有効性への影響，ならびに，原則と約束の間における矛盾について検討する。

　あわせて，評価事項4で示したように，日本が関わる国際協力が，先進国責任論および開発途上締約国の将来的な参加論という阻害要因に影響を及ぼしているか否かについて検討する。これらの評価事項を検証した結果に基づき，日本が関わる国際協力の現状評価を行い，その政策課題を明らかにする。加えて，この評価結果に基づき，「持続可能な開発・発展」を含む気候変動問題に関する国際協力の評価手法を実証的に提案する。

---

　[1] 本書では，第1約束期間に向けた国際交渉過程を議定書の発効要件が整えられたCOP7（2001年11月）までに限定する。議定書の発効以降も，第1約束期間に向けた国際交渉は進められている。

　[2] 「枠組条約－議定書方式」は科学的不確実性が大きい地球環境問題の解決を目的とする多数国間環境条約の多くで使われている。この方式について，西村（1995a, pp.53-54），(1999, p.84)，南（2004, p.124, p.128）は，気候変動問題の対処，解決に関する有効性を高める工夫・方法（手法）と評価する。兼原（1994, p.182）は，この方式が科学的知見に応じて，具体的な規制を随時見直すことができるものと述べる。一方，サスカインド（1996, pp.50-59）は，その欠陥点を指摘する。

　[3] 高村（2002, p.43），西井（2001, p.123），Bodansky（1993, pp.494-495），（2001, p.

204），蟹江(2001, p.89)，磯崎(2000, p.209)，渡部(2001, p.60)，西村(1999, p.84)，(2000, p.34)，亀山(2002c, pp.209-210)
4) 地球環境法研究会(2003, p.476)，環境庁(1998a, pp.171-172)，髙村(2002, pp. 25-28)，Bodansky(1993, p.455, pp. 502-504)，Sands(2003, p.362)
5) 地球環境法研究会(2003, p.476)，環境庁(1998a, p.171)，赤尾(1993, p.103)
6) 「環境と開発に関するリオ宣言」(1992年)原則7も参照。外務省国際連合局経済課地球環境室・環境庁地球環境部企画課(1993, p.15)，地球環境法研究会(2003, p.8)。この原則をめぐるINCの議論については，西村(1995b, pp.113-115)参照。また，共通だが差異のある責任原則は，IPCC第1次報告書や第2回世界気候会議閣僚宣言でも取り上げられた。外務省国際連合局経済課地球環境室・環境庁地球環境部企画課(1993, p.139)，西村(1995b, p.113)
7) 地球環境法研究会(2003, p.476)，オーバーチュアー・オット(2001, p.284)
8) Yamin and Depledge(2004, p.69)，大塚(2008, p.34)。髙村(2008, p.8)は，条約における「衡平」の文言が，「世代間」「世代内」のいずれにも言及しない形で規定されていると述べる。
9) A/RES/43/53(1988)，Yamin and Depledge(2004, pp.68-69)，Sands(2003, p.358)。西村(1995b, p.122)は，条約における「人類共通の関心事」と共通だが差異のある責任原則の結びつきを指摘する。
10) 北京宣言は，第1回会議(1991年)において採択された。外務省国際連合局経済課地球環境室・環境庁地球環境部企画課(1993, p.216)
11) 外務省国際連合局経済課地球環境室・環境庁地球環境部企画課(1993, pp.217-218)，地球環境法研究会(2003, p.59)，川島(1999, p.102)，藤崎(2002, p.160)
12) Bodansky(1993, p.503)，Paterson(2001, p.124)。Wood(1996, p.304)は，条約で原則が定義されているが，地球規模の温室効果ガスの排出削減に関する目標や計画が定められておらず，世代間衡平の問題が避けられたと指摘する。
13) 地球環境法研究会(2003, pp.476-477)，環境庁(1998a, pp.172-173)，Bodansky (1993, p.510)
14) 地球環境法研究会(2003, pp.476-477)，環境庁(1998a, p.174)
15) 髙村(2002, p.32)，オーバーチュアー・オット(2001, p.40)，西井(2001, p.111, p.124)，亀山(2002a, p.8)，田邉(1999, p.29)，蟹江(2001, p.87)
16) 西村(1995a, p.79)は，条約の大きな特徴の1つが誓約(約束)の差別化にあると指摘する。
17) 髙村(2002, p.27)
18) 地球環境法研究会(2003, pp.475-477)
19) オーバーチュアー・オット(2001, pp.53-54)，亀山(2002a, p.9)，蟹江(2001, pp. 89-90)
20) 田邉(1999, p.32)，グラブ・フローレイク・ブラック(2000, p.67)，沖村(1995, p. 65)，亀山(2002a, p.9)，西村(1997, pp.96-97)
21) 地球環境法研究会(2003, p.483)
22) A/AC.237/L.23(1994, p.1, p.4)，オーバーチュアー・オット(2001, p.144, p. 286)，蟹江(2001, p.90)，西村(1997, p.98)
23) IISD(1995a, p.2)，田邉(1999, pp.35-36)，オーバーチュアー・オット(2001, pp. 53-54)，沖村(1995, p.65)，グラブ・フローレイク・ブラック(2000, p.67)
24) FCCC/CP/1995/7/Add.1(1995a, pp.4-5)，田邉(1999, pp.42-45)，グラブ・フロー

レイク・ブラック(2000, p.68), 亀山(2002a, p.10), 西井(2001, p.115), 蟹江(2001, p.93), 西村(1997, p.105)
25) IISD(1995b, p.1)
26) 日本・米国・カナダ・オーストラリア・ニュージーランドで構成される交渉グループ。
27) FCCC/AGBM/1996/MISC.1/Add.3(1996b, p.4)
28) 田邉(1999, p.57), CAN(1996a, p.1), IISD(1996a, p.4), FCCC/AGBM/1996/1/Add.1(1996a, pp.4-6, p.9), FCCC/ABGM/1996/5(1996a, p.12)
29) FCCC/CP/1996/L.17(1996c, p.3), FCCC/CP/1996/15/Add.1(1996c, p.73), 田邉(1999, p.58, p.60), 松本(1997a, p.69), 西井(2001, p.116), オーバーチュアー・オット(2001, p.63), 蟹江(2001, p.97)
30) IISD(1996b, p.1), 松本(1997b, p.67), 西井(2001, p.117), 西村(1998, p.47)
31) 田邉(1999, pp.65-66, pp.109-110, p.113), 松本(1997b, p.68), CAN(1996b, p.3), 西井(2001, p.117), 亀山(2002a, p.11), 蟹江(2001, p.192)
32) FCCC/AGBM/1997/MISC.1/Add.6(1997c, p.16), FCCC/AGBM/1997/MISC.1/Add.8(1997c, p.8), IISD(1997b, p.3), CAN(1997b, p.2), 田邉(1999, pp.102-103), 亀山(2002a, p.13), 蟹江(2001, p.253), 西村(1998, p.51)
33) FCCC/AGBM/1997/MISC.1/Add.6(1997c, p.13), FCCC/AGBM/1997/MISC.1/Add.10(1997c, p.10), 外務省(1997a), 田邉(1999, p.127), IISD(1997b, p.3), オーバーチュアー・オット(2001, p.68), グラブ・フローレイク・ブラック(2000, p.75), 亀山(2002a, p.13), 蟹江(2001, p.252)
34) 亀山(2002a, p.14), オーバーチュアー・オット(2001, p.107), 松本(1998, p.47)
35) FCCC/CP/1997/L.7/Add.1(1997d, p.22), 地球環境法研究会(2003, p.494), 田邉(1999, p.176), オーバーチュアー・オット(2001, p.152), グラブ・フローレイク・ブラック(2000, p.89), 蟹江(2001, p.265)
36) FCCC/CP/1997/L.7/Add.1(1997d, p.4), 地球環境法研究会(2003, p.486), グラブ・フローレイク・ブラック(2000, p.86)
37) FCCC/CP/1997/L.7/Add.1(1997d, p.5), 地球環境法研究会(2003, pp.486-487), 亀山(2002a, pp.14-15), オーバーチュアー・オット(2001, p.152), 蟹江(2001, p.264)
38) 田邉(1999, p.168), 大岩(1998, p.194), IISD(1997c, p.3, p.7), オーバーチュアー・オット(2001, p.149), 西井(2001, p.119), 気候フォーラム(1997b)
39) 田邉(1999, p.169), 大岩(1998, p.195), IISD(1997c, p.7)
40) 西井(2001, p.119)
41) FCCC/CP/1997/L.7/Add.1(1997d, p.4), 地球環境法研究会(2003, p.486), 田邉(1999, pp.175-176), IISD(1997c, p.8), 高村(2002, p.38), 西井(2001, p.120), オーバーチュアー・オット(2001, p.152), グラブ・フローレイク・ブラック(2000, p.117)
42) FCCC/CP/1997/L.7/Add.1(1997d, p.24), 地球環境法研究会(2003, p.495), 田邉(1999, p.176), IISD(1997c, p.8), 松本(1998, p.48), 西井(2001, p.120), オーバーチュアー・オット(2001, p.153), 蟹江(2001, p.265)
43) 川島(1999, p.101)は, この議論を衡平性の基準をめぐるものと捉える。だが, 議定書において, EU 8%, 米国 7%, 日本 6%の差異化が認められた数値目標は, 明確な基準によるものではなく, 政治判断によるものと指摘する。
44) 1人当たり温室効果ガス排出量およびGDP当たり温室効果ガス排出量に基づく目標についての協議は, 条約の採択をめぐる交渉過程(INC)から行われている。Bodansky(1993, pp.512-513). 田邊(1999, p.13)は, 1人当たり温室効果ガス排出量について,

経済開発の程度を反映した指標および国内エネルギー効率の良さを反映した指標であると位置づける。一方，GDP 当たり温室効果ガス排出量について，同じ経済開発状態を生み出すために要する排出量であるため，値の小さい国ほど国内エネルギー効率が良いと述べる。そして，これらの統計は議定書に盛り込まれた数値目標の決定に考慮されたと指摘する。また，川島(1999, p.101)は，気候変動問題に関連する衡平性の議論とは，いつ，誰が，どのくらい温室効果ガス排出量を減らすかについてのものであり，どのような配分の基準がすべての人や国家に受け入れられるかをめぐるものであると指摘する。

45) Bodansky(1993, p.504)，加藤(2002, p.105)，Hanafi(1998, p.455)，Yamin and Depledge(2004, p.72)。この原則をめぐる INC での協議については，西村(1995b, pp.115-117)参照。また，「環境と開発に関するリオ宣言」(1992年)原則15，第2回世界気候会議閣僚宣言も参照。外務省国際連合局経済課地球環境室・環境庁地球環境部企画課(1993, p.16, p.140)

46) 地球環境法研究会(2003, p.477)，環境庁(1998a, p.174)

47) オーバーチュアー・オット(2001, p.44)，赤尾(1993, p.113)，Bodansky(1993, p.520)，沖村(2002a, p.63)，Hanafi(1998, pp.443-444)，Parikh(1995, pp.22-25)

48) Bodansky(1993, p.521)

49) Wood(1996, p.332)，西村(1999, p.86)

50) 先進締約国は，すでに省エネルギー対策を含む温室効果ガス削減の政策措置を進めているために，これ以上の削減を行うと限界費用が高くなると主張する。また，国境に関係なく，地球規模で大気全体に蓄積される温室効果ガスの性質から，世界のどこで温室効果ガスを減らしても効果は同じとの認識も背景にある。すなわち，温室効果ガス削減効果が同じならば，限界費用が高くなる先進国よりも，相対的に安くなる途上国で政策措置を進める方が費用効果的になるとの認識が示される。西村(1999, pp.85-86)，沖村(2002a, p.69)

51) Parikh(1995, p.22)，西村(1997, p.114)，(1999, p.86)

52) オーバーチュアー・オット(2001, p.195)，グラブ・フローレイク・ブラック(2000, p.104)，沖村(2002a, pp.69-70)，川島(1999, p.101)，Hanafi(1998, p.484)，磯崎・高村(2002, p.234)，西村(1999, p.94)

53) 西村(1999, p.88)

54) 気候ネットワーク(2002d)は，JI・CDM 事業による温室効果ガス削減・吸収量の一部が，資金・技術を投資した国・企業の削減・吸収量になる排出枠と定義する。

55) オーバーチュアー・オット(2001, p.195)，蟹江(2001, p.91)，西村(1997, p.106)

56) CAN(1995, p.2)，Foundation JIN(1995)

57) CAN(1995, p.2)，Foundation JIN(1995)，西村(1997, p.106)

58) 田邉(1999, pp.45-46)

59) FCCC/AGBM/1997/MISC.1(1997a, pp.83-84)，田邉(1999, pp.70-71)，オーバーチュアー・オット(2001, p.66)

60) FCCC/AGBM/1997/MISC.1/Add.4(1997b, p.14)

61) FCCC/AGBM/1997/MISC.1/Add.2(1997b, p.51)

62) FCCC/AGBM/1997/MISC.1/Add.6(1997c, p.13)，FCCC/AGBM/1997/MISC.1/Add.10(1997c, p.10)，田邉(1999, pp.102-103, p.127)，IISD(1997b, p.3)，オーバーチュアー・オット(2001, p.68)，グラブ・フローレイク・ブラック(2000, pp.75-76)，亀山(2002a, p.13)，蟹江(2001, p.253)

63) 高村(2002, p.44)は，京都メカニズムにおける補足性の問題が，「柔軟性の確保」と

「衡平な開発を考慮した先進国国内における削減」をどのように調整し，均衡させるのかをめぐるものであると指摘する。

[64] FCCC/CP/1997/L.7/Add.1(1997d, p.5, p.8, pp.12-13, p.18)，地球環境法研究会(2003, pp.487-488, p.491, p.493)，高村(2002, pp.40-41)，西井(2001, pp.120-121, pp.124-125)。また，京都メカニズムには，共同実施(議定書6条1)・排出量取引(議定書17条)・CDM(議定書12条)が含まれる。

[65] オーバーチュアー・オット(2001, p.118)

[66] FCCC/CP/1997/L.7/Add.1(1997d, p.13)，地球環境法研究会(2003, p.491)，加藤(2002, p.108)，オーバーチュアー・オット(2001, p.213)，グラブ・フローレイク・ブラック(2000, pp.129-130)，西井(2001, p.123)

[67] FCCC/CP/1997/L.7/Add.1(1997d, p.13)，地球環境法研究会(2003, p.491)，加藤(2002, p.108)，IISD(1997c, p.11)，オーバーチュアー・オット(2001, p.213)，グラブ・フローレイク・ブラック(2000, p.130)

[68] FCCC/CP/1997/L.7/Add.1(1997d, p.13)，地球環境法研究会(2003, p.491)，加藤(2002, p.108)，沖村(2002a, p.65)，西村(2002, p.75)，IISD(1997c, p.11)，グラブ・フローレイク・ブラック(2000, p.130)

[69] FCCC/AGBM/1997/MISC.1/Add.3(1997b, p.5, p.8)，IISD(1997a, p.3)，加藤(2002, pp.106-107)，沖村(2002a, p.65)，グラブ・フローレイク・ブラック(2000, p.75, p.107)，オーバーチュアー・オット(2001, p.210)

[70] 加藤(2002, p.107)

[71] オーバーチュアー・オット(2001, p.211)，グラブ・フローレイク・ブラック(2000, p.108)

[72] 田邉(1999, p.188, p.240)，沖村(2002a, p.65)，松本(1998, pp.50-51)，IISD(1997c, p.15)，西村(1999, p.77)

[73] 西村(2002, p.75)

[74] FCCC/CP/1997/L.7/Add.1(1997d, p.13)，加藤(2002, p.110)，西村(2002, p.75)，グラブ・フローレイク・ブラック(2000, p.197)，松本(1998, p.51)，川島(1998, p.30)

[75] 磯崎・高村(2002, pp.234-235)参照。山口(2000, p.1)は，排出量取引における補足性(補完性)協議の淵源の一部が共通だが差異のある責任原則および先進国責任論にあると指摘する。

[76] Wiegandt(2001, p.138)は，CDMが衡平性と効率性という2つの関連する原則の収斂とみなすことができると述べる。そして，CDMは温室効果ガス排出削減のための費用効率的(cost-efficient)な解決策であるとともに，先進国と途上国で生じる取引を奨励することにより，衡平性が考慮されると指摘する。

[77] FCCC/CP/2001/13/Add.2(2001b, p.20, p.31, p.35)，地球産業文化研究所　仮訳http://www.gispri.or.jp/kankyo/unfccc/pdf/cop7_17.pdf(2011年5月28日現在)，水野(2006, p.53)，大矢(2003, p.92)

[78] 亀山(2002a, p.15)，沖村(2002a, p.66)，加藤(2002, p.107)

[79] 日本・米国・カナダ・オーストラリア・ニュージーランド・ロシア・ウクライナ・ノルウェー・アイスランドで構成される交渉グループ。田邉(1999, p.257)

[80] FCCC/CP/1998/16/Add.1(1998, pp.24-25)，FCCC/CP/1998/L.21(1998, pp.3-4)，IISD(1998, pp.8-9, p.11)，(2000, p.18)，CAN(2000, p.1)，オーバーチュアー・オット(2001, p.364)，亀山(2002a, p.20)，気候ネットワーク(1998, p.1)，田邉(1999, p.265)，西村(2000, pp.45-46)，(2002, p.75)，加藤(2002, p.113)，CASA

(2001a)，梶原(1999，pp.94-95)，浜中(2006，p.20)，関谷(2006，p.28)
[81] 西村(2002，p.76)，沖村(2002a，pp.67-68)，高村(2001，p.67)，気候ネットワーク(2001)，CASA(2001b)
[82] FCCC/CP/2001/L.7(2001a，p.7)，FCCC/CP/2001/5(2001a，p.42)，FCCC/CP/2001/5/Add.2(2001a，pp.16-17)，IISD(2001，p.6)，加藤(2002，p.114)，西村(2002，p.76)，沖村(2002a，pp.67-68)，気候ネットワーク(2001)，Yamin and Depledge(2004，p.145)
[83] FCCC/CP/2001/L.7(2001a，p.7)，FCCC/CP/2001/5(2001a，p.42)，FCCC/CP/2001/5/Add.2(2001a，pp.16-17)
[84] 西村(2002，p.77)，CASA(2001b)，(2002，p.9)
[85] 外務省(2001b)
[86] 羅・林(2005，p.202)は，CDM事業が途上国で行われることによって，途上国では将来世代の削減費用の負担が大きくなる可能性があると指摘する。そして，CDMは国家間衡平性問題の解決に大きな可能性を持っているが，そのルール作り次第で，別の次元(世代間)衡平性問題に転化される可能性があると指摘する。
[87] 田中(2005，p.14)は，条約3条で定められた原則が，条約の目的を達成するための実施措置の評価基準として機能すると述べる。
[88] クアラルンプール宣言は第2回会議(1992年)で採択された。外務省国際連合局経済課地球環境室・環境庁地球環境部企画課(1993，p.224)
[89] 地球環境法研究会(2003，pp.59-60)，西村(1995a，pp.70-71)
[90] 外務省国際連合局経済課地球環境室・環境庁地球環境部企画課(1993，p.229)，地球環境法研究会(2003，p.65)。西村(1995a，p.73)は，クアラルンプール宣言の内容について，北京宣言で示された先進国責任論の色合いがかなり薄められたものになっていると述べる。
[91] 'Text of a Letter from the President to Senators Hagel, Craig, and Roberts'March 13, 2001, http://www.whitehouse.gov/news/releases/2001/03/20010314.html(2007年2月27日現在)，高橋(2006，p.59，p.70)
[92] 田邉(1999，p.228)
[93] EUは附属書Xという形で既存の附属書I国に韓国・メキシコ・トルコを加えると提案した。AGBM7でもEUは長期的に非附属書I国による温室効果ガス削減目標を定める必要があると認めた。ニュージーランドは先進締約国が第1約束期間に緩和の数値目標を達成したならば，開発途上締約国が次の約束期間で法的拘束力のある約束を採用することに同意すべきとCOP3で提案した。FCCC/AGBM/1997/MISC.1(1997a，p.42，p.54，p.61)，FCCC/AGBM/1997/MISC.2/Add.1(1997b，p.14)，IISD(1997c，p.13)，グラブ・フローレイク・ブラック(2000，p.112)，オーバーチュアー・オット(2001，p.67，p.144，p.287)，田邉(1999，p.64，p.170，p.225，p.228)
[94] FCCC/AGBM/1997/MISC.1(1997a，p.87)，グラブ・フローレイク・ブラック(2000，p.112)，オーバーチュアー・オット(2001，p.67，p.287)，田邉(1999，p.72)
[95] 'Byrd-Hegel Resolution'105th Congress 1st session S.RES.98, 25 July 1997, http://www.nationalcenter.org/KyotoSenatae.html(2007年3月3日現在)，CAN(1997a，p.1)，気候フォーラム(1997a)，オーバーチュアー・オット(2001，p.85，pp.146-147)
[96] COP3では，自発的約束の規定が開発途上締約国の反対により，最終段階で削除され，義務化の決定も見送られた。田邉(1999，p.176，pp.227-230)
[97] グラブ・フローレイク・ブラック(2000，p.235)，田邉(1999，p.218)

98) COP4 と COP5(条約第 5 回締約国会議)で、カザフスタンやアルゼンチンは附属書 I 国への自発的参加を発表した。だが、G 77 プラス中国は強く反発した。COP7 でも、G 77 プラス中国は、開発途上締約国の新たな追加的約束の問題を提起すべきでないと主張した。グラブ・フローレイク・ブラック(2000, p.225, p.233)、オーバーチュアー・オット(2001, p.294)、松本(2002, p.232)、田邉(1999, pp.265-266)、浜中(2006, p.19)。なお、大倉(2006, p.131, p.146)は、COP7 を次のステップの始まりと捉え、その 1 つとして、途上国への削減義務の問題、すなわち、「途上国参加問題」を挙げる。
99) 高村(2005c, pp.52-53)、羅(2006, p.8)
100) オーバーチュアー・オット(2001, p.374)は、長期的に開発途上締約国が自国の温室効果ガスを抑制、削減する必要があると指摘する。
101) 地球環境法研究会(2003, p.476)、オーバーチュアー・オット(2001, p.284)
102) A/RES/44/206(1989a)
103) 地球環境法研究会(2003, p.478)、環境庁(1998a, pp.175-176)、グラブ・フローレイク・ブラック(2000, p.63)、オーバーチュアー・オット(2001, p.285)。資金供与に関する INC での協議については、西村(1995b, pp.131-132)参照。
104) 赤尾(1993, p.124)、Bodansky(1993, p.528)
105) 高村(2002, p.34)
106) A/RES/44/207(1989b)
107) 西村(1999, p.80)
108) Hanafi(1998, p.502)
109) 地球環境法研究会(2003, pp.59-60)
110) 地球環境法研究会(2003, p.65)
111) 赤尾(1993, p.122)、Bodansky(1993, p.527)、Hanafi(1998, p.455)
112) FCCC/AGBM/1995/MISC.1/Add.3(1995b, p.22)、松本(2002, p.236)
113) FCCC/CP/1996/L.17(1996c, p.4)、FCCC/CP/1996/15/Add.1(1996c, p.73)、オーバーチュアー・オット(2001, p.64)
114) FCCC/CP/1997/L.7/Add.1(1997d, p.12)、地球環境法研究会(2003, p.490)、オーバーチュアー・オット(2001, p.293)、松本(2002, p.237)
115) オーバーチュアー・オット(2001, p.293)
116) FCCC/CP/1997/L.7/Add.1(1997d, pp.12-13)、亀山(2002a, p.17)、オーバーチュアー・オット(2001, p.118)、グラブ・フローレイク・ブラック(2000, pp.133-134)、松本(2002, p.237)
117) 開発途上国での地球環境保全を支援するために、贈与または低利融資で、開発途上国に資金を供与する多国間援助の仕組みである。世界銀行・国連環境計画・国連開発計画による共同運営される。後藤監修(2004, p.143)
118) FCCC/CP/2000/5/Add.2(2000, p.5)、IISD(2000, p.5)、加藤(2002, p.113)、松本(2002, pp.238-239)、川島・山形(2001, p.14)、CASA(2001a)、関谷(2006, p.49)
119) FCCC/CP/2001/2/Add.1(2001a)、FCCC/CP/2001/2/Add.2(2001a)、FCCC/CP/2001/2/Rev.1(2001a)、松本(2002, p.240)
120) FCCC/CP/2001/2/Add.1(2001a, p.44)、松本(2002, p.240)
121) FCCC/CP/2001/2/Add.1(2001a, p.44)、石井・山形(2001, p.3)
122) 松本(2002, p.240)
123) FCCC/CP/2001/2/Add.1(2001a, p.46)、FCCC/CP/2001/2/Rev.1(2001a, p.8)、松

本(2002, p.241)
124) 松本(2002, p.242)
125) IISD(2001, p.4), 松本(2002, p.242, p.253)
126) CASA(2001b)
127) FCCC/CP/2001/L.7(2001a, pp.2-3), FCCC/CP/2001/5(2001a, pp.37-38), 外務省(2001a), IISD(2001, p.5), 松本(2002, p.243), 亀山(2002b, p.59), 気候ネットワーク(2001)。後発開発途上国基金は, 特にNAPA(National Adaptation Plan of Action：国家適応行動計画)を含む作業計画の支援を使用目的とする。
128) 条約の約束を履行するために, 附属書II国と拠出する立場にある他の附属書I国が資金を供与する。FCCC/CP/2001/L.7(2001a, p.2), FCCC/CP/2001/L.14(2001a, p.2), FCCC/CP/2001/5(2001, p.37), 松本(2002, p.243)
129) この基金は, GEFの気候変動重点分野に配分される資金および二国間や多国間の資金供与を受けている活動などを補うものである。FCCC/CP/2001/L.7(2001a, p.3), FCCC/CP/2001/L.14(2001a, pp.2-3), FCCC/CP/2001/5(2001a, p.38), IISD(2001, p.5), 松本(2002, p.243), CASA(2001b)
130) FCCC/CP/2001/L.7(2001a, p.4), FCCC/CP/2001/L.15(2001a, p.2), FCCC/CP/2001/5(2001a, p.39), 外務省(2001a), IISD(2001, p.5), 松本(2002, p.244), 亀山(2002b, p.59), 気候ネットワーク(2001), CASA(2001b)
131) FCCC/CP/2001/L.7(2001a, p.4), FCCC/CP/2001/L.15(2001a, p.2), FCCC/CP/2001/5(2001a, p.39), IISD(2001, p.5), 松本(2002, p.244), CASA(2001b)
132) Baer(2006, p.132)は, 先進締約国による特別気候変動基金や後発開発途上国基金への拠出が自発的で額も少なく, 義務づけられていないと指摘する。
133) FCCC/AGBM/1997/MISC.1(1997a, p.16), FCCC/AGBM/1997/MISC.1/Add.2 (1997b, p.71), オーバーチュアー・オット(2001, p.297)
134) 加藤(2002, p.105)
135) NEDO・地球産業文化研究所(1999, pp.52-53, p.66)
136) IISD(1995a, p.5)
137) FCCC/CP/1995/7/Add.1(1995a, p.19), Yamin and Depledge(2004, p.142), グラブ・フローレイク・ブラック(2000, p.66), 明日香(2001, p.4), 西井(2001, p.115), 沖村(1995, p.66), (2002a, pp.63-64), (2002b, pp.90-91), オーバーチュアー・オット(2001, p.57, p.195), 加藤(2002, p.106), 丸山(2000, p.96)
138) オーバーチュアー・オット(2001, p.225), 山口(1999, p.6, p.9), (2000, p.11)
139) 山口(2000, p.11)は, ODAをCDMの対象から除く主張が, 従来のODA総額を確保したうえで, CDMのための追加的資金を引き出すことを狙ったものと指摘する。
140) 加藤(2002, p.110), Yamin and Depledge(2004, p.184)
141) オーバーチュアー・オット(2001, p.223), Yamin and Depledge(2004, p.184)
142) オーバーチュアー・オット(2001, p.223, p.225), グラブ・フローレイク・ブラック(2000, p.217)
143) 亀山(2002a, p.15), 沖村(2002a, p.66), 加藤(2002, p.107)
144) FCCC/CP/1997/L.7/Add.1(1997d, p.14), 地球環境法研究会(2003, p.491), 加藤(2002, pp.107-108), オーバーチュアー・オット(2001, p.213, p.216), グラブ・フローレイク・ブラック(2000, p.130), IISD(1997c, p.11), Yamin and Depledge(2004, p.160), Dutschke and Michaelowa(1999, p.11)
145) オーバーチュアー・オット(2001, p.231), 地球環境法研究会(2003, p.478)

146) 船尾(2005, p.134)は、この規定について、適応措置に一定の資金が流れる経路を切り開き、先進締約国政府の予算措置に制約されない、新たな資金源を確保したと評価する。一方、Michaelowa and Dutschke(1998, p.36)は、適応措置のために CDM による収益の一部を流用することが、緩和に関する地球規模の効率性を低くすると指摘する。
147) CAN(1998, p.2)、上園(1999, p.70)、気候ネットワーク(1998, p.1)
148) FCCC/CP/1998/MISC.7(1998, p.5)、FCCC/CP/1998/MISC.7/Add.2(1998, p.3)、上園(1999, p.70)
149) FCCC/CP/1998/16/Add.1(1998, p.26)、FCCC/CP/1998/L.21(1998, p.5)、梶原(1999, p.95)
150) IISD(2000, p.12)、気候ネットワーク(2000, p.1)、川島・山形(2001, p.11)、CASA(2001a)、日本政府代表団(2000)
151) FCCC/CP/2001/L.7(2001a, pp.8-9)、FCCC/CP/2001/5(2001a, p.43)、FCCC/CP/2001/5/Add.2(2001a, p.30)、外務省(2001a)、IISD(2001, p.6)、沖村(2002a, p.68)、CASA(2001b)
152) 加藤(2002, p.116)、CASA(2001b)。なお、関谷(2006, p.52)では、日本が COP6 を成功させるための譲歩として、現行 ODA に追加的であれば、ODA を活用できるという理解の下で、「CDM に用いる公的資金は現行 ODA に追加的でなければならない」の文言を受け入れると述べたことが示されている。
153) FCCC/CP/2001/L.7(2001a, p.9)、FCCC/CP/2001/5(2001a, p.43)、FCCC/CP/2001/5/Add.2(2001a, p.30)、IISD(2001, p.6)、加藤(2002, p.114)
154) 羅(2006, p.86)は、国際条約の締結では効率性より衡平性の方が重視されるが、条約の究極的な目的を達成するための各国の政策、京都メカニズムのような国際協力では効率性の方がより重視されると指摘する。逆に、Banuri and Spanger-Siegfried(2002, p.102)や Michaelowa and Dutschke(1998, p.25)は、国際交渉で衡平性より費用効果性(cost-effectiveness)に焦点が当てられていると述べる。だが、Michaelowa and Dutschke(1998, p.28)は、CDM が世代内衡平的、世代間衡平的な再配分を導くことになると論じる。
155) FCCC/CP/2002/L.6/Rev.1(2002, p.2)

第3章　緩和に関する国内政策の現状評価
——日本の産業部門における政策措置

1. 総合的な政策措置の現状
2. 産業部門における国内政策措置の課題
3. 評価結果：緩和に関する日本の国内政策措置

私たちの身近でできる省エネルギーの取り組み（イラスト・佐藤史子）

　日本の産業部門における国内政策措置の成果と課題を検討した。この結果から，緩和の約束を履行するためには国際協力である京都メカニズムを積極的に活用せざるを得ない理由について論じた。あわせて，緩和に関する国内政策措置と国際協力の比率を調整しつづける必要があると提起した。

本章では，気候変動の緩和に関する日本の国内政策措置の現状評価を行う。本章は国際協力に関する評価枠組のうち，特に構成要素3「国内的側面と国際的側面の関係および相互作用」に基づく。この構成要素を踏まえ，緩和に関する日本の国内政策措置の進捗状況を検討することで，京都メカニズムという国際協力を必要とせざるを得ない国内事情について論じる。

　同じく，国内的側面から補足性を吟味することで，緩和に関する国内政策措置と国際協力を調整する必要性について検討する。補足性は緩和の国内政策措置と国際協力に共通する論点であり，国際協力の評価基準として取り上げる衡平性と効率性が矛盾する論点でもある。したがって，本章で国内的側面から補足性を検討することによって，次章で行う緩和に関する国際協力の現状評価にも反映できる。

　ここで本章の構成と内容を概説する。第1節では，緩和に関する日本の総合的な政策措置の進捗状況を検討し，省エネルギーの努力の成果と継続に関する基本認識，ならびに，数値目標の設定と配分をめぐる変遷について明らかにする。

　第2節では，日本の産業部門における国内政策措置の課題を検討する。まず，産業部門における主要な国内政策措置として，産業界である日本経団連[1]による自主的取り組みの進捗状況を検討し，その成果と課題を明らかにする。

　次に，同じ産業部門における特色ある政策措置として日本でも注目された英国のポリシー・ミックスを検討する。英国のポリシー・ミックスが奨励と罰則を組み合わせた政策的特長を持ち，議定書の約束履行に関する政府の懸念を減らそうとする試みになっていることを示す。

　さらに，日本の産業部門における政策措置の進捗状況として，ポリシー・ミックス構想およびそれに関連する政策措置を検討し，特に環境省と産業界の見解に隔たりがあることを指摘する。

　英国のポリシー・ミックスを扱う先行研究では，その政策的特長から，緩和に関する日本の国内政策措置にも有益な示唆を与えることが提起された[2]。環境省の中央環境審議会も，議定書の目標を達成するための国内制度のあり

方について検討するために，英国における気候変動政策としてポリシー・ミックスを調査し，報告書をまとめた[3]。このような背景を踏まえ，本章では緩和に関する日本の国内政策措置の進捗状況を検討するために，英国のポリシー・ミックスを比較対象と位置づける。

第3節では，第1節と第2節での検討に基づき，気候変動問題に関する国際協力の評価基準である有効性・衡平性・効率性および「持続可能性」を用いて，緩和に関する日本の国内政策措置の成果と課題を明らかにする。

まず，総合的な国内政策措置の基本認識である省エネルギーの成果と継続が効率性を重視する意向によるものと捉え，京都メカニズムという国際協力の積極的な活用を求める根拠になっていることを述べる。

あわせて，補足性の観点から，京都メカニズムにおいて衡平性と効率性の調整が必要であると指摘する。また，英国のポリシー・ミックスとの国際比較に基づき，緩和に関する日本の国内政策措置をめぐる課題として，政府と産業界における政策調整をさらに進めるとともに，補足性の観点から国際協力(京都メカニズム)との比率を調整しつづける必要があることを提起する。

さらに，日本における緩和の国内政策措置と「持続可能な開発・発展」の「関係性」をめぐる課題を指摘し，気候変動問題の解決と「持続可能な開発・発展」の実現を両立させるための要件を明示する。

1. 総合的な政策措置の現状

本節では，緩和に関する日本の総合的な政策措置の内容と進捗状況を検討するために，省エネルギーの努力と「持続可能な開発・発展」に関する基本認識，ならびに，数値目標の設定と内容に焦点を当てる。

1-1. 日本政府による政策措置の基本認識

表3-1は，緩和に関する日本の総合的な政策措置で，省エネルギーの努力の成果と継続が示されているかどうかについてまとめたものである。地球温暖化防止行動計画は，気候変動問題に関する日本で最初の総合的な政策措置

表3-1 日本の総合的な政策措置における省エネルギーの努力の認識

年	総合的な政策措置	省エネルギーの努力の成果	省エネルギーの努力の継続
1990	地球温暖化防止行動計画	○	不明
1998	地球温暖化対策推進大綱(旧大綱)	○	○
1999	地球温暖化対策に関する基本方針	○	不明
2002	改正地球温暖化対策推進大綱(新大綱)	○	不明
2005	京都議定書目標達成計画	○	○

である。この計画を策定する背景として、省エネルギーの努力の成果から、日本は1人当たりCO_2排出量で先進国中最も低いグループに属していながらも、経済活動の拡大や国民のライフスタイルの変化により、CO_2排出量は増大傾向にあることが示された[4]。

地球温暖化対策推進大綱(旧大綱)では、エネルギー効率がすでに世界最高水準に達した日本にとって、議定書の数値目標を達成することが容易でないと認識されている。だが、循環型の経済社会を構築することや持続可能な経済社会の発展のために、地球温暖化防止に向けた対策を進める必要があると認識され、2010年に向けた地球温暖化対策として旧大綱が策定されたと位置づけられている[5]。

地球温暖化対策の推進に関する法律(地球温暖化対策推進法と略す。)[6]の7条に基づき、閣議決定された政府の基本方針[7]では、エネルギー効率が世界最高水準にある日本において、温室効果ガス総排出量の削減が容易でないと指摘し、追加的対策の費用が相対的に高くなると予想している。

議定書を批准するために改正された地球温暖化対策推進大綱(新大綱)でも、旧大綱を見直す基本認識として、エネルギー効率がすでに世界最高水準にあることを踏まえ、議定書における数値目標の達成が容易でないことが示された。特にエネルギー需給両面におけるCO_2排出削減の政策措置に関して、GDP当たりのエネルギー消費量やCO_2排出量が欧米諸国と比べて低い水準にあると主張された。このように、日本は世界有数の温暖化対策、省エネルギー先進国になっているとしながらも、エネルギー消費量やCO_2排出総量は増えていることが指摘された[8]。

一方，前述した省エネルギーの努力の成果を踏まえ，日本における総合的な政策措置では，緩和に関する省エネルギー対策をさらに進めていく姿勢が見られる。旧大綱では，2010年に向けた気候変動対策の1つとして省エネルギー対策が挙げられている[9]。また，京都議定書目標達成計画（議定書目標達成計画と略す）でも，日本の地球温暖化対策に関する基本的な考え方の1つとして環境と経済の両立が示され，その具体案として省エネルギー対策が挙げられた[10]。これはエネルギー起源の CO_2 排出量削減における基本的な考え方の1つとして，エネルギー利用の効率化を通して，エネルギー消費原単位とエネルギー消費量当たりの CO_2 原単位の改善に重点がおかれたことにも表れている[11]。

前述したように，緩和に関する日本の総合的な政策措置では，省エネルギーの努力の成果と継続が繰り返し主張されてきた。これまでの省エネルギーの努力の成果を基本認識としながら，CO_2 排出総量のさらなる削減に関する厳しさや追加的費用の大きさを強調し，議定書で定められた約束履行の難しさを指摘している。

その一方で，省エネルギーの努力の成果を踏まえ，緩和に関する日本の国内政策措置の1つとして省エネルギー対策をさらに進めていく姿勢・方針が示されている。すなわち，省エネルギーの努力の成果を基本認識として CO_2 を含めた温室効果ガス排出総量の削減を目指す議定書の約束履行が難しいと指摘する一方で，緩和に関する国内政策措置としてさらに省エネルギー対策を進めていくことになる。

このような姿勢・方針を踏まえると，議定書で定められた緩和に関する約束を履行するためには，必ずしも CO_2 総量の削減につながるとは限らない省エネルギー対策に加えて，総量削減に効果のある国内政策措置がさらに求められる。

「持続可能な開発・発展」については，気候変動に関する環境政策の目的やその条件と位置づけられている。

地球温暖化防止行動計画には「温室効果ガスの排出抑制については，持続可能な開発の考えに沿って経済の安定的発展を図りつつ，地球温暖化による

影響の重大さ及びその抑制対策や適応対策の実施可能性等を総合的に勘案して実施すべきもの」と記されている[12]。「持続可能な開発・発展」は,緩和に関する取り組みで踏まえるべき条件の1つになっている。

旧大綱では,「地球温暖化問題の解決に向けた取組は,環境と調和した循環型の経済社会を構築し,持続可能な経済社会の発展が可能となるために必要不可欠」,2005年の議定書目標達成計画では,「温室効果ガスの排出削減が組み込まれた社会の構築を目指す」「過程で,活力のある持続可能な社会経済の発展を目指して,中長期的な地球温暖化対策のための技術の開発・普及,社会基盤の整備などを進める」,「本計画においては,(中略)持続可能な発展を可能とする社会の実現につながる各種の対策・施策を盛り込むことに努めた」と記されている[13]。「持続可能な開発・発展」あるいは「持続可能な(経済)社会(社会経済)」は,気候変動問題の解決に向けた取り組みの目的と位置づけられている。

1-2. 数値目標の設定と配分をめぐる変遷

緩和に関する日本の総合的な政策措置では,温室効果ガス別,部門別,対策別で各々の数値目標が設定された。地球温暖化防止行動計画では,1990〜2010年までを対象期間と位置づけ,2000年が中間目標年次になった。

この計画の目標として,CO_2については,①1人当たり排出量を2000年以降概ね1990年レベルでの安定化を図ること,②排出総量を2000年以降概ね1990年レベルで安定化するように努めることが定められた[14]。ちなみに,2000年度のCO_2排出量は1990年度比で約9.4%増,1人当たりCO_2排出量は1990年度比で約6.6%増であった[15]。

旧大綱では議定書の約束を履行するために,緩和に関する政策措置と各々の数値目標が示された。例えば,表3-2で示すように,CO_2・メタン・亜酸化窒素(一酸化二窒素)の総排出量は2.5%の削減を達成すること,京都メカニズムの活用で1.8%分補うことなどである[16]。同じく,表3-2で示すように,新大綱では温室効果ガスと部門別の数値目標が旧大綱よりも詳しく定められた[17]。また,京都メカニズムの割合が旧大綱よりも減らされたことが注目さ

表 3-2 旧大綱と新大綱における温室効果ガスその他区分ごとの目標

温室効果ガス別その他の区分	新大綱	旧大綱
第1約束期間における数値目標(1990年比)	−6%	−6%
エネルギー起源 CO_2 (二酸化炭素)	0%	−2.5%
(産業部門)	(−7%)	
(民生部門)	(−2%)	
(運輸部門)	(−17%)	
非エネルギー起源 CO_2・メタン・一酸化二窒素	−0.5%	
革新的技術開発 国民各界各層の更なる地球温暖化防止活動の推進	−2%	
代替フロン3ガス(HFCs・PFCs・SF6)	2%	2%
森林吸収源	−3.9%	−3.7%
京都メカニズム	−1.6%	−1.8%

(注1)旧大綱と新大綱における京都メカニズムの目標は,議定書で日本政府に課せられた温室効果ガス6%削減を達成するために必要となる値として計算された。
(注2)HFCs:ハイドロフルオロカーボン類,PFCs:パーフルオロカーボン類,SF6:6フッ化硫黄
(出所)地球温暖化対策推進本部(1998,2002)より作成

れる。

　第1ステップ[18]における新大綱の評価・見直しについての中間取りまとめ(2004年)では,1990〜2002年度までの温室効果ガス排出量の推移から CO_2 が大きく増える一方,その他5種類のガスが基準年を下回っていると指摘された。
　また,2002年度の温室効果ガス排出量でエネルギー起源 CO_2 が目標の水準を大きく上回っている一方,非エネルギー起源 CO_2・メタン・一酸化二窒素・代替フロンなど3ガスは目標の水準を下回っている[19]。この指摘から,緩和に関する日本の国内政策措置では,エネルギー起源 CO_2 に焦点が当てられることになる。
　さらに,新大綱にある対策・施策をそのまま進めた場合,2010年で不足する温室効果ガス削減量は9〜10%程度(その後の報告書では9.4%程度[20])と試算

された。この予測を踏まえ，議定書における数値目標を確実に達成するために，追加的な対策・施策の導入と2004年に新大綱を総合的に見直すことが不可欠と指摘された[21]。

議定書目標達成計画[22]では，現段階で導入可能な対策・施策を直ちに行うことによって確実な削減を図り[23]，12%相当分の追加的排出削減を達成するために[24]，2010年度における目安・目標が示された。この計画では，表3-3で示すように，12%相当分のうちの6%分の割当が新大綱よりも詳しく分けられ，各々の目安・目標が明らかにされている一方，残り6%分の追加的排出削減の割当が明らかではなかった。

表3-3で示すように，2006年以降，本部から毎年発表されている議定書目標達成計画の進捗状況では，2010年度(2008～2012年度)の追加的排出削減量分を達成するために，民間事業者などによる対応で国内排出量を6.5～9.3%減らし，吸収源で3.8%減，京都メカニズムで1.6%減と大きく割り振っている[25]。

議定書目標達成計画は2008年に全面改定された。それにともない，表3-4で示すように，2010年度における温室効果ガス排出量の目安も変動している。エネルギー起源CO_2は，エネルギー需要側と供給側における対策が想定される最大の効果をあげた場合と最小の場合の目安が設けられている[26]。エネルギー起源CO_2は改定前よりも目安となる目標が緩められている。その内訳として，産業部門と運輸部門の目標が厳しくなる一方で，業務その他

表3-3 2010年度における追加対策削減量の変遷

実績年度	2010年度 (2008～2012年度) 目標(必要な削減率)	2010年度追加対策の削減量		
		国内排出量の削減 (民間事業者などによる対応)	森林吸収源	京都メカニズム
2004	−9.1%	−6.5%	−3.9%	−1.6%
2005	−9.5%	−8.4%	−3.8%	
2006	−6.6～−7.6%	−6.8%		
2007	−8.9～−9.9%	−9.3%		

(注)2010年度目標に必要な削減率は実績年度から割り出されたものである。
(出所)地球温暖化対策推進本部(2006, 2007, 2008, 2009)より作成

第3章　緩和に関する国内政策の現状評価　113

表 3-4　議定書目標達成計画における目標区分

温室効果ガス別その他区分	2010年度目安としての目標(基準年度比)	
	2005年策定時	2008年改定時
エネルギー起源CO_2(二酸化炭素)	0.6%	1.6〜2.8%
（産業部門）	（−8.6%）	（−12.1〜−11.3%）
（業務その他部門）	（15.0%）	（26.5〜27.9%）
（家庭部門）	（6.0%）	（8.5〜10.9%）
（運輸部門）	（15.1%）	（10.3〜11.9%）
（エネルギー転換部門）	（−16.1%）	（−2.3%）
非エネルギー起源CO_2	−0.3%	−0.04%
メタン	−0.4%	−0.9%
一酸化二窒素	−0.5%	−0.6%
代替フロンなど3ガス	0.1%	−1.6%
温室効果ガス吸収源	−3.9%	約−3.8%
京都メカニズム	−1.6%	

(注)議定書の第1約束期間における削減約束に相当する排出量と同期間における実際の排出量との差分は，京都メカニズムを活用することで補う。
(出所)地球温暖化対策推進本部(2005，2008)より作成

部門・家庭部門・エネルギー転換部門の目標が下げられた。また，エネルギー起源CO_2と非エネルギー起源CO_2の目安が緩められる反面，メタン・一酸化二窒素・代替フロンなど3ガスの目安が引き上げられている。

　日本の総合的な政策措置では，議定書における約束履行が難しいとの現状認識を踏まえ，旧大綱・新大綱・議定書目標達成計画と進むにつれて，数値目標が詳しく分けて定められた。特にエネルギー起源CO_2では部門別の区分が増やされ，各々の数値目標が定められたように，緩和に関する日本の政策措置で重要分野と位置づけられた。エネルギー起源CO_2の中では，産業部門における数値目標が厳しく設定された。

　表3-5で示すように，日本政府は議定書目標達成計画で産業部門における数値目標を新大綱より高く定めている。2008年に改定した議定書目標達成計画の目安では，さらに数値が引き上げられている。この目標の引き上げは，新大綱や議定書目標達成計画の評価・見直しと日本全体の温室効果ガス排出状況を踏まえ，緩和に関する議定書の約束履行を念頭において行われたと推

表3-5　新大綱と議定書目標達成計画の数値目標に関する比較

温室効果ガスその他区分	新大綱	議定書目標達成計画の目安	
		策定時	改定時
エネルギー起源CO$_2$(二酸化炭素)	0%	0.6%	1.6〜2.8%
（産業部門）	(−7%)	(−8.6%)	(−12.1〜−11.3%)
（業務その他部門）	(−2%)	(15.0%)	(26.5〜27.9%)
（家庭部門）		(6.0%)	(8.5〜10.9%)
（運輸部門）	(17%)	(15.1%)	(10.3〜11.9%)
（エネルギー転換部門）	―	(−16.1%)	(−2.3%)

(注) 新大綱では，業務その他部門と家庭部門をあわせて民生部門で捉えられている。
(出所) 表3-2，表3-4に基づき作成

察できる。このような日本政府の方針を産業部門における政策措置の主要な担い手である産業界がどのように受け止めているかについては，次節以降で検討する。

　また，京都メカニズムの活用については，国内政策措置で足りない温室効果ガス削減量を補う方針，ならびに，旧大綱・新大綱・議定書目標達成計画における割当を踏まえると，補足性の確保が配慮されている。
　ただし，議定書目標達成計画における京都メカニズムの割当1.6%分は幅のある目標となっていることから，国内政策措置の進捗状況や吸収源の確保状況次第で，京都メカニズムをさらに活用せざるを得ない可能性も残されている。

2．産業部門における国内政策措置の課題[27]

　本節では，英国のポリシー・ミックスに関する政策的特長を踏まえ，日本の産業部門における国内政策措置の課題を検討する。
　日本政府は議定書を批准したことによって，第1約束期間に基準年比[28]で6種類の温室効果ガスを6%減らす数値目標を達成しなければならない。だが，2007年度ですでに基準年を8.6%上回っていた[29]ことから，数値目

表3-6 日本の2007年度における各温室効果ガス排出量と全体比

温室効果ガス	全体比	排出量(百万CO_2換算トン[31])
CO_2(二酸化炭素)	94.95%	1,296
メタン	1.60%	21.8
一酸化二窒素	1.66%	22.7
HFCs(ハイドロフルオロカーボン類)	0.97%	13.3
PFCs(パーフルオロカーボン類)	0.47%	6.4
SF6(6フッ化硫黄)	0.32%	4.4

(出所)環境省(2011b)より作成

標の達成が危ぶまれている[30]。このような現状認識に基づき，前節で検討したように，緩和に関する総合的な政策措置が強化された。

表3-6で示すように，日本国内で排出される温室効果ガスの約95%がCO_2であることから，緩和に関する日本の国内政策措置はCO_2削減に焦点が当てられる。そのうち，前節で指摘したように，日本の国内政策措置としてエネルギー起源CO_2分野が重視されている。

また，表3-7で示すように，2007年度の日本国内におけるCO_2排出量のうち，産業部門[32]からの排出は約36%を占めていて，1990年度時からは減少しているものの，基準年度(1990年度)と同じく依然として部門別排出で最大である。

表3-7 日本の部門別CO_2排出量全体比の比較

対象部門	2007年度全体比	1990年度全体比
産業部門	35.9%	42.2%
運輸部門	18.8%	19.0%
業務その他部門	18.7%	14.3%
家庭部門	13.8%	11.1%
エネルギー転換部門	6.4%	5.9%
工業プロセス	4.1%	5.5%
廃棄物	2.2%	2.0%

(注)全体比は，四捨五入しているために，100%にならない場合がある。なお，燃料からの漏出は排出量が少なく(1990年度・2007年度ともに0.04百万CO_2換算トン)，全体比が小さいので除いている。
(出所)環境省(2010b)より作成

前節で指摘したように,緩和に関する日本の国内政策措置で産業部門における数値目標は厳しく設定されていた。産業部門におけるCO_2削減の進捗状況は,緩和に関する日本の政策措置,ならびに,数値目標の達成に大きな影響を与えることになる。

　本節では,上記の背景を踏まえ,まず,緩和に関する日本の国内政策措置として産業部門に焦点を当て,産業界による自主的取り組みの進捗状況を検討する。産業界の自主的取り組みは,日本の産業部門における主要な政策措置と位置づけられている。本節では,日本経団連の自主的取り組みを取り上げ,その成果と課題を明らかにする。

　次に,英国の産業部門における国内政策措置であるポリシー・ミックスの特長を明らかにし,日本におけるポリシー・ミックス構想とそれに関連する環境税・自主的取り組みの協定化・国内排出量取引制度の検討状況を論じて,政府と産業界における政策調整がさらに求められていることを提起する。

2-1. 産業部門における国内政策措置の現状評価

　日本の産業部門におけるCO_2削減の主要な政策措置は,産業界による自主的取り組みである。本項では日本経団連の自主的取り組みを取り上げ,その重要性と成果および課題を明らかにする[33]。

　経団連は,1991年の経団連地球環境憲章と1996年の経団連環境アピールで,気候変動問題の解決を含む環境保全と「持続可能な開発・発展」の理念的な「関係性」を打ち出している。

　経団連地球環境憲章では,「世界的規模で持続的発展を可能とする健全な環境を次代に引き継いでい」く「ためには,各国政府,企業,国民が自らの役割を認識するとともに,国際協力を通じて人類の福祉の向上と地球的規模での環境保全に努めなければならない」ことを踏まえ,基本理念で「われわれは,(中略)地球的規模で持続的発展が可能な社会,(中略)環境保全を図りながら自由で活力ある企業活動が展開される社会の実現を目指す」と決意している。また,行動指針の目的として「持続的発展の可能な環境保全型社会の実現に向かう新たな経済社会システムの構築に資する」ことを挙げている。

経団連環境アピールでも,「環境保全とその恵沢の次世代への継承は国民すべての願いであり,(中略)将来の世代のニーズを満たす能力を損なうことなく現在の世代のニーズを満たす『持続可能な発展』を実現しなければならない」と改めて決意表明している[34]。

経団連は,「持続可能な開発・発展」が実現した環境を次世代に引き継ぎ,そのような社会を構築するために,環境保全に取り組む決意を示している。環境保全の1つである気候変動問題の解決に向けた経団連の中心的な取り組みが,1997年に公表した経団連環境自主行動計画(現:環境自主行動計画,自主行動計画と略す)である。

自主行動計画は「2010年度に産業部門及びエネルギー転換部門からの二酸化炭素排出量を1990年レベル以下に抑制するよう努力する」という全体目標が掲げられた自主的取り組みである[35]。2006年には,目標レベルを2010年度の単年度から,議定書の第1約束期間にあたる5年間(2008〜2012年度)の平均として達成するものに改定された[36]。

日本経団連は当初から自主行動計画のフォローアップを続けている。表3-8では,そのフォローアップに参加した産業部門およびエネルギー転換部門のカバー率を示した。フォローアップ参加業種の1990年度CO_2排出量は,産業・エネルギー転換部門全体における同排出量比で8割前後を推移しており,日本全体でも4割以上の比率を占めている。このように,日本経団連の自主行動計画は日本全体,ならびに,産業・エネルギー転換部門のCO_2排出削減に大きな影響を及ぼす。

表3-9では,フォローアップ参加業種によるCO_2排出量の推移を1990年度比と前年度比で示した。2007年度CO_2排出量は1990年度比で1.0%,前年比で2.9%とともに増えている。1990年度比では1997年度以来の増加を示し,前年度比では1998年度以降で最大の増加幅となった。

日本経団連は景気拡大や生産量増加のためにCO_2排出総量が上下動する一方,CO_2排出原単位とエネルギー原単位の向上,炭素含有量の少ないエネルギーシフトで着実な成果を挙げてきたと強調する[37]。

表 3-8　日本経団連による自主行動計画のカバー率

フォロー アップ 公表年月	計画 フォロー アップ 参加業種	計画参加業種の 1990 年度 CO_2 （二酸化炭素）排出量／ 産業・エネルギー転換部門全体 1990 年度 CO_2 排出量	計画参加業種の 1990 年度 CO_2 排出量／ 日本の 1990 年度 CO_2 総排出量
1998 年 12 月	28	75.4%	42.1%
1999 年 11 月	31	75.4%	42.1%
2000 年 11 月	34	76.5%	42.6%
2001 年 10 月	36	76.7%	42.7%
2002 年 10 月	34	80.1%	44.7%
2003 年 11 月	35	82.6%	45.3%
2004 年 11 月	34	82.2%	45.0%
2005 年 11 月	35	82.1%	45.0%
2006 年 12 月	35	82.9%	44.4%
2007 年 11 月	35	83.6%	44.8%
2008 年 11 月	34	84.2%	45.0%
2009 年 11 月	34	82.8%	44.3%
2010 年 11 月	34	82.8%	44.3%

(注) 産業・エネルギー転換部門全体の 1990 年度 CO_2 排出比は，表 3-7 から，エネルギー転換部門，産業部門，工業プロセス部門を合計した 53.6%である。日本経団連(2005a)。
(出所) 日本経団連(環境)自主行動計画フォローアップより作成

　また，表 3-9 で示すように，2000 年度 CO_2 排出量は 1990 年度比で 1.9%減であった。これは条約 4 条 2 で定められた 2000 年における CO_2 その他の温室効果ガス排出量を 1990 年比で 0%に抑制する緩和の約束，ならびに，CO_2 総量が 2000 年以降，概ね 1990 年比で安定化するように努める地球温暖化防止行動計画における目標以上の成果を示したことになる[38]。

　さらに，議定書では，附属書 B 国による約束を履行する期間が 5 年間(2008～2012 年)で定められた。日本経団連もこの約束履行期間を踏まえ，目標レベルを 5 年間(2008～2012 年度)の平均として達成するものに改定した。

　そこで，表 3-9 で示すように，これまでのフォローアップ結果から，① 1997～2001 年度，② 1998～2002 年度，③ 1999～2003 年度，④ 2000～2004 年度，⑤ 2001～2005 年度，⑥ 2002～2006 年度，⑦ 2003～2007 年度，といった 5 年間平均の CO_2 削減率を推計した。

　その結果，各々，① 1.4%減，② 2.6%減，③ 2.6%減，④ 2.8%減，⑤

表3-9 日本経団連による自主行動計画の実績

年度	1990年度比	前年度比
1997	2.8%	──
1998	−2.6%	−5.3%
1999	−0.6%	2.1%
2000	−1.9%	−1.3%
2001	−4.9%	−3.1%
2002	−3.1%	1.9%
2003	−2.3%	0.9%
2004	−2.1%	0.2%
2005	−1.7%	0.4%
2006	−1.9%	−0.2%
2007	1.0%	2.9%
2008	−10.7%(−13.7%)	−11.5%(−14.5%)
2009	−16.8%(−19.3%)	− 6.8%(− 9.6%)
1997〜2001(5年間平均)	−1.4%	──
1998〜2002(5年間平均)	−2.6%	──
1999〜2003(5年間平均)	−2.6%	──
2000〜2004(5年間平均)	−2.8%	──
2001〜2005(5年間平均)	−2.8%	──
2002〜2006(5年間平均)	−2.2%	──
2003〜2007(5年間平均)	−1.4%	──
2004〜2008(5年間平均)	−3.1%(−3.7%)	──
2005〜2009(5年間平均)	−6.0%(−7.1%)	──

(注)日本経団連(2005c)は，CO_2(二酸化炭素)排出量の実績値について，数字の精度を高めるために，増減が生じていると説明している。2008年・2009年度と2004〜2008年度・2005〜2009年度の( )内はクレジット償却分を含む値である。
(出所)日本経団連(2010)より作成

2.8%減，⑥2.2%減，⑦1.4%減の数値になった。1997年度以降，5年間平均でCO_2排出量は減っているものの，「2001〜2005年度」以降の削減幅が小さくなっていた。その後，「2004〜2008年度」「2005〜2009年度」の削減幅は広がっている。

また，日本経団連(2007c)は，2008〜2012年度の全体目標達成に関して，1990年度のCO_2排出量が2.9%減と試算した。その後，日本経団連(2008)では，同様に3.9%減との試算結果を示している[39]。これらの結果を鑑みると，2007年度までは，自主行動計画の努力目標は達成できる見通しがうかがえ

るものの，議定書における日本の数値目標である6%削減の水準まで達していなかった。同時に，表3-5で示したように，2007年度までは新大綱や議定書目標達成計画における産業部門の割当である7%削減および8.6%（−12.1〜−11.3%）削減との差が見られた。

日本経団連による自主的取り組みは，表3-8のカバー率で示したように，産業・エネルギー転換部門および日本全体のCO_2削減に関する国内政策措置に大きな影響を与える。この自主的取り組みは，本節で検討したように，2007年度は増加に転じたものの，2010年11月時点までは一定の成果を挙げている。

だが，表3-9で示した5年間平均のCO_2削減率から見ると，2007年度までは議定書で定められた日本の数値目標および政府が求める産業部門の割当に達していなかった。日本経団連による自主的取り組みの評価をめぐる焦点は全体目標が達成されることにとどまらず，それ以上にCO_2総量を削減できるかどうかにある。

日本経団連は，環境自主行動計画第三者評価委員会による「2005年度環境自主行動計画評価報告書」における指摘事項への対応状況として，「業種目標の上方修正については，現在の目標達成の蓋然性を踏まえ，積極的に検討する」と回答していた[40]。実際に，日本経団連(2008)では，2007年度に目標の引き上げを行った業種が過去最高の23業種，2008年度には4業種が目標水準を引き上げたと報告されている[41]。

各業種による目標水準の引き上げと達成が，日本経団連による自主的取り組みの全体目標達成以上の成果につなげられるかは評価の焦点になる。日本経団連は，第三者評価委員会報告で指摘された原子力発電所の運転再開などの条件が整った段階で，全体目標の引き上げを検討することにしている[42]。

また，自主行動計画で着実な成果を見せているのはCO_2排出における原単位の改善であり，好景気や生産量増加のためにCO_2排出総量が増えることを日本経団連も認めている。表3-9で示したように，自主行動計画のフォローアップでは，1999年度以降，1990年度比でCO_2排出総量が減っていたものの，前年度比では増えている年度が多かった。この年度ごとにおける推

移を踏まえると，CO_2 排出における原単位の改善が CO_2 排出総量の削減につながるかどうかも，日本経団連による自主的取り組みの評価をめぐるもう1つの焦点になる。

2009年度のフォローアップ結果では，産業・エネルギー転換部門における2008年度の CO_2 排出量は1990年度比で10.5％減，クレジット償却分を除くと同7.4％減と示された。1990～2008年度に，生産活動量を上回る効率の改善が行われていると評価する。また，2007年度との比較では，急激な景気悪化にともなう生産活動量の減少や CO_2 排出係数の改善により，2008年度の CO_2 排出量全体では11.3％減となっていることが示された[43]。

2010年度のフォローアップ結果でも，産業・エネルギー転換部門における2009年度の CO_2 排出量は1990年度比で16.8％減，クレジット償却分を除くと同14.2％減と，2008年度実績を上回る削減率となった。「2009年度の産業・エネルギー転換部門からの CO_2 排出量増減の要因分解」において，2008年度比では「生産活動量の変化(各業種においてエネルギー消費と最も関連の深い指標を選択)」(−6.1％)が「生産活動量あたり排出量の変化」(−0.2％)を削減率で上回っているものの，1990年度では後者(−13.2％)が前者(−2.1％)を逆転している。日本経団連は，「生産活動量が減少しているにもかかわらず生産活動量あたりの排出量が減少しているのは，業種において，技術革新，省エネ設備や高効率設備の導入，燃料転換，排出エネルギーの回収利用，設備・機器に関する運用改善などのさまざまな取組みが着実に積み重ねられてきたことによる」と評価し，「自主行動計画は大きな成果を上げていると」主張している[44]。

2008年度と2009年度は，2007年度までと一転して，新大綱や議定書目標達成計画における産業部門の割当である7％削減および8.6％削減を上回る実績が見られた。また，1990年度比では原単位の改善が CO_2 排出総量の削減につながった一方で，不景気や生産量の減少によって前年度比で CO_2 排出総量が大幅に減ったことから，景気・生産量の状況と CO_2 排出総量の因果関係が逆の形で表れることになった。

2008・2009年度の実績が第1約束期間の5年間で継続できるか。上記し

た2つの焦点に着目しながら，今後も日本経団連による自主的取り組みを評価しつづける必要がある。

2-2. 英国のポリシー・ミックスに関する政策的特長

本項では，英国の産業部門におけるCO_2削減のための国内政策措置として，ポリシー・ミックスを取り上げ，その政策的特長を明らかにする。英国のポリシー・ミックスは，国内環境税(気候変動税)・自主協定(気候変動協定)・国内排出量取引制度で構成されている[45]。

2000年に，DETR(環境・交通・地域省[46])は，「英国気候変動プログラム」(The UK Climate Change Programme 2000)を公表した。このプログラムでは，2010年までに温室効果ガスを23%，CO_2を19%削減できると示され，気候変動税や国内排出量取引制度を含む包括的政策が盛り込まれた[47]。

同プログラムでは，英国の「持続可能な開発・発展」戦略である "A Better Quality of Life" で示された「持続可能な開発・発展」を達成するために必要な4つの目的を中心に位置づけている。その目的の1つに「効果的な環境保護」(effective protection of the environment)が挙げられている。英国の「持続可能な開発・発展」戦略には，主要な「生活の質」(quality of life)の指標が含まれており，温室効果ガスの排出はその1つである[48]。

2001年2月には，15の業界団体がDETRと気候変動協定を結び，同年4月には気候変動税が導入された。

協定目標には絶対量目標と原単位目標があり，業界団体ごとに目標を選び，工場ごとに目標が定められる。絶対量目標にはCO_2排出絶対量とエネルギー消費絶対量，原単位目標には生産量当たりCO_2排出量と生産量当たりエネルギー消費量が含まれる。企業や業界団体が2年間で目標を達成できなかった場合，次の2年間に気候変動税の減税措置が適用されず，税率が20%から100%に戻される[49]。これは気候変動協定の確実性・有効性を高めるために，気候変動税を罰則的に位置づけている。なお，税収は企業が負担する国民保険料の0.3%切り下げと省エネルギー対策などの補助に支出されることから，企業・業界団体に還元されることになる[50]。

さらに，英国政府は排出量取引グループ[51]の提案を受け，2001年8月に「排出量取引スキーム枠組文書最終版」を発表した。国内排出量取引制度への参加企業は，温室効果ガス削減目標値に署名したうえで，自らの努力で減らした排出量を売買できる。企業が目標値を上回る排出削減を達成した場合，余剰分を他者に売るか，それを貯め，将来使うこともできる[52]。これは気候変動協定の確実性・有効性を高めるために，国内排出量取引制度を奨励的に位置づけたものである。

この国内排出量取引制度の特徴的な仕組みが「ゲートウェイ」である。ゲートウェイは，原単位目標での協定締結者が排出枠を絶対量目標での協定締結者や直接参加者[53]に移す際には制限が設けてあり，それを管理する仕組みである。原単位目標での協定締結者が排出枠を移すことにより全体の排出量増大が見込まれると，排出枠の移転が許可されない。すなわち，原単位目標の協定締結者全体が，それ以前に絶対量目標での協定締結者や直接参加者から手に入れた排出枠以上は移せないことになる。ゲートウェイは，全企業が絶対量目標に移ることが予定されている2008年以降には閉じられ，その後，原単位目標の企業が排出枠を売ることができなくなっていた[54]。

2002年4月に温室効果ガス排出量取引スキームが運用されたことで，国内環境税・自主協定・国内排出量取引制度を組み合わせた英国のポリシー・ミックスが始まることになった。この政策措置の実施で，気候変動協定による少なくとも年間250万炭素トン(約917万CO_2換算トン)を含め，2010年までに少なくとも年間500万炭素トン(約1,830万CO_2換算トン)の削減が見込まれていた[55]。

英国のポリシー・ミックスは，産業界による温室効果ガス削減に誘因を与えることで，その確実性・有効性を高めようとすることに加え，議定書の数値目標達成に関する政府の懸念を軽くしようとする試みになっていた。

英国政府は議定書の附属書B国として，緩和に関する数値目標を達成しなければならない。議定書で総量目標が課せられている政府は，自主協定で産業界に対して絶対量目標に基づく取り組みを望む。だが，産業界は絶対量目標よりも原単位目標を選ぶ傾向がある。省エネルギー対策で原単位目標が

達成されたとしても，好況で生産量が増えると絶対量目標が達成できない可能性があり，それを避けたいと企業や産業界が考えるためである[56]。

このような産業界との思惑の違いを克服するために，英国政府は自主協定の導入段階で産業界に絶対量目標と原単位目標に基づく取り組みを認める一方，国内排出量取引制度にゲートウェイを導入することで絶対量目標と原単位目標の扱いに差を設けて，2008年までに原単位目標から絶対量目標への移行を促そうとした。政府にとって望ましい産業界による絶対量目標への移行をすぐに果たすのではなく，移行を促す一定の誘因を産業界に与えながら，段階的な移行を進める工夫が図られていた。

また，企業や業界団体は政府と結んだ自主協定の目標を達成することで国内環境税の減免措置が受けられるとともに，目標以上のCO_2削減が果たせると，それを排出枠として売り，経済的利益を得ることもできる[57]。これは企業や業界団体がCO_2をさらに減らそうとする誘因になり得る。

ただし，国内環境税は協定目標が達成できず，減免措置が認められないと，企業・業界団体の経済的利益を失わせる可能性があることから，罰則的に位置づけられている。一方，国内排出量取引制度は協定目標よりもさらにCO_2削減の成果を上げられると，企業・業界団体が経済的利益を得る可能性があることから，奨励的に位置づけられていた。

上述したように，罰則的措置と奨励的措置を組み合わせることで，産業界によるCO_2削減成果を議定書で政府に課せられた約束の履行へつなげようとする政策的な工夫が，英国のポリシー・ミックスには見られた。

さらに，英国のポリシー・ミックス形成過程で，政府と産業界の政策協議が行われたことも注目される。気候変動税と気候変動協定については，産業界との協議を踏まえ，政府主導による政策形成が行われた。一方，国内排出量取引制度については，排出量取引グループという産業界の積極的な提案に基づき，政府が制度設計を進めた[58]。

その後，気候変動協定の実績が公表されている。産業界は2002年に，2000年(基準年)水準で気候変動協定の目標値の約3倍以上に当たる1,350万CO_2換算トンの排出を抑制したと発表した。協定の対象となった1万2,000

施設のうち88%に当たる1万500施設が目標を達成し,税の減免を受けている。この結果は大部分が2002年のCO$_2$排出量を1997年比で950万トン削減した鉄鋼業によるものであるが,エネルギー効率化と厳しい経営状況を反映した生産量の減少によるものと分析する[59]。

2007年には,2006年に気候変動協定で1,640万CO$_2$換算トンが削減されていると公表された。前述した2010年までの年間削減見込み(約1,830万CO$_2$換算トン)には達していない。49部門のうち32部門は目標を達成し,42部門が気候変動税の減免措置を更新された。また,約1万施設全体の99%に当たる9,830施設が目標を達成している[60]。

表3-10で示すように,英国における2007年の温室効果ガス排出量は1990年比で17.5%減,CO$_2$排出量は1990年比で8.2%減となっている(LULUCF[61];Land Use, Land-Use Change and Forestry:土地利用,土地利用変化および林業部門からの排出・吸収を含む)。温室効果ガス排出量については,議定書で定められた8%削減,ならびに,EU間の合意である12.5%削減の目標を達成している。

また,2006年実績に基づく2010年の見通しは,温室効果ガス排出量が20%減,CO$_2$排出量は約11%減と試算されている。この見通しは「気候変動英国プログラム」で示された2010年までに温室効果ガス排出量を23%,CO$_2$排出量を19%削減できるとの予測に達していない。このような見込み

表3-10 英国のCO$_2$と温室効果ガス削減率(1990年比)

項目 \ 年	2008	2007	2005	2000
(LULUCF(土地利用,土地利用変化および林業部門)からの排出・吸収除)				
温室効果ガス排出量削減率	−18.5%	−16.9%	−15.1%	−12.7%
CO$_2$(二酸化炭素)排出量削減率	− 9.2%	− 7.4%	− 5.7%	− 6.4%
(LULUCFからの排出・吸収含)				
温室効果ガス排出量削減率	−19.0%	−17.5%	−15.6%	−13.1%
CO$_2$排出量削減率	−10.0%	− 8.2%	− 6.5%	− 7.0%

(出典)UNFCCC(2010, pp.18-21)より作成

も踏まえ，気候変動の緩和政策をさらに強化するとの意向を示している[62]。

2006年には，新たな「英国気候変動プログラム」(Climate Change The UK Programme 2006)が公表された。2010年までに温室効果ガスを基準年から23〜25％削減，CO_2排出量を1990年レベルから15〜18％削減することになっている。エネルギー供給部門(The energy supply sector)では，EU排出量取引制度の下，厳格な排出上限値を設定し，2010年には，300〜800万炭素トンを削減する見込みである。また，産業部門における対策の一環として，2007年4月1日から，気候変動税の税率が引き上げられる。また，EU排出量取引制度の第1段階では，英国の産業部門における約500施設が気候変動協定で少なくとも部分的に対象となっている[63]。

2-3. 日本におけるポリシー・ミックス構想の進捗状況

前項では，英国のポリシー・ミックスに関する政策的特長を示した。日本でも，英国のポリシー・ミックスを構成している自主的取り組みの協定化・国内環境税・国内排出量取引制度について論議されてきた。

本項では，これらの政策措置とポリシー・ミックス構想に関する日本での進捗状況を検討し，積極的な立場を示している環境省(環境庁)と，慎重な見解を示している，あるいは，見解が示されていない日本経団連および経済産業省(通商産業省)による主張の違いを明らかにする。

第1に，自主的取り組みの協定化は，その担い手である日本経団連が一貫して反対してきた。日本経団連は産業界による自主的取り組みの成果を踏まえ，今後の産業部門におけるCO_2削減のための政策措置も自主的取り組みを中心にすべきと主張している。日本経団連は自主的取り組みの協定化が事業者の自主的で柔軟な取り組みの利点を損なうものと指摘する。また，英国で行われているからといって，業界団体・企業と政府間での協定を安易に導入すべきではないとの立場を取る[64]。

経済産業省の審議会による報告書(2002年12月)でも，一定の措置の実施を一律に強制するような仕組みを導入することで，自主的取り組みの成果を妨げる恐れがあると指摘されている[65]。

このような産業界の意向を踏まえ，経済産業省の審議会による報告書(2002年12月，2005年3月)に加え，環境省の審議会による報告書(2002年1月，2005年3月)，ならびに，新大綱・議定書目標達成計画といった総合的な政策措置でも，自主的取り組みの成果を認め，その継続と強化を打ち出している[66]。

一方，環境省の審議会による報告書では，産業界による自主的取り組みの課題が指摘されている。例えば，中央環境審議会による報告書(2001年6月，7月，2004年8月)では，産業界の自主的取り組みにおける数値目標の達成には不確実性があると指摘し，その取り組みの確実性を高めるための対策を講じるように求めた[67]。

2001年6月の報告書では，産業界の自主的取り組みにおける統一目標が議定書で定められた約束履行の観点から不十分であり，目標の再設定を含めた取り組みの見直し，あるいは，追加的対策の必要性が指摘された[68]。同年7月の報告書では，産業界による自主的取り組みの成果(1998年度)は電力排出原単位の改善によるところが大きく，自主努力による削減は相対的に小さいと示された[69]。

2008年に全面改定された議定書目標達成計画でも，自主的取り組みが成果を上げているとしながら，原単位のみを目標としている業種に対してCO_2排出量についてもあわせて目標指標とするように促すなどの観点を踏まえ，自主行動計画の評価・検証制度として，関係審議会などによる定期的なフォローアップの実行を進めると述べられた[70]。

第2に，環境省(環境庁)は，環境税や国内排出量取引制度といった経済的措置(手段・手法)[71]の検討で積極的な役割を担ってきた。

環境税は主として環境庁(環境省)の審議会で検討されてきた[72]。2001年以降の環境省による各種報告書の内容を踏まえると，表3-11で示すような検討段階をたどってきた。

まず，第1段階では，中央環境審議会の報告書(2001年12月)[73]のように，環境税の可能性を示す内容が見られた。

表3-11 日本における環境税(気候変動関連)の検討段階

公表年月	報告書名	検討段階	
2001年12月	我が国における温暖化対策税制に係る制度面の検討について	環境税の可能性を示す段階	
2002年6月	我が国における温暖化対策税制について(中間報告)	環境税のさらなる検討を促す段階	環境税の具体的内容を示す段階
2003年8月	温暖化対策税の具体的な制度の案		
2004年8月	温暖化対策税制とこれに関連する中間とりまとめ		
2004年11月	環境税の具体案について		
2004年12月	温暖化対策税制とこれに関連する施策に関する論点についてのとりまとめ		
2005年3月	地球温暖化対策推進大綱の評価・見直しを踏まえた新たな地球温暖化対策の方向性について(第2次答申)		
2005年8月	環境税の経済分析等について―これまでの審議の整理―		
2005年10月	環境税の具体案		環境税の具体的内容を示す段階
2006年11月	環境税の具体案		
2007年11月	環境税の具体案		

(出所)各種資料より作成

　次に，第2段階では，環境税のさらなる検討を促す内容が示された。この段階における報告書では，公平性・効率性・確実性の観点から，環境税を有力な追加的施策と位置づけ，早急に検討し早期に導入すべきとの提案が見られる[74]。

　そして，第3段階として，これまでの論議の成果を踏まえ，環境税の具体案を示した報告書(2004年11月)が公表された。この具体案では，①税率は炭素トン当たり2,400円とすること，②税収額は約4,900億円とし，一般財源とすること，③税収の使途は，地球温暖化対策に約3,400億円，社会保険料の軽減などに約1,500億円とすること，④税により，5,200万CO_2換算トン(1990年基準で4%強程度)が削減でき，経済への影響はGDP年率で0.01%減と少ないこと，⑤国際競争力や産業構造激変の緩和，低所得者や中小企業などへの配慮として，税負担の減免措置を行うことが示された[75]。

　一方，日本経団連は，環境税(炭素税，炭素・エネルギー税)に一貫して反対，

あるいは，消極的な姿勢を示しつづけている[76]。その理由として，①CO_2排出抑制効果への疑念，②産業の国際競争力の低下，③成果を上げている産業界による自主的取り組みの阻害，④地球規模でのCO_2増加，⑤環境対策の財源は歳出見直しから捻出すべき，⑥エネルギー課税の過重性，を挙げている[77]。

経済産業省や地球温暖化対策推進本部(以下，本部と略す)[78]も，環境税に慎重な姿勢を示している。経済産業省産業構造審議会の報告書(2005年3月)は，環境税について，賛否両論を踏まえ，他の手法との比較や国際的な動向，これまでの政策措置に関する実績や評価を考慮しながら，総合的かつ慎重に検討することが重要であると指摘した[79]。緩和に関する日本の総合的な政策措置である議定書目標達成計画(2005年，2008年)でも，環境税を総合的な検討を進めていくべき課題[80]と位置づけているが，環境省の報告書で示された具体的な導入には踏み込んでいない。

もう1つの経済的措置である国内排出量取引制度も，環境省(環境庁)における審議会・検討会で論議が進められてきた。この制度については，表3-12で示すように，さらなる検討を促す段階から，試行事業の段階を経て，自主参加型の制度を行う段階に至っている。

環境庁内の検討会による報告書(2000年6月)では，国内排出量取引制度の例と特徴について，排出削減のための全体費用の低減(効率性)・実効性・公平性などの視点から検討された[81]。また，中央環境審議会の答申(2002年1月)や環境省内の検討会による報告書(同年7月)では，第1ステップ(2002～2004年)で試行事業，第2ステップ(2005～2007年)で多面的な検討を行うと提案された[82]。

この提案に基づき，環境省は2003年から2004年にかけて温室効果ガス排出量取引試行事業を行った。試行事業は実際の排出枠を取引しない仮想市場で行われたものであるが，計4回で255件，241万7,886 CO_2換算トンの取引が行われたと報告された。この結果から，排出枠などの取引市場が日本でも十分に成り立ち得ることを示唆するものと結論づけられた[83]。

表 3-12　日本における国内排出量取引制度(環境省)の検討・実施段階

公表・実施時期	報告書名 / できごと	検討・実施段階	
2000年6月	我が国における国内排出量取引制度について	制度の検討段階	制度試行段階
2002年1月	京都議定書の締結に向けた国内制度の在り方に関する答申		
2002年7月	温室効果ガスの国内排出量取引制度について		
2004年6月	環境省温室効果ガス排出量取引試行事業の最終取引期間の取引結果について		
2005年4月	自主参加型国内排出量取引制度(第1期)開始	制度のさらなる検討を促す段階	制度実施段階
2006年5月	自主参加型国内排出量取引制度(第2期)開始		
2007年4月	自主参加型国内排出量取引制度(第3期)開始		
2007年9月	自主参加型国内排出量取引制度(第1期)結果公表		
2007年12月	平成17年度自主参加型国内排出量取引制度(第1期)評価報告書		
2008年9月	自主参加型国内排出量取引制度(2006年度)の排出削減実績と取引結果		
2009年12月	平成18年度自主参加型国内排出量取引制度(第2期)評価報告書		
2010年2月	平成19年度自主参加型国内排出量取引制度(第3期)評価報告書		

(出所)各種資料より作成

　環境省は，2005年から自主参加型国内排出量取引制度を始めた。この制度の目的は，温室効果ガスの費用効率的かつ確実な削減と国内排出量取引制度に関する知見の蓄積である。

　参加方法には目標保有参加者と取引参加者の場合がある。前者は一定量の排出削減を約束する代わりに，省エネルギー対策設備などの整備に対する補助金(石油特別会計)と排出枠の交付を受ける。後者は排出枠などの取引を行うことを目的とし，補助金と排出枠の交付が行われない[84]。前者の参加者が約束した目標である「排出削減約束」を達成できない場合には，不足量に応じて，環境省に補助金を返還する可能性がある[85]。これは罰則的な位置づけと捉えることができる[86]。したがって，環境省による自主参加型の国内排出量取引制度では，省エネルギー対策に対する補助金が奨励的であるとともに，罰則として位置づけられる可能性を持つことが注目される。

　表3-13は，自主参加型国内排出量取引制度の排出削減実績と取引結果を

表 3-13 自主参加型国内排出量取引制度の排出削減実績と取引結果

	第 1 期	第 2 期	第 3 期
CO_2(二酸化炭素)排出削減量	29％減	25％減	23％減
(目標保有参加者数)	(31 社)	(61 社)	(61 社)
排出取引量(件数)	82,624 トン(24 件)	54,643 トン(51 件)	34,277 トン(23 件)
平均取引単価	1,212 円(t-CO_2)	1,250 円(t-CO_2)	800 円(t-CO_2)
取引参加者	7 社	12 社	24 社

(出所)環境省(2007, 2008, 2010a)より作成

示したものである。第 1 期(2005 年度開始分)から第 2 期(2006 年度開始分)・第 3 期(2007 年度開始分)にかけて，目標保有参加数は 31 社から 61 社に増えたものの，CO_2 削減排出量は 29％減(第 1 期)から 25％減(第 2 期)，23％減(第 3 期)と削減幅は少なくなっている。それぞれ第 1 期の制度開始時に目標保有参加者が約束した約 21％，第 2 期 19％，第 3 期 8.2％の排出削減予測量を上回る結果が得られた。ただし，基準年度の排出量は第 1 期(2002〜2004 年度)，第 2 期(2003〜2005 年度)，第 3 期(2004〜2006 年度)までそれぞれ 3 年間の排出量の平均値であり，1990 年度ではないことに注意が必要である。

目標保有参加者は CO_2 の排出削減に取り組むとともに，目標達成に不足している場合には，排出量取引を活用して，約束を履行した。第 1 期の取引件数は 24 件で取引量の合計が約 8 万 2,000 CO_2 換算トンから，第 2 期の取引件数は 51 件と増えたものの取引量は約 5 万 4,000 CO_2 換算トンと減っている。第 3 期は排出取引量・件数ともに第 1・2 期よりも減っている。平均取引単価は第 1 期の 1,212 円から第 2 期の 1,250 円と微増したが，第 3 期では 800 円と低下した。

このように環境省が検討，施行，実施を進める一方で，日本経団連は国内排出量取引制度について，強制的な排出枠を設けること(キャップ・アンド・トレード)に反対している。その理由として，①経済統制的で市場経済になじまない，②割当における公平性の確保が困難，③日本の場合，企業の省エネルギー目標が相当高い水準にあり，国内市場に放出するほど排出枠に余裕が生じない，④日本産業の国際競争力の低下，成長戦略の阻害，⑤炭素リーケー

ジにより地球温暖化防止に逆行する，⑥消費者の意識や商品・サービス選択など行動の変化につながる効果は期待できない，⑦エネルギー調達や選択肢の制約が生じる，ことを挙げている[87]。キャップ・アンド・トレード制度については，国内政策措置として導入することを反対しているだけでなく，「国際枠組として位置づけることには問題が多い」とも指摘している[88]。

経済産業省産業構造審議会の報告書(2005年3月)や議定書目標達成計画(2005年，2008年)では，国内排出量取引制度を総合的に検討していくべき課題と位置づけているにとどまる[89]。

ポリシー・ミックス構想も主に環境省(環境庁)の審議会で，経済的措置としての環境税や国内排出量取引制度とともに検討されてきた[90]。この審議会による報告書では，ポリシー・ミックスの検討と導入が積極的に主張されていることに加え，その具体化が念頭におかれるようになっている。

例えば，中央環境審議会の報告書(2000年6月，2001年7月)では，環境税・自主的取り組みの協定化・国内排出量取引制度を組み合わせるポリシー・ミックスが提案された[91]。そのうち，2000年の報告書では，規制・自主的取り組み・排出量取引制度の長所と短所を見極めたうえで，適切なポリシー・ミックスを検討する必要があると提起した。中央環境審議会の答申(2002年1月)や環境省の審議会が環境税を検討した報告書(2003年8月，2004年8月)は，ポリシー・ミックスの細目を早急に検討すべきとし，その導入を図ることが必要であると指摘した[92]。2005年3月の報告書でも，新大綱の評価・見直しに関する報告書(2004年8月)を踏まえ，日本におけるポリシー・ミックスのスキームを具体的に設計すべきと提案した[93]。

一方，新大綱や議定書目標達成計画では，ポリシー・ミックスの考え方を紹介し，総合的に検討する姿勢を打ち出すにとどまっている[94]。また，日本経団連は環境税・自主協定(自主的取り組みの協定化)・強制的な排出枠を設ける国内排出量取引制度に反対しているので，これらを組み合わせるポリシー・ミックスについて言及していない。

本項では，英国の先進事例を踏まえ，日本におけるポリシー・ミックス構想と関連する政策措置の検討状況について，日本政府の中で環境省(環境庁)

と経済産業省(通商産業省)，ならびに，産業界として日本経団連の主張・意向を取り上げた。

環境省は環境税や国内排出量取引制度など経済的措置の検討を進め，具体策を提案するに至っている。実際に国内排出量取引制度は行われている。また，ポリシー・ミックスの導入にも積極的な姿勢を示している。

一方，日本経団連は自主的取り組みの協定化，環境税，強制的な排出枠を設ける国内排出量取引制度に反対，あるいは，消極的な姿勢を示し，ポリシー・ミックスへの言及が見られない。主張の背景には，日本経団連が行っている自主的取り組みの成果を強調したうえで，産業部門における国内政策措置として今後も続けていくべきとの現状維持志向がある。

このような日本経団連の主張や意向について経済産業省をはじめ，本部も認めていることが，ポリシー・ミックス構想と関連する政策措置の具体化が進まない一因になっている。特に環境省と日本経団連による主張や意向の隔たりが大きい。

ただし，環境省の自主参加型国内排出量取引制度のように，補助金を奨励的かつ罰則的に位置づけながら，企業による省エネルギー対策を促す仕組みも見られることから，両者の隔たりが埋められていく可能性もある。

3．評価結果：緩和に関する日本の国内政策措置

前節では，緩和に関する日本の国内政策措置として，主に産業部門における進捗状況を検討した。本節では，国際協力に関する有効性・衡平性・効率性および「持続可能性」の評価基準を用い，英国のポリシー・ミックスとの国際比較に基づき，緩和に関する日本の国内政策措置の現状評価として，その成果と課題を明らかにする。

緩和に関する日本の総合的な政策措置では，省エネルギーの努力の成果が繰り返し強調された。このような成果を基本認識として，追加的費用が相対的に多く必要になるとの観点から，日本国内における省エネルギーの努力とCO_2原単位改善の限界およびCO_2総量削減の限界が，産業界や経済産業省

だけでなく，日本の総合的な政策措置や環境省の審議会による報告書でも示された[95]。

国内政策措置の有効性が限界にあるとの認識が緩和に関する国際協力である京都メカニズムの積極的な活用を求める根拠になっている。これは京都メカニズムに含まれるJI(Joint Implementation：共同実施)事業やCDM事業の相手国(ホスト国)と比べて，国内政策措置におけるCO_2削減のための追加費用が多く必要になるとの効率性に基づく認識である。

その一方で，京都メカニズムの活用には，国内政策措置に対する補足性に配慮することが求められる。第2章で指摘したように，京都メカニズムに関する補足性は衡平性，特に開発途上国の将来世代に対する衡平性への配慮を示すとともに，効率性を制限する論点であった。日本政府は議定書で定められた緩和の約束履行につながる温室効果ガス削減の有効性を確保しながら，省エネルギーの努力やCO_2排出削減の限界という認識に見られるような効率性と，補足性の論点で示された衡平性を常に調整していく必要がある。それは京都メカニズムの活用において，効率性をどこまで追求するかに加え，どこまで制限するかをめぐる調整に関する問題である。

また，日本経団連の自主的取り組みでは，CO_2排出総量の削減に加え，CO_2排出原単位の改善，エネルギー原単位の向上，炭素含有量の少ないエネルギーシフトといった省エネルギーの効果が示された。産業界はこのような成果を強調し，自主的取り組みを現行どおりに続けていくように求めている。経済産業省をはじめ，本部や環境省も産業界による自主的取り組みの成果を認め，産業部門における中心的な政策措置と位置づけている。これは省エネルギー対策の継続を打ち出していた総合的な政策措置の方針とも重なる。

一方，環境省の審議会による報告書の中には，産業界による自主的取り組みの課題を指摘したものが見られた。その課題として，①日本経団連が定めた自主的取り組みの統一目標と本部が示した産業部門における数値目標の値に差があること，②省エネルギーの効果とCO_2排出総量の削減が結びつかない可能性があることが挙げられた。自主的取り組みの課題は，議定書の約束履行に向けた有効性の確保にも影響を与える。

英国のポリシー・ミックスは，これら2つの課題への対処を試みている政策措置であった。英国政府は産業界と自主協定を結び，罰則的な環境税と奨励的な国内排出量取引制度を組み合わせることで，産業界によるCO_2削減効果をより確実なものにして，議定書の約束履行に関する政府の懸念を少なくしようと試みている。

一方，日本では，産業界が環境税や自主的取り組みの協定化，強制的な排出枠を定める国内排出量取引制度の導入について，反対あるいは消極的な姿勢を示している。このような現状から，日本では産業界の自主的取り組みと国内環境税や国内排出量取引制度を結びつけて活用するポリシー・ミックス構想について具体的な提案が示されておらず，政府と産業界による政策調整が行われた英国のポリシー・ミックスをめぐる形成過程と対照的である。

前述したように，経済産業省をはじめ，本部や環境省は全体的に産業界の意向を尊重している。特に効率性の観点から，緩和に関する政策措置として，国内では自主的取り組みを現行どおりに続け，国際協力である京都メカニズムを積極的に活用することで，議定書の約束履行に向けて温室効果ガス削減の有効性を確保しようとしている。

だが，日本の産業界による自主的取り組みの成果次第では，議定書における約束履行が難しくなる。英国のポリシー・ミックスと比較すると，そのような危惧を生じさせる自主的取り組みに関する課題への対処も十分ではなく，特に環境省と産業界における政策調整が十分でないのが現状である。

また，議定書の約束履行が難しくなり，緩和に関する日本の政策措置で京都メカニズムへの比率が高められる程度次第では，補足性の観点から開発途上国における将来世代への悪影響が生じることで，衡平性の問題が懸念される。

日本政府は議定書の約束履行に向けて，温室効果ガス削減の有効性を確保しつつ，補足性の観点から効率性と衡平性の調整を含め，緩和に関する国内政策措置と国際協力(京都メカニズム)の比率を調整しつづける必要がある。そのために，自主的取り組みの協定化・環境税・国内排出量取引制度，および，それらを組み合わせるポリシー・ミックスといった国内政策措置に関して，

産業界との具体的な政策協議をさらに進めていくことが求められる。

　英国のポリシー・ミックスと比べると，緩和に関する日本の国内政策措置，特に産業部門における政策措置は，いくつかの課題とともに可能性も残されている。2005年から始められた環境省の自主参加型国内排出量取引制度は，その一例として注目される。今後，ポリシー・ミックスの導入について，日本政府，特に環境省と産業界の具体的な協議をさらに深めていくことで，産業部門も含めた日本の国内政策措置の有効性を高めることが求められる。緩和に関する国内政策措置の成果は，京都メカニズムという国際協力への依存を減らし，補足性の確保および衡平性への配慮につながるからである。

　他方，「持続可能性」あるいは「持続可能な開発・発展」について，日本政府は，緩和の約束履行措置における目的，あるいは，措置の実施において考慮すべき条件と捉えていた。日本経団連は，理念として「持続可能な開発・発展」を実現するために，気候変動問題の解決を含めた環境保全に取り組む決意を打ち出していた。

　しかしながら，緩和の約束履行措置が具体化する一方で，気候変動と「持続可能な開発・発展」の「関係性」は明示されていない。日本経団連は，「持続的な発展は，温暖化対策を継続的に推進していくための礎としても不可欠」としながらも，「わが国として途上国の持続可能な発展を支援しながら地球規模の問題解決に積極的に貢献する」，「地球温暖化問題に関する各国の関心は高まりつつあるが，持続可能な発展を確保しつつ地球規模の問題への対応を求められる国が，京都議定書のような排出量の上限（キャップ）に基づく削減義務を新たに負うことは期待できない」と述べるように，「持続可能な開発・発展」が主として途上国の問題であると捉えている[96]。

　本章で税・自主協定・国内排出量取引を組み合わせたポリシー・ミックスの比較対象国として取り上げた英国も，「持続可能な開発・発展」の達成を目指す途上国の支援に触れている[97]。その一方で，2000年の「英国気候変動プログラム」では，気候変動の緩和が「持続可能な開発・発展」の達成のための目的や指標に盛り込まれている。

　英国と比べると，日本における緩和の国内政策措置と「持続可能な開発・

発展」はあまり関係づけられていない，あるいは，両者の関係性が明示されていないことが政策課題として提起できる。議定書2条1で，附属書Ⅰ国は，緩和に関する約束の履行に当たり，「持続可能な開発・発展」を促進するために，各国の事情に応じて，政策および措置を実施，または，さらに実施することが定められている[98]。「持続可能な開発・発展」は途上国だけが目的・目標にするものではなく，むしろ日本を含めた先進国が率先して「持続可能な開発・発展」を実現すべき政策課題である。

　今後，日本における緩和の国内政策措置である省エネルギー対策や自主的取り組みが「持続可能な開発・発展」を達成するための戦略の一環と位置づけられ，明示されたうえで，「持続可能な開発・発展」に関する指標や「持続可能性」の基準を設定，適用し，対策や取り組みの進捗状況を評価しつづけていくことが，気候変動問題の解決と「持続可能な開発・発展」の実現を両立させるために必要となろう。

[1] 日本経団連は，経済団体連合会(経団連)の後継団体であることを踏まえ，本書では，経団連と日本経団連の主張や動向が重なっている場合，日本経団連で統一する。
[2] 大塚・久保田(2001, pp.130-131)，中島(2002, p.12)，諸富(2001, p.118)
[3] 環境省(2001e, p.1)
[4] 地球環境保全に関する関係閣僚会議(1990)。環境省ホームページ：地球温暖化防止行動計画の策定 第一 行動計画策定の背景及び意義, http://www.env.go.jp/earth/cop3/bousi/kodo-1.html(2011年5月28日現在)
[5] 地球温暖化対策推進本部(1998)
[6] 1998年に策定され，1999年4月に施行された。
[7] 環境庁(1999)
[8] 地球温暖化対策推進本部(2002)
[9] 地球温暖化対策推進本部(1998)
[10] 地球温暖化対策推進本部(2005, p.7)
[11] 地球温暖化対策推進本部(2005, p.24)
[12] 地球環境保全に関する関係閣僚会議(1990)。環境省ホームページ：地球温暖化防止行動計画の策定 第一 行動計画策定の背景及び意義, http://www.env.go.jp/earth/cop3/bousi/kodo-1.html(2011年12月11日現在)
[13] 地球温暖化対策推進本部(1998)，(2005, p.6, p.71)
[14] 地球環境保全に関する関係閣僚会議(1990)
[15] 環境省(2011b, p.2)，「統計局ホームページ／日本の統計―第2章　人口・世帯　2-1

人口の推移と将来人口」：http://www.stat.go.jp/data/nihon/02.htm (2011 年 12 月 11 日現在)から試算した。なお，環境庁(1998b)では，地球温暖化防止行動計画について，既存施策における運用改善の範囲にとどまり，地球温暖化防止を目的に掲げていない借用的な施策を列挙したものであり，CO_2 などの確実な削減量を見込める仕組みになっていなかったと厳しい評価を示している。

[16] 地球温暖化対策推進本部(1998)
[17] 地球温暖化対策推進本部(2002)
[18] 新大綱では，2002 年から第 1 約束期間までを 3 つのステップに分け，2005 年から 2007 年までの第 2 ステップの前，ならびに，第 1 約束期間である第 3 ステップの前に，政策措置の進捗状況と温室効果ガスの排出状況を評価し，必要な追加的対策・施策(政策措置)を講じる「ステップ・バイ・ステップ・アプローチ」が採用された。
[19] 環境省(2004c, pp.9-10)。なお，エネルギー起源 CO_2 とは，エネルギー使用にともない生じる CO_2 である。地球温暖化対策推進本部(2005, p.17)
[20] 環境省(2005d, p.40)
[21] 環境省(2004c, pp.29-30)
[22] 地球温暖化防止行動計画，地球温暖化対策に関する基本方針，新大綱を引き継ぐものと位置づけられ，地球温暖化防止推進法の改正，新大綱の評価・見直し，議定書の発効などを背景としている。また，2005 年に条約事務局へ提出する議定書の約束達成への明らかな前進を示すための報告書の基礎となる。地球温暖化対策推進本部(2005, p.1)，EIC ネット(2005.4.27)
[23] 地球温暖化対策推進本部(2005, p.6)
[24] 地球温暖化対策推進本部(2005, p.9)では，新大綱に基づくこれまでの対策を現状どおり引き続き行うと想定した場合，2010 年度時点における温室効果ガス総排出量の見通しが約 13 億 1,100 万 CO_2 換算トンとなり，基準年比で約 6%増になると見込んでいる。
[25] 地球温暖化対策推進本部(2006, p.3)，(2007, p.7)，(2008, p.3)，(2009, p.4)
[26] 地球温暖化対策推進本部(2008, p.12)
[27] 本節は，著者による環境経済・政策学会 2004 年全国大会での発表内容を加筆修正している。中島清隆(2004)
[28] CO_2・メタン・一酸化二窒素は 1990 年を基準年としているが，HFCs・PFCs・SF6 は 1990 年と 1995 年のどちらかを附属書 B 国が選ぶことができる。
[29] 環境省(2010b)
[30] 2008 年度における 6 種類の温室効果ガス排出総量は基準年よりも 1.6%増，2009 年度は同 4.1%減となっており，第 1 約束期間における数値目標を達成できる可能性が高まっている。環境省(2011b, p.2)より試算。
[31] 議定書附属書 A に記された 6 種類の温室効果ガス排出量は，地球温暖化係数を使い，CO_2 換算で示されている。この係数は各温室効果ガスが地球温暖化をもたらす効果の程度を CO_2 の当該効果に対する比で表したものである。各温室効果ガスの地球温暖化係数は，100 年間で CO_2 を 1 として，メタン 21，一酸化二窒素 310，HFC 類 140～11,700，PFC 類 6,500～9,200，SF6 が 23,900 である。高村・亀山(2005, p.398, pp.404-405, p.409)，IPCC(2002, p.40)，地球温暖化対策推進本部(2005, p.12)，(2008, p.11)
[32] 産業部門は，農林水産業・鉱業・建設業・製造業で構成される。環境省(2005d)。だが，産業部門の影響範囲は，民生業務部門(業務その他部門)，運輸貨物部門を考慮に入

れると，1998年度時点における全排出量の約7割を占めるとの見方もあることから，広く産業部門を捉えることも必要になる。環境省(2001c, p.19)。また，新大綱の評価・見直しに関する報告書では，日本のCO_2排出量(2002年度)を排出主体別に見る場合，家庭部門(約21%)と企業・公共部門(約79%)に分けている。環境省(2004c, p.15)

[33] 日本経団連による自主的取り組みの問題点については，例えば，上園(2005, p.60)，田中(2006, pp.41-43)参照。

[34] 経団連(1991, 1996a)

[35] 経団連(1997a)。OECD(1999, pp.16-18)は，「自主的アプローチ」(voluntary approach)を4つの主要なタイプに分けている。そのうち，「片務的約束」(unilateral commitments)は企業で設定された環境改善計画から成り，環境上の目標が企業によって決められる。「交渉された合意」(negotiated agreements)は公共部門と産業界の間における「契約」(contracts)を示す。交渉された合意では，契約に環境上の目標やタイムスケジュールが含まれる。OECD(1999, p.68, p.72)は，自主行動計画のような自主的取り組みを片務的約束と位置づける。また，この観点を踏まえると，交渉された合意は自主協定に近い。一方，OECD(1999, pp.75-76)では，公共政策との強い結びつきを踏まえ，経団連の自主行動計画を交渉された合意に分類できるとの見方も示している。なお，経団連(1997c)は，一時期，自主行動計画を企業と事業者団体，政府が参加して結ばれる自主協定の例と位置づけていた。だが，その後，自主的取り組みの協定化(自主協定)に反対しつづけている。

[36] 日本経団連(2007c, p.1, p.12, p.28)

[37] 経団連(2000, 2001d)，日本経団連(2002, 2004a, 2004b, 2005a)

[38] 経団連(2001d)，日本経団連(2002)

[39] 日本経団連(2007c, p.3)，(2008, p.4)

[40] 日本経団連(2006c, p.21)

[41] 日本経団連(2008, p.3)

[42] 日本経団連(2009a, p.3)

[43] 日本経団連(2009b, pp.2-3)

[44] 日本経団連(2010, p.1, p.3)

[45] OECD(1999, p.15)は，環境政策を，①規制的手段(regulatory instruments)，②経済的手段(economic instruments)，③自主的手段(voluntary instruments)の3種類に分ける。この分類を踏まえると，英国のポリシー・ミックスは自主的手段と経済的手段が組み合わされたものである。OECD(1999, p.135)。なお，田中(2006, p.66)は，英国の気候変動政策が気候変動税，気候変動協定，(国内)排出(量)取引制度，排出削減奨励金を巧みに組み合わせた政策パッケージという形で行われたと捉える。

[46] 後に，DEFRA(環境・食糧・地方事業省)に引き継がれる。

[47] UK DETR(2000, pp.7-8)，UK DEFRA(2001a, p.7)，EICネット(2001.4.4)

[48] UK DETR(2000, pp.35-36)

[49] 大塚・久保田(2001, pp.124-127)，OECD(2003, p.117)。逆に，目標が達成されると，80%の減税を受けることができることから，奨励策と捉えることもできる。OECD(2006, p.38, p.122, p.200)

[50] UK DETR(2000, p.72)，大塚・久保田(2001, pp.123-124)，柳・朝賀(2002, pp.53-54)，OECD(2006, p.122)

[51] 1999年7月に英国産業連盟と政府委員会が，国内排出量取引制度を検討するために結成した団体である。1999年と2000年に国内排出量取引制度に関する提案を公表した。

52) UK DEFEA(2001a, pp.30-31), (2001b), (2001c, p.7, p.14), EICネット(2001.8.14)
53) 2002年から2006年までの5年間の自主的な排出削減目標を定めている企業が含まれる。直接参加者には，政府から排出削減のための財政的な誘因(incentive)が与えられる。UK DEFRA(2003b), EICネット(2003.5.22)
54) UK DEFRA(2001c, pp.26-27), 環境省(2001a, p.17；2001e, pp.20-21), 諸富(2001, p.112), 大塚・久保田(2001, p.128), 高尾(2003, p.49), 中島(2002, pp.7-8)なお，2007年3月に最後の調整があったものの，2006年12月には英国の国内排出量取引制度が終了した。UK DEFRAホームページ "UK Emissions Trading Scheme" http://www.defra.gov.uk/environment/climatechange/trading/uk/index.htm (2009年8月7日現在)参照。
55) UK DETR(2000, pp.73-75), 環境省(2001a, pp.14-17)
56) 諸富(2001, p.111)
57) OECD(2006, p.201)
58) 松尾(2002, p.19)
59) UK DEFRA(2003a), EICネット(2003.4.15), OECD(2006, p.124)
60) UK DEFRA(2007), EICネット(2007.1.31)
61) Land Use, Land-Use Change and Forestry：土地利用，土地利用変化及び林業部門 (EICネット(環境用語集「土地利用，土地利用変化及び林業部門」)), http://www.eic.or.jp/ecoterm/?act=view&serial=1964(2011年12月11日現在)
62) UK DEFRA(2008), EICネット(2008.1.31)
63) UK DEFRA(2006, pp.3-4, p.30, p.32, p.35, p.47, p.49), EICネット(2006.3.28)
64) 経団連(1997b, 2001a, 2001d, 2001e), 日本経団連(2002, 2003b), (2004b, pp.19-20)
65) 経済産業省(2002, p.18)
66) 地球温暖化対策推進本部(2002), (2005, pp.31-32), (2008, p.25), 環境省(2002a, pp.17-18), (2005a, p.112), 経済産業省(2002, pp.12-13, p.18), (2005, p.26, p.31, p.74)
67) 環境省(2001b, p.22), (2001c, pp.20-21), (2004c, p.18, p.50, p.60)。また，環境庁(2000b, pp.43-44)では，産業界による自主的取り組みの実効性を確保する点で課題があると指摘した。そして，産業団体などと政府の間で温室効果ガスの排出削減の数値目標について協定を結び，各業界がその目標を達成するために，業界同士あるいは個別事業者同士による個別の数値目標についての国内排出量取引制度の実施を仮定，検討している。
68) 環境省(2001b, pp.7-8, p.22)
69) 環境省(2001c, pp.20-21)
70) 地球温暖化対策推進本部(2008, pp.31-32)
71) 石(1999, p.84), 環境庁(2000a, p.3), 地球温暖化対策推進本部(2005, p.59), OECD(1999, p.15)。1993年11月に施行された環境基本法22条では，国内環境税を含む経済的措置が政策手段として位置づけられた。また，1994年12月に閣議決定された環境基本計画では，経済的措置の調査研究を進めることが示された。日本環境会議(1994, p.5, pp.135-136), 環境庁(1998a, p.83), (2000a, p.1, p.10, pp.109-110)
72) 環境庁(2000a, p.1, p.22), 環境省(2001c, pp.43-44), (2001d, 2001f), (2003b,

第 3 章　緩和に関する国内政策の現状評価　　141

pp.22-23），EIC ネット (2001.8.8，2001.12.26)
73) 環境省(2001f, pp.3-4)
74) 環境省(2002b, p.4, p.6)，(2003b, p.2, p.31)，(2004d, p.8)，(2004f, p.6)，(2005a, p.125)，EIC ネット (2004.8.30)。なお，報告書における視点について，公平性は「化石燃料を使用する主体に幅広く，排出量に応じて取り組みを促すものであり，かつ，透明性の高いものであること」，効率性は「事業者や個人が選択的かつ費用効果的な対応を行うことができること」，確実性は「所定の排出削減目標を達成することができること」と定義された。環境省(2004d, p.8)
75) 環境省(2004e)，EIC ネット (2004.11.5)
76) 経団連(1996b, 1997b, 2000, 2001a, 2001b, 2001c, 2001d, 2001e)，日本経団連(2002, 2003a, 2004a)，(2004b, pp.20-21)，(2005a, 2005b)
77) 経団連(2000)，日本経団連(2003a, 2003b, 2004a)，(2004b, pp.20-21)，(2005a)
78) 日本の気候変動問題に関する総合的な政策措置を扱う組織として内閣に置かれている。総理大臣を本部長，内閣官房長官・環境大臣・経済産業大臣を副本部長，本部長と副本部長以外のすべての国務大臣を本部員とする。2002 年に一部改正された地球温暖化対策推進法では，地球温暖化対策を総合的，計画的に進めるための組織として，本部が法的に位置づけられた(10 条)。2005 年 4 月に改正された地球温暖化対策推進法では，本部が長期的な展望に立った地球温暖化対策の実施を進める総合的調整に関する事務を司る(11 条 2)と示された。
79) 経済産業省(2005, p.78)，EIC ネット (2005.3.16)
80) 地球温暖化対策推進本部(2005, p.59)，(2008, p.60)，EIC ネット (2005.4.27)
81) 環境庁(2000b, p.35)
82) 環境省(2002a, p.23)，(2002c)，EIC ネット (2002.7.2)
83) 環境省(2004b)，EIC ネット (2004.6.7)
84) 環境省(2005a, 2005c, 2005e, 2006a, 2006b, 2006c, 2006d)，EIC ネット (2005.2.21，2005.5.17，2005.12.22，2006.1.31，2006.5.15，2006.6.1，2006.7.13)
85) 目標保有参加者は，検証を受けた排出量に応じた排出枠を登録簿上で償却する必要がある。その必要な量の排出枠を償却できない場合に，不足量に応じて補助金を返還する可能性がある。目標保有参加者は，取引参加者を含む他企業から排出枠を購入して，自らの排出削減約束に充てることもできる。環境省(2005c, 2006b, 2006d)，EIC ネット (2005.2.21，2005.5.17，2005.12.22，2006.1.31，2006.5.15，2006.6.1，2006.7.13)
86) EIC ネット (2005.2.21，2005.5.17，2005.12.22，2006.1.31)
87) 経団連(2000, 2001a, 2001d)，日本経団連(2002, 2003b, 2004a)，(2004b, p.20)，(2005a)，(2007a, p.6)
88) 日本経団連(2006b)
89) 経済産業省(2005, p.78)，EIC ネット (2005.3.30)，地球温暖化対策推進本部(2005, p.59)，(2008, p.59)
90) 環境庁(2000a, pp.14-15)，(2000b, p.45)，環境省(2001f, p.22)，(2002b, p.6)，(2003b, p.18, p.33)
91) 環境庁(2000a, p.15, p.98)，環境省(2001c, p.36, pp.40-44)
92) 環境省(2002a, p.9)，(2003b, p.33)，(2004d, p.22)
93) 環境省(2004c, p.45)，(2005a, p.61)
94) 地球温暖化対策推進本部(2002)，(2005, pp.58-59)，(2008, p.59)
95) 環境庁(1998b)でも，新たな制度の下で行われる対策が産業の国際競争力を不当に損

ねないように，対策の費用対効果を高める配慮が必要であると示されている。
- [96)] 日本経団連(2005a，2006b)
- [97)] UK DETR(2000, p.20, p.23)
- [98)] 地球環境法研究会(2003, p.485)

第4章　緩和に関する国際協力の現状評価
——日本のCDMの施策と事業

1. 日本のCDM施策の現状評価
2. 日本のCDM事業の現状評価
3. 評価結果：緩和に関する日本の国際協力
4. 評価手法の提案：緩和に関する国際協力

日本とベトナムのビール工場省エネルギープロジェクト（イラスト・佐藤史子）

有効性・衡平性・効率性および「持続可能性」の評価基準から，緩和に関する日本の国際協力として，アジア地域の開発途上国であるベトナムにおけるCDM（クリーン開発メカニズム）の事業と日本のCDM施策の現状評価を行った．

前章では，緩和に関する日本の国内政策措置の進捗状況を検討することで，京都メカニズムという国際協力を重視せざるを得ない国内事情について論じた。この事情を踏まえ，本章では緩和に関する日本の国際協力の現状評価を行う。具体的には，第1章で設定した政策の階層構造と国際協力の評価基準を含む評価枠組に基づき，CDMに関する事業と施策の現状評価として，第2章で設定した評価事項を検証する。この評価事項は，表4-1で示す次の4点である。

　本章における構成と内容を概説する。第1節では，日本が関わるCDM施策の進捗状況として，補足性と資金追加性を吟味する。その際，CDMを含めた京都メカニズムの試行事業と位置づけられるAIJも扱う[1]。
　補足性については，第3章で国内的側面から論じたことも踏まえ，CDM施策における日本政府の現状認識と確保状況を検討する。
　同じく，資金追加性については，日本政府によるCDMへのODA流用禁止の遵守状況と公的資金の利用に関する現状認識を吟味する。なお，本章第1節では緩和に関する国際協力の観点から資金追加性を検討する。この議論は第5章で適応に関する国際協力の観点から資金追加性を検討する際に反映させる。
　第2節では，緩和に関する日本の国際協力として，アジアの途上国であるベトナムにおけるCDM事業の現状評価を行う。その際，CDMの前身事業という位置づけに基づき，同じベトナムにおけるAIJ事業の進捗状況も検討する。日本政府が2007年12月までに承認したCDM事業249件の約

表4-1　気候変動問題に関する国際協力の評価事項(再掲)

評価事項1	国際交渉過程で見られた「衡平性の尊重と効率性の制限および『持続可能性』の留意」の方針が約束履行過程でも守られているか。
評価事項2	衡平性と効率性および「持続可能性」の矛盾が有効性に悪影響を及ぼしているか。
評価事項3	国際合意で定められた原則と約束の間に矛盾が見られるか。
評価事項4	先進国責任論と開発途上締約国の将来的な参加論という気候変動問題の解決に向けた世界的な多国間協力の阻害要因への影響が見られるか。

77%，予定CER獲得量の約85%がアジアの途上国を対象にしたもの[2]であることから，CDM事業における日本とアジアの途上国との関係は深い。

ベトナムにおけるCDMとしてビール工場の省エネルギーモデル事業，AIJとしてセメント工場の省エネルギーモデル事業を取り上げる。両事業はともにNEDOによる省エネルギーモデル事業であったことから，AIJからCDMへの継続性を踏まえることができ，緩和に関する国際協力の現状評価を行ううえで適切な対象事例である。

AIJ事業の進捗状況を踏まえ，第1章で示した国際協力の評価基準である有効性・衡平性・効率性および「持続可能性」の観点から，ベトナムでのCDM事業における目的・成果・課題に加え，補足性と資金追加性に対する日本とベトナム両国の関係者による現状認識を明らかにする。

第3節では，CDMの事業評価と施策評価をまとめ，緩和に関する日本の国際協力の現状評価を行う。そのために，第2章で設定した評価事項，特に先進国責任論および開発途上締約国の将来的な参加論という気候変動問題の解決に向けた世界的な多国間協力の阻害要因への影響を検討する。

本章の第4節では，緩和に関する日本の国際協力の現状評価に用いた評価枠組の適用妥当性を確認することで，緩和に関する国際協力を評価手法について実証的に提案するとともに，評価手法に関する研究上，実践上の課題を提起する。

1. 日本のCDM施策の現状評価

1-1. CDMにおける補足性の現状認識と確保状況

補足性については，緩和に関する国内政策措置と国際協力の調整をめぐる論点と広く位置づけ，第3章で国内的側面から検討した。本項では，第3章における検討を踏まえ，緩和の国際協力としてCDMに焦点を当て，その事業過程におけるリスク要因の観点から，日本政府による補足性の現状認識とその確保状況について吟味する。

第3章で論じたように，日本政府は議定書で定められた緩和の約束を履行

するため，CDMを含む京都メカニズムを積極的に活用する方針を示す一方，国内政策措置に対する補足性に配慮している。緩和に関する日本の総合的な政策措置では，京都メカニズムの位置づけとその積極的な活用の方針が示されるとともに，補足性の観点から国内政策措置との比率が調整されている。

　新大綱では，補足性と国際的動向を踏まえ，京都メカニズムの活用を検討することが示されている[3]。京都メカニズムを活用する場合の予定目標は，国内政策措置における各目標の合計と第1約束期間における日本の数値目標との差である1.6%分と定めている[4]。

　だが，新大綱の評価・見直しの結果を受け，国内政策措置で温室効果ガスを4.4%減らす目標の達成が難しいとの現状認識から，京都メカニズムの活用を計画的に進める必要があると提起された[5]。

　2005年の議定書目標達成計画でも，緩和に関する数値目標を確実かつ費用効果的に達成するために，国内政策措置への補足性を踏まえながら，京都メカニズムを適切に活用していく必要があると提起された[6]。

　2008年の議定書目標達成計画改訂版では，京都メカニズムについて，議定書の約束を確実かつ費用効果的に達成するために，国内対策に対して補足的であるとの原則を踏まえながら，必要なクレジットを取得すると述べられている[7]。この計画では，京都メカニズムの割当が12%中1.6%分と定められていることから，議定書で課せられた数値目標の上乗せ分6%を国内政策措置で達成することになる。

　日本が関わるAIJ施策と位置づけられる「共同実施活動ジャパン・プログラム」(AIJジャパン・プログラムと略す)[8]も，AIJが世界全体の温室効果ガス排出抑制・削減を図るうえで，効率性，費用対効果の観点から有効であるとの認識に基づいている[9]。これは条約3条3における「地球規模の利益を確保するための費用効果性」を重視する認識である。また，AIJの参加メリットの1つとして，地球規模での「持続可能な開発・発展」の推進が挙げられている[10]。

　ただし，AIJにはクレジットが生じないこともあり，AIJジャパン・プログラムでは，ベルリン・マンデートで示された補足性が言及されていない。

したがって，補足性については，緩和に関する日本の国際協力でAIJとCDMを含む京都メカニズムが関連づけられていない。

表4-2は，2007年12月までに日本政府が承認したJI・CDM事業の件数と年間クレジット獲得予定量を集計したものである[11]。新大綱や議定書目標達成計画で定められたように，京都メカニズムの割当は日本政府に課せられた数値目標6%中1.6%分，すなわち，年間約7,500万CO_2換算トン中，約2,000万CO_2換算トンである。

2006年に公表された議定書目標達成計画の進捗状況案では，2006～2013年の8年間で，京都メカニズムによるクレジットを合計1億CO_2換算トン分(年間約2,000万CO_2換算トン×第1約束期間5年間)取得することが見込まれている[12]。

2011年3月現在，日本政府が2007年12月までに承認したJI・CDM事業による予定クレジット獲得量は，年間約1億870万CO_2換算トンと試算できる[13]。これは議定書で日本政府に課せられた数値目標1年分の約144%であり，京都メカニズムの割当分である約27%の5倍を超えている。CDM理事会に登録されたCDM事業から生じる年間予定クレジット量だけでも約9,600万CO_2換算トンで，議定書で日本政府に課せられた数値目標1年分の約128%である[14]。

表4-2 日本が関わるJI・CDM事業と補足性

京都メカニズムの種類	事業件数	年間クレジット獲得予定量 (万CO_2換算トン)
JI(共同実施)	14	383
CDM(クリーン開発メカニズム)	249	10,487
合　計	263	10,870
議定書目標達成必要削減量(年間)		7,531
京都メカニズム割合		144.3%

(注)年間クレジット獲得予定量の数値は小数第1位を切り捨てている。実際には，事業ごとにクレジット発生期間が違うので，取得できるクレジット総量も異なる。なお，事業者による届出に基づき，日本政府が承認した事業一覧リストから外されたCDM事業とそれらの予定CER獲得量は除いている。
(出所)経済産業省(2009.6.3)，京都メカニズム情報プラットホーム(2011a)より作成

日本政府は企業など事業者から提出されたJI・CDM事業が承認要件を満たすかどうかについて審査する。これらの事業から生じたクレジットは直接，京都メカニズムの割当分に組み込まれるわけではない。両事業のクレジットを京都メカニズムの割当分に含めるためには事業者[15]から購入する必要がある。

日本政府にとって，日本の事業者によるJI・CDM事業のクレジットは，京都メカニズムの割当を確保するための選択肢の1つと位置づけられる[16]。したがって，日本政府が承認した両事業の予定クレジット獲得量が増えるほど，京都メカニズムの割当を確保するための選択肢も広がる。

また，国内政策措置の進捗状況や吸収源の確保状況次第では，議定書で日本政府に課せられた数値目標を達成するために，今後，京都メカニズムの割合を新大綱や議定書目標達成計画で定められた1.6%分より多く確保しなければならない可能性もある。

一方，京都メカニズムの利用には補足性への配慮が必要となることから，国内政策措置の進捗状況を踏まえた判断・評価次第で，補足性の確保が今後の政策課題になる。本節では，日本政府が承認した事業の大半を占めるCDMに焦点を当て，リスク要因の観点から補足性を吟味する。

日本政府がCDM事業を承認してから京都メカニズムの割当を確保するまでには，少なくとも表4-3で示すリスクの回避が求められる。NEDO・知的資産創造センター(2004)は，温室効果ガスのクレジットを生む事業の実施に関するリスクとして，①京都メカニズムという制度自体のリスク，②クレジット発行までの過程に関するリスク，③事業の実施に関するリスク，④CER投資に関するリスクを検討している[17]。本節では，CDMに関するリスクとして，この報告書で検討されている②と③を取り上げる。

CER発行過程で生じるリスクについて，NEDO・知的資産創造センター(2004)は，事業設計(プロジェクト・デザイン)，有効化，登録，実施とモニタリング，検証，認証，クレジット発行という事業サイクルにおける7つの要因を挙げている[18]。図4-1は日本のCDM事業における進捗状況およびNEDOの報告書で示されたCDM事業過程段階とリスク要因で構成される。

表 4-3　CDM 事業過程におけるリスク要因

過程段階	作業内容	リスク内容	進捗状況
事業設計	事業実施主体によるCDM事業の実施計画	ホスト国非承認	ホスト国承認審査中
	投資国・ホスト国による承認		
有効化	OE(運営組織)によるCDM事業の審査	ホスト国非承認 OEによる否認	有効化申請中
			ホスト国承認審査中
登録	CDM理事会[19]によるCDM事業の承認	CDM理事会の反対	ホスト国承認済
			方法論審査中
			CDM理事会審査中
実施・モニタリング	CDM(クリーン開発メカニズム)事業の実施・モニタリング	技術的リスク	CDM理事会承認済
		政策リスク	
		法的責任リスク	
		政治的リスク	
		カントリー・リスク	
		環境・健康・安全リスク	
		信用リスク	
		不可抗力	
検証・認証	OE(運営機関)によるCER(認証排出削減量)検証・認証		
CER発行	CDM理事会によるCER発行，事業実施者に分配		

(出所) NEDO・知的資産創造センター(2004)，経済産業省(2009.6.3)より作成

本項では，表 4-3 と図 4-1 に基づき，補足性の確保状況を論じるために，日本が関わる CDM 施策とリスク回避の現状を検討する。

図 4-1 で示した「ホスト国承認審査中」状態にある CDM 事業は，表 4-3 で示した「事業設計」と「有効化」の段階に位置づけられる。前者の段階では，事業実施評価に対するホスト国の非承認がリスクとなる。後者の段階では，ホスト国の非承認に加え，OE(Operational Entity：運営機関)[20] による否認がリスクとなる。

審査・承認 状況	CDM(クリーン開発メカ ニズム)事業数全体比	CER(認証排出削減 量)獲得量全体比	リスクの種類と 回避状況
ホスト国承認審査中	5.9%	2.0%	事業設計 有効化リスク
↓			
ホスト国承認済 CDM理事会審査中	8.9% 0.7%	4.9% 1.1%	事業設計，有効化リスク回避 登録リスク
↓			
CDM理事会登録済	76.0%	91.9%	登録リスク回避 事業リスク

図4-1 日本が関わるCDM事業の進捗状況とリスクの種類

(注)数字は四捨五入しているため，合計で100%にならない場合がある。日本政府による2007年12月までのCDM事業の承認を前提としている。実際にはCER発生期間がCDM事業ごとに違うため，各年で取得できるCER量も異なる。CDM事業数全体比では日本政府が承認した事業271件を対象とする一方で，CER獲得量全体比では，事業者による届出に基づき，日本政府が承認した事業一覧リストから外されたCDM事業およびCDM理事会で登録が却下されたCDM事業の予定CER獲得量は除いた。審査・承認状況が不明のCDM事業が1件ある。

(出所)NEDO・知的資産創造センター(2004)，経済産業省(2009.6.3)，京都メカニズム情報プラットホーム(2011a)より作成

2011年3月現在，「ホスト国承認審査中」状態における年間予定CER獲得量は，2007年12月までに日本政府が承認したCDM事業249件分の約2%である。

また，「ホスト国承認済」，「CDM理事会審査中」状態にある事業は，登録の段階に関連づけられる。この段階では，CDM理事会の反対がリスクとなる。これらの状態にある年間予定CER獲得量は，CDM事業249件分の約5%である。すなわち，「ホスト国承認審査中」から「CDM理事会審査中」に至る状態における年間予定CER獲得量は，CDM事業249件分の1割未満である。また，2007年12月までに日本政府が承認したCDM事業271件のうち，CDM理事会に登録が却下されたものは6件(271件のうち約2%)，年間予定CER獲得量が約37万CO_2換算トンであった[21]。

「CDM理事会登録済」状態になると，事業の実施からクレジット発行までのリスクを克服する必要がある[22]。実施とモニタリング，検証，認証，クレジットの発行という4つの段階は，前述した③の事業リスクに関連づけら

れる。NEDO・知的資産創造センター(2004)は，表4-3で示したように，CDM事業における実施・検証・認証段階のリスクとして，技術的リスク，政策リスク，法的責任リスク，政治的およびカントリー・リスク，環境・健康・安全リスク，信用リスク，不可抗力を挙げる[23]。

図4-1で示したように，2011年3月現在，「CDM理事会登録済」状態であるCER獲得年間予定量は，CDM事業249件分の約9割を占める。したがって，事業リスクを克服できるかどうかが，京都メカニズムの割当の確保および議定書で定められた緩和に関する日本の約束履行に一定の影響を与えることになる。ちなみに，2011年3月現在，2007年12月までに日本政府に承認された16件のCDM事業が取り消されている(271件のうち約6％)[24]。

日本経団連も，途上国に対する民間投資の障害の1つとして，「中央・地方の政治状況により，事業契約が一方的に破棄・変更されるなど」の「カントリー・リスクが存在する」ことを挙げ，「これらの障害を取り除くための政策や公的なリスクヘッジ機能の強化が不可欠」と指摘する[25]。

上記した多くのリスクを乗り越えてCERが発生しても，それが直接，京都メカニズムの割当につながるわけではない。京都メカニズムの割当を確保するために，日本政府はCDM事業者が所有するCERを買い取り[26]，国別登録簿の償却口座に入れる必要がある[27]。だが，CDM事業者はCERを他国に売る選択肢もある。この可能性も日本政府にとって京都メカニズムの割当を確保できない意味でリスクになり得る。

京都メカニズムのクレジットはJIとCDM両事業によるものに加え，国際排出量取引で購入するものがある。日本政府はJI事業による「排出削減単位」，CDM事業によるCERに加え，国際排出量取引による「割当量単位」と「除去単位」をクレジットと位置づけている[28]。排出量取引のうち，具体的な環境対策と関連づけられた仕組みがGIS(Green Investment Scheme：グリーン投資スキーム)である[29]。すなわち，日本政府は「排出削減単位」，CER，「割当量単位」と「除去単位」で構成されるクレジットの取得によって，京都メカニズムの割当を確保することになる[30]。

京都メカニズムの割当は第1約束期間後の追加期間終了時までに，国内政

策措置や吸収源で温室効果ガス排出量を減らしても，議定書で日本政府に課せられた数値目標の達成に足りない差分であり，柔軟性のある目安・目標となっている[31]。

　2007年度における日本国内の温室効果ガス排出量は基準年比を8.2％上回っていた。2008年度同1.6％増，2009年度は同4.1％減[32]となっているとはいえ，2007年度までの状況を見ると，日本政府における数値目標の達成は予断を許さない状況にあることから，前述のように定められた京都メカニズムの割当は1.6％分，年間約2,000万CO_2換算トンから増える可能性が残されている。この引き上げの程度次第では，補足性の問題が生じる可能性がある。仮に2007年度時点の9.0％増加分，年間約1億1,300万CO_2換算トンを京都メカニズムの活用で補えば，数値目標である6％分，年間約7,500万CO_2換算トンを超えてしまい，補足性の問題が生じる。

　第2章で示したように，議定書およびマラケシュ合意では，補足性に関して定性的な制約が設けられ，定量的な上限は定められなかった[33]。このような規定内容に対して，オランダ政府は京都メカニズムを活用することにより，議定書で定められた数値目標の半分を補う予定であると公表している[34]。国際合意では，定性的な制約が定められているにとどまるにもかかわらず，定量的な目標を示したオランダ政府の割当を超えて，日本政府が京都メカニズムを活用することは補足性の観点から，国際社会，特にEUや開発途上締約国が納得できる理由を示しにくい。

　仮にこのオランダ政府の割当に基づくと，京都メカニズム活用の上限は議定書で定められた日本の数値目標6％分，年間約7,500万CO_2換算トンの半分である3％分，年間約3,700万CO_2換算トンになる。この目安は補足性が確保されているか否かを判断する1つの基準になり得る[35]。

　新大綱や議定書目標達成計画における京都メカニズムの割当，6％中および12％中1.6％分はオランダ政府の割当である数値目標の半分に比べると，狭義の補足性への配慮が示されていると評価できる。

　だが，議定書で定められた数値目標の達成が厳しい現状にある中で，国内政策措置の進捗状況や京都メカニズムのさらなる活用，すなわち，京都メカ

ニズムの割当を引き上げる程度次第では補足性の問題が生じる。その際，日本の事業者に関わる CER がどのくらい生じるかということも直接ではないが，京都メカニズムの割当確保および補足性の問題に一定の影響を与えると推察する。

　2011 年 3 月現在，日本政府が 2007 年 12 月までに承認した CDM 事業の約 76％は CDM 理事会登録済の状態にあることから，事業リスクを克服できれば順調に CER が生じる可能性が高い。

　日本政府はその CER をすべて買い取り，京都メカニズムの割当分にできるわけではない。ただし，日本の事業者による CER は京都メカニズムの割当を確保するうえで，選択肢の 1 つになり得ることから，その CER の発生状況および日本政府による買い取り状況も，補足性の問題に関連する 1 つの要因として，特に第 1 約束期間中およびその前後で注目する必要がある。

　議定書で定められた緩和に関する日本の約束を履行することは，気候変動問題の解決に必要不可欠な第一歩である。ただし，効率性を重視する京都メカニズム利用の程度次第で補足性の問題が生じることは，条約で定められた共通だが差異のある責任原則および国際協力に関する評価基準の 1 つである衡平性の軽視につながる。

　また，このような状況が生じることは先進国責任論の再燃につながるとともに，開発途上締約国の将来的な参加をめぐる協議の進展にも悪影響を及ぼしかねない。したがって，日本を含む附属書 B 国には，緩和に関する約束履行の有効性を確保することに加えて，国際交渉や国際合意で示された衡平性の尊重と効率性の制限の方針を守り，補足性に配慮することがさらに求められる。

　2009 年の「京都議定書目標達成計画の進捗状況」では，「政府によるクレジットの取得」として，「国内対策を最大限努力してもなお不足する約 1 億トンの差分のうち，2008 年度には 3208.7 万トンの購入契約を締結し」，「2006 年度からの累計は 5510.4 万トンとなった」と公表している。あわせて，「実際に日本政府口座に移転されたクレジットの量は，2008 年度に 291.5 万トン」で，「2006 年度からの累計は 314.9 万トン」と報告している。

2009年「4月に4000万トンのクレジット購入契約が発効」することが予定されており，購入契約上は京都メカニズムによるクレジット合計1億CO_2換算トン分がほとんど充足されることになる[36]。京都メカニズムクレジット取得事業としては，2006～2009年のクレジット購入費用924.6億円が示されており[37]，CO_2換算1トン当たり約972円と試算できる。

1-2．CDMにおける資金追加性の現状認識と確保状況

議定書12条5(c)で記されている追加性は，「環境的追加性」，「投資的追加性」，「財政的追加性」に大きく分けられる[38]。明日香(2002)は，これら3つの追加性をめぐる具体的な内容や相互関係が問題になると指摘する[39]。

本項では，3つの追加性のうち，緩和と適応の国際協力に関連する資金追加性(財政的追加性)を論じる。資金追加性は国際合意で定められたCDMへのODA流用禁止をめぐる論点である。そこから国際協力への公的資金の活用が問われる論点と広く捉えることができる。したがって，本項では，日本政府による資金追加性への現状認識とその確保状況に加え，緩和に関する国際協力への公的資金の利用をめぐる現状認識について検討する。

ベルリン・マンデートでCDMの前身事業と位置づけられるAIJ向けの資金は，現行ODAに追加的なものにすると定められ，資金追加性が確保されていた。日本政府は国際交渉でAIJにおける資金追加性を主張した。AIJジャパン・プログラムの評価ガイドラインでも，確認事項として，資金追加性に関する説明を求めた[40]。同じく，申請マニュアルでも，プロジェクト情報として条約上の財政的義務と現行ODAに対して追加的であることを説明するように求めた[41]。

だが，議定書で定められたCDMには資金追加性の規定内容が示されず[42]，マラケシュ合意でも附属書I国がCDM事業にODAを流用することが認められないと示されるにとどまった[43]。日本政府もAIJとは異なり，国際交渉でCDMに対するODAの転用を一貫して主張してきた。このような背景から日本政府は国際合意を踏まえながら，CDMを含む京都メカニズムに公的資金の中でODAを活用しようと模索している。

経済産業省の審議会による報告書，新大綱の評価・見直しに関する報告書や議定書目標達成計画(2005年, 2008年)では，京都メカニズムを推進，活用していくうえで，国際的なルールの遵守とホスト国の同意を前提にして，ODAなど公的資金を有効に使うことが示された[44]。

また，2008年に改定された議定書目標達成計画で，公的資金を活用した結果得られたクレジットは日本政府のクレジット取得に最大限に寄与するように努めるとの方針が出された[45]。JICA(Japan International Cooperation Agency：国際協力事業団，2003年10月に国際協力機構と改称。)の報告書でも，開発途上国の地球温暖化対策におけるODAの役割を検討し，ODAが使われている事業における地球温暖化対策としての実質的な有効性を今後も主張していく必要があると提起された[46]。

日本政府がODAを積極的に活用する背景には，これまで気候変動問題に関連する環境ODAを進めてきた事情が影響している[47]。野村総合研究所(2002)は，1998～2000年において，日本による地球温暖化対策関連の二国間援助(ODA)が，円借款を含めると，額・対策分野・対象地域分布から見て，他の「ODA大国」であるスウェーデン・カナダ・英国・オランダ・米国を圧倒していると高く評価する[48]。

だが，外務省による2002年の経済協力評価報告書では，日本のODA事業が地球温暖化を第1目的と位置づけて行われたものではないために，結果的に地球温暖化対策に貢献している副次的，間接的な案件が多くなっていると指摘された[49]。また，野村総合研究所(2002)では，米国・カナダ・ドイツなどによる地球温暖化対策ODAの具体的事業は，地球温暖化対策を第一義的な目的としているケースが見られると指摘された。

マラケシュ合意では，CDM事業へのODA流用が認められないと定められただけであることから，CDM事業への流用でなければODAを含む公的資金が利用できると解釈することもできる[50]。したがって，日本政府がCDM事業にODAを流用していないことを証明し，ホスト国である開発途上締約国およびCDM理事会による承認が得られるとCDM事業にODAを利用できる。

日本政府はマラケシュ合意を踏まえ，事業支援担当省庁[51]によるCDMの承認審査の中に，資金追加性を確認するための手続きを定めている。CDMに公的資金を含み，申請者がODAの流用ではないと確認を求める場合，この資金を拠出した公的機関に対して事業支援担当省庁がODAであるかどうか確認する。この資金がODAである場合には，外務省に対してODAの流用であるかどうか確認を求め，その結果を京都メカニズム推進・活用会議[52]へ報告する[53]。また，事業者はPDD(Project Design Documents：CDM事業に関する設計書)を作るときに，ベースライン・スタディ・フォームという書類の中で資金追加性について詳しい説明が求められる[54]。このPDDとともに，ODAの流用に当たらないという投資国とホスト国政府の書面による確認を添付することが望まれている[55]。

　このように，日本政府は国際合意を踏まえ，CDMへのODA流用禁止を守るための仕組みや手続きを定めている。ただし，ODAなど公的資金を活用する場合には，CDMへのODA流用禁止との明確な区別がさらに求められる[56]。それは日本政府が資金追加性を確保する要件になる。

　ODAなど公的資金の活用とCDMへのODA流用禁止を区別する基準の1つになり得るのが，明日香(2001)が示す「ODAベースライン」である。ODAベースラインとは，事業への資金拠出が追加的であるかどうかを判断するために，既存ODAの量と質を定量的に定義するもので，次の3点を決める必要がある。すなわち，①ODAの量的変化を示す指標，②ODAの質的変化を示す指標，③量と質の時系列的変化を示すための基準年である[57]。ODAの量的な変化を示す指標として，ODA絶対額や対GDP比が挙げられている。同じく，ODAの質的な変化を示す指標には，地球温暖化対策関連事業予算額とODA予算額などの比率が挙げられている。

　3点のうち，①の対GDP比に関連する量的指標として，例えばオランダ政府はGNP(Gross National Product：国民総生産)の0.8%をODA予算として設定すると決めている[58]。一方，日本政府はODAの量的指標を含め，明確なODAベースラインを公式に定めていない。

　図4-2で示すように，ODAの対GNI(Gross National Income：国民総所得)比

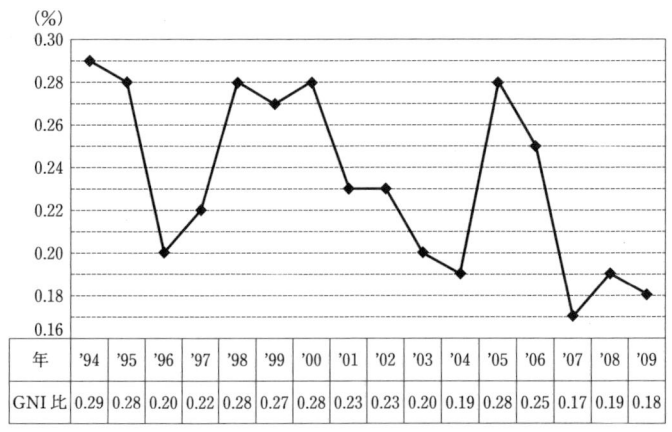

第 4 章　緩和に関する国際協力の現状評価　157

図 4-2　日本の ODA における対 GNI（国民総所得）比（1994〜2009 年）
(注) 2003 年以前の対 GNI 比は GNI 確報値，2004 年は同速報値に基づき算出している。ODA（政府開発援助）実績については東欧および卒業国向け援助を除く。1998 年までは対 GNP（国民総生産）比，1999 年以降は対 GNI 比を表記している。
(出所) 外務省（2005b，2008b，2009a，2010，2011a）より作成

および GNP 比は，1994〜2006 年にかけて 0.2〜0.3%の間を前後していた。2007 年以降は 0.2%を割っている。この図から，オランダ政府と異なり，GNP 比あるいは GNI 比に対する ODA の利用が十分ではないことが，ODA の量的指標を含め，明確な ODA ベースラインが定められていない一因になっていると考えられる[59]。

本項で論じたように，日本政府は国際合意で示された CDM への ODA 流用禁止とこれまでの環境 ODA の実績を踏まえ，CDM を含む京都メカニズムに対して，ODA など公的資金の活用を模索している。その際，CDM 事業への ODA 流用禁止を守るための手続きが定められていることから，日本政府は CDM に関する狭義の資金追加性に配慮していると評価できる。

その一方で，日本政府は CDM への ODA 流用禁止と公的資金の利用を区別するための判断基準，例えば「ODA ベースライン」を明確に示していない。日本政府は国際交渉で CDM への ODA 転用・利用を主張しつづけてきた姿勢や立場に鑑みると，国際合意に基づく仕組みや手続きを守ることに加え，CDM への ODA 流用と ODA など公的資金の利用を明確に区別し，国

内外に明らかにする必要がある。

　実際にAIJジャパン・プログラムを検討した環境庁・共同実施活動推進方策検討会(1996)は，現行ODAとAIJに係る政府資金を明確に区別する必要があると提言した[60]。また，AIJ事業に投入可能な資金源の1つとして，追加的なODAまたは各省庁やその他の政府機関が有する現行のODA予算以外の資金源からの拠出を挙げ，新たにAIJ枠を設けるなどODAによる政策措置を行う場合には，事業ごとに資金追加性の有無を確認するとともに，相手国が現行ODAに対して追加的な事業であると認めることにより，事業の認定ができると主張した。

　CDMに関する資金追加性の論点は，第2章でも論じたように，開発途上国が求めつづけている「新規で追加的な資金供与」と関連づけられ[61]，衡平の原則および共通だが差異のある責任原則にもつながる。日本政府が緩和の国際協力に対して，ODAなど公的資金の活用を積極的に進めるには，AIJの経験と知見を踏まえ，資金追加性の確保と新規で追加的な資金供与への配慮がさらに求められる。

　なお，JBIC(Japan Bank for International Cooperation：国際協力銀行)と日本カーボンファイナンス株式会社によるエジプトでのザファラーナ風力発電所事業には，ODA(円借款)流用の確認が求められていた。外務省とJBICは，このエジプトでの事業がCDMへのODA流用に当たらないとの認識を示した[62]。その理由として，この事業を日本政府が承認した際，CDM事業に利用される公的資金は日本の資金的義務と分けられ，組み込まれていないと確認されたことが挙げられた[63]。

　このCDMはODAに関係する最初の事業として，その方法論がCDM理事会に提出された[64]。この事業は日本政府とホスト国の承認を得ていたことから，CDM理事会による審査と判断がCDMへのODA流用をめぐる1つの基準を示すものとして注目された。その後，2007年6月にCDM理事会がエジプトでのザファラーナ風力発電所事業を承認し，二国間協力としてのODAにより事業自体に支援・実施が行われる大型のCDM事業として世界

で初めて登録された[65]。

エジプトでの CDM 事業が登録されたことを踏まえ，日本政府は ODA を活用した CDM 事業を推進している。2007 年 8 月に日本政府はインドにおける温室効果ガス排出量の少ない車両を地下鉄に導入する事業とスリランカにおけるココナッツ殻の木炭化と発電事業を承認した[66]。両事業は CDM 理事会に承認されている[67]。これら 2 つの事業には円借款の一部が活用されている。外務省はこれら 2 つの事業について ODA を活用した新たな CDM 案件の具体例と位置づけている[68]。

2．日本の CDM 事業の現状評価

本節では，緩和に関する日本の国際協力として，NEDO によるベトナムでの CDM 事業の現状評価を行う[69]。この事業評価のために，ベトナムでのインタビュー調査を 2006 年 7 月に行った。あわせて，CDM との関連性に基づき，同じく NEDO が行った AIJ 事業の進捗状況も検討する。

CDM 事業の現状評価を行うために，第 1 章で示した国際協力に関する 4 つの評価基準である有効性・衡平性・効率性および「持続可能性」を用いる。まず，有効性の観点と「持続可能性」から両事業の目的を明らかにする。次に，効率性の観点から CDM 事業における温室効果ガス削減効果を算出し，日本における国内政策措置との比較を通して，費用効果性を調べる。また，効率性の観点に加え，前節で示した CDM に関するリスクを踏まえ，NEDO による CDM 事業の有効性を検討する。そして，衡平性および「持続可能性」の観点から CDM における補足性と資金追加性をめぐる両国の事業者による現状認識について明らかにする。

2-1．ベトナムでの AIJ 事業の現状評価

NEDO は AIJ ジャパン・プログラム以降，新たに始められるエネルギー有効利用モデル事業を AIJ として進めてきた。その背景として，エネルギー有効利用モデル事業が石油・石炭など化石燃料の消費削減を通じて，温

室効果ガスを減らせるために AIJ 事業に極めて良く適合すると認識していること，ならびに，日本が積極的に AIJ 推進を図る必要があることを挙げる[70]。エネルギー有効利用モデル事業は経済産業省が提唱するグリーン・エイド・プラン[71]の一環と位置づけられ[72]，アジア太平洋諸国などへの技術移転と技術普及を目的として行われている[73]。

　本節で論じるベトナムにおける AIJ 事業は，平成 9～12 年度に行われたハチエン市でのセメント焼成プラント電力消費削減モデル事業である[74]。この AIJ 事業における温室効果ガス削減効果は年間 1 万 4,200 CO_2 換算トンと試算されている[75]。また，条約事務局のホームページでは，9 年間で 14 万 2,300 CO_2 換算トンの温室効果ガスを減らす見込量が記載されている[76]。NEDO はこのベトナムにおける AIJ 事業を有効であったと認識している。ただし，AIJ 事業によるクレジットの移動がないこと[77]もあり，温室効果ガス削減効果の実状は把握されていない[78]。

2-2．ベトナムでの CDM 事業の現状評価

　本節で事例対象とするベトナムにおける CDM 事業は，タインホア・ビール工場省エネルギー化モデル事業である。

　NEDO は，平成 14 年度におけるフィージビリティ(実施可能性)調査として，ベトナムにおけるビール工場省エネルギー化モデル事業の成果を公表した[79]。報告書では，サイゴン・ハイフォン・タインホアのビール工場における調査から，タインホアをモデル事業サイト候補と位置づけ[80]，省エネルギー技術を導入することで消費エネルギーを大幅に削減できることが確認されたと結論づけた。また，この事業はホスト国であるベトナム独自の技術で行えないということから，CDM の要件を満たす温室効果ガス削減技術を導入している。

　このような経緯を踏まえ，タインホア・ビール工場省エネルギー化モデル事業は，NEDO の国際エネルギー消費効率化等モデル事業(エネルギー有効利用モデル事業[81])として行われた。このモデル事業は日本の省エネルギー・石油代替・エネルギー技術に関する有効性の実証と普及促進を目的として，エ

ネルギー消費量の削減と日本のエネルギー安全保障の確保に資することを目指していた。CDM はモデル事業の一環として可能であれば行うと認識されていることから、この事業の主目的と位置づけられていなかった[82]。ベトナム工業省も技術移転，外資の促進，能力構築(知識・経験・スキルの獲得)といった開発途上国への支援をこの CDM 事業における主目的と認識していて，省エネルギーによる温室効果ガス排出量削減以外の効果を期待していた[83]。

NEDO とベトナム工業省は温室効果ガス排出量削減以外の効果を CDM 事業における主目的と認識していた。これは議定書 12 条で定められた先進締約国における CDM の主目的である緩和効果，温室効果ガス削減効果に対して，間接効果あるいは副次的効果[84]と位置づけられる。

副次的効果は CDM のもう1つの目的である開発途上締約国における「持続可能な開発・発展」の達成との関連が深い[85]。この CDM 事業はエネルギーを節約し，汚染排出物質を削減する技術の移転，熟練した労働者の雇用拡大など，ホスト国であるベトナムの「持続可能な開発・発展」に貢献すると見られていた[86]。

本書では緩和に関する日本の国際協力の現状評価を行うことから，NEDO によるベトナムでの CDM 事業において，「持続可能な開発・発展」に寄与する副次的効果を事業の副次的目的と位置づける。先進締約国の日本政府は，主として CDM 事業で生じる CER が緩和に関する約束履行に寄与するかどうかに焦点を当てるからである。なお，ベトナム工業省は技術移転の観点から，タインホア・ビール工場での CDM 事業を高く評価し，特に設備面における両国側の協力が順調であると認識していた[87]。

ベトナムでの CDM 事業はタインホア・ビール会社の中規模な工場に省エネルギー技術[88]を導入することで，年間約1万 CO_2 換算トンの排出削減[89]を見込んでいた。CER 発生期間は 2006〜2015 年度までの 10 年間が予定されていた[90]。

この事業の実施期間は 2003〜2005 年度であることから事業自体は終了した。この CDM 事業から生じる CER はすべて NEDO によって取得され[91]，最終的にすべて日本政府に帰属することになっていた[92]。

フィージビリティ調査報告書では，タインホア工場に約3億5,000万円の省エネルギー技術を導入したところ，費用効果が8,412万円，温室効果ガス削減効果が年1万476 CO_2 換算トン[93]，乾燥酵母収益を含む単純投資回収年が4.16年(事業を自己資金で賄った場合)[94]と試算された。また，CDM理事会に提出されているPDDでは，石炭・電力・水の節約による運営費用のメリットが年間7,400万円，資本回収期間(pay-back period)が約5.5年と試算された[95]。

式4-1に示す温室効果ガス(GHG)排出削減費用の求め方(明日香，1999より作成)を使うことで，温室効果ガス排出削減効果を求めることができる[96]。

$$\text{温室効果ガス排出削減費用}(円/CO_2\text{換算トン}) = \frac{\text{事業費用}(円)}{\text{温室効果ガス排出削減量}(CO_2\text{換算トン})} \quad (式4\text{-}1)$$

この式を使い，フィージビリティ調査報告書で示された事業費用約3億5,000万円を，年間1万476 CO_2 換算トンにCER発生期間10年を乗じた温室効果ガス排出削減量で除すと，表4-4で示すように温室効果ガス削減費用($円/CO_2$換算トン)を求められる。

同じく，NEDOによるベトナムでのCDM事業における総事業費約4億円[97]を，年間1万476 CO_2換算トンにCER発生期間10年を乗じた温室効果ガス削減効果で除すと，温室効果ガス削減費用を求めることができる。

表4-4 ベトナムでのCDM事業における温室効果ガス削減費用の比較

	GHG(温室効果ガス)削減費用($円/CO_2$換算トン)	総事業費(億円)	GHG削減効果(予定)(CO_2換算トン/10年)
フィージビリティ調査時	3,341	3.5	104,760
CDM(クリーン開発メカニズム)事業	3,818	4	104,760
PDD(CDM事業に関する設計書)	約2,700	4.05	約150,000

(出所) NEDO(2003, 2005)，NEDOホームページ(2005年9月14日現在) http://www.nedo.go.jp/activities/portal/gaiyou/p99034.html，UNFCCC CDM Executive Board(2004)より作成

また，CDM 理事会に提出されている PDD では，投資総費用 4 億 500 万円を，CO_2 排出削減量である年間約 1 万 5,000 CO_2 換算トンに CER 発生期間 10 年を乗じたもので除すと，投資費用が CO_2 換算トン当たり 24.55 米ドルとなり，1 米ドル 110 円とすると CO_2 換算トン当たり約 2,700 円と試算できる[98]。

表 4-4 では，式 4-1 で求めたフィージビリティ調査時と CDM 事業における温室効果ガス削減費用効果を示している。次にこれらを日本の国内政策措置における CO_2 排出量削減費用効果と比較する。

第 3 章で取り上げた環境省による国内環境税の具体案では，税収の使途の一部である約 3,400 億円を地球温暖化対策として使い，税で 5,200 万 CO_2 換算トン削減できると示されていたこと[99]から，温室効果ガス排出削減費用は CO_2 換算トン当たり約 6,500 円と試算できる。2011 年 5 月現在，環境税は検討中であることから，この具体案どおりの効果が上げられるわけではない。だが，少なくとも，この具体案と表 4-4 を比べる限りでは，ベトナムでの CDM 事業は緩和に関する日本の国内政策措置よりも費用効果的である。

また，日本経団連の自主行動計画に参加しているビール酒造組合は，2005 年度のフォローアップ調査結果で，2004 年度に行った新規投資の例を挙げている[100]。例えば，嫌気性排出処理設備で発生するバイオガス利用ボイラーの投資費用は 9 億円，CO_2 排出量削減効果が 7,000 トンであることから，温室効果ガス排出削減費用が CO_2 換算トン当たり約 13 万円と試算できる。同じく，都市ガスコージェネレーションシステムの導入費用は 6 億 3,000 万円，CO_2 排出量削減効果が 6,000 トンであることから，温室効果ガス排出削減費用が CO_2 換算トン当たり 10.5 万円と試算できる。これらの例から，日本のビール工場で CO_2 排出量を 1 トン減らす場合，ベトナムでの CDM 事業よりも約 30 倍高い費用が必要になる。

ベトナムでの CDM 事業から順調に CER が発生すれば，国内政策措置よりも少ない費用で議定書における日本の数値目標達成に寄与でき，効率性の観点から有効である。ただし，この CDM 事業は両国政府の承認を得ていた[101]ものの，CDM 理事会に登録されていなかったために，表 4-3 で示し

た登録リスクが残されていた。

　2009年3月にCDM理事会はベトナムにおけるビール工場省エネルギー化モデル事業の登録を却下(reject)した。その理由として，①DOE(指定運営機関)と事業参加者は，事業参加者によって提案された事前ベースライン排出量から10％を割り引いた排出係数が方法論の要求事項に沿っていないので，方法論に沿った排出削減量の算定を実証することができなかった，②ベースライン排出量の算定に使われている歴史的なデータがレビューあるいはレビューに応じたもので定められていないことが挙げられている[102]。

　有効性や効率性に比べると，日本側とベトナム側ともに衡平性の評価基準および補足性の論点について認識をあまり示していなかった。NEDOは衡平性を政府レベルの問題と認識していた。ベトナム工業省は主にCDM事業に対する投資面からの支援を行っていることもあり，衡平性への認識が乏しいと推察できる[103]。

　ただし，CDM理事会に提出されているPDDで，タインホア州人民委員会とハノイ・ビール・アルコール飲料会社は，このCDM事業が経済的効率性だけではなく，社会的効率性を有していて，将来的に「持続可能な開発・発展」に寄与すると認識している[104]。この認識には「持続可能性」だけではなく，(世代間)衡平性がある程度考慮に入れられている。

　また，CDMにおける補足性を確保するための方法として，NEDOはCERを確実に取得することを挙げていた[105]。ベトナム工業省は補足性そのものを認識していなかった[106]。したがって，補足性についても，NEDOとベトナム工業省はそれほど関心を示していなかった。

　だが，両国ともに資金追加性については明確な認識を持っていた。その認識はAIJ事業でも同様に見られた。AIJ事業において，両国は附属書Ⅱ国による資金的義務と現行のODAに対して追加的であるべきということに留意していた[107]。条約事務局に提出されているAIJ報告書でも，440万米ドルの事業資金は通商産業省による補助金として見積もられていることが資金追加性に関する項目に記載されている[108]。

　ベトナムでの当該CDM事業についても，NEDOは日本政府の承認に基

づき，CDM への ODA 流用には当たらず，資金追加性が確保されていると認識していた[109]。CDM 理事会に提出されている PDD でも，この CDM 事業に ODA が使われておらず，石炭ならびに石油およびエネルギー需給構造高度化対策特別会計法による出資金が使われていると記されている[110]。

また，マラケシュ合意で CDM 事業が非附属書Ⅰ国の「持続可能な開発・発展」達成に寄与するかどうかはホスト国(非附属書Ⅰ国)の特権と確認された。ベトナム政府は CDM クライテリア(事業承認基準)として，①持続(可能)性(sustainability)，②追加性(additionality)，③実現可能性(feasibility)を挙げている。そのうち，追加性には案件が行われない場合に比べて，投入される資金が追加的であることを求める資金追加性(financial additionality)が含まれる[111]。

ベトナム政府が NEDO によるタインホア・ビール工場省エネルギー化モデル事業を CDM として承認したことは，CDM クライテリアの1つである資金追加性を満たすと判断したことになる。ベトナム工業省も，この CDM 事業に ODA は流用されていないと認識している一方で，ODA と政府支出の区別がつかないと主張していた[112]。

あわせて，CDM 事業を増やすために ODA 資金は必要ないと認識していることからも，CDM クライテリアの1つである資金追加性を重視している[113]。ハノイ・ビール・アルコール飲料会社もこの CDM 事業が追加性，資金追加性を満たすと認識している[114]。

なお，NEDO は国際エネルギー消費効率化等モデル事業について，フィージビリティ調査実施に当たっての「事前評価」，フィージビリティ調査終了後の実証事業化[115] に当たっての「中間評価」，実証事業終了後，約3～5年目の「事後(フォローアップ・追跡)評価」の3段階で評価を行うことにしている。事前評価および中間評価における主な評価基準として，初期投資額および費用対効果をめぐる経済性評価，効果総量および単位費用当たりの効果をめぐる省エネルギー・代替エネルギー効果，その他環境改善効果，普及戦略・普及意欲を挙げている。また，事後評価については，普及状況，ならびに，省エネルギー・代替エネルギー効果およびその他の環境改善効果に関する普及効果を挙げている[116]。

平成21年度事業評価で，ベトナムにおけるタインホア・ビール工場省エネルギー化モデル事業は，国際エネルギー使用合理化等対策事業のうち，国際エネルギー消費効率化などモデル事業に区分されている。事業評価では，国際エネルギー使用合理化等対策事業が対象にされているために，タインホア・ビール工場省エネルギー化モデル事業単体の評価はできない。

国際エネルギー使用合理化等対策事業の評価では，①必要性(社会・経済的意義，目的の妥当性)，②効率性(事業計画，実施体制，費用対効果)，③有効性(目標達成度，社会・経済への貢献度)，④優先度(事業に含まれる各テーマの中で，早い時期に，多く優先的に実施するか)，⑤その他の観点(公平性等事業の性格に応じ追加)に加え，必要性・効率性・有効性を総括した総合評価を行っている。そのうち，有効性の観点から，委託先が把握している普及件数として，平成17年度に終了したビール工場省エネルギー化事業では3基と記されている[117]。

NEDOにおける事業評価の指標には含まれていないものの，「持続可能性」に関連するベトナム側の取り組みとして，CDM販売手数料の全額を「ベトナム環境保護基金」に積み立てられることが，「CDMプロジェクトに適用する資金メカニズムおよび政策に関するガイドライン」で定められた。CDMの課金には，①通常のCDMによるCER販売手数料，②ODA資金によるCDMからのCER販売額の全額[118]，③環境保護基金の助成を利用したCDMからのCER販売手数料がある。

このようにCDMから集められた環境保護基金は，①気候変動およびCDMに関する知識向上のための普及・宣伝活動の支援，②プロジェクトの審査・承認および管理・実施に関わる関係機関・組織への活動支援，③PDD作成支援，④プロジェクトの生産物に対する助成金，に使われる。このうち，④の助成対象分野として，再生可能エネルギー(風力・太陽光・地熱・潮力)プロジェクトと廃棄物埋立処分場・炭鉱メタンガス回収発電プロジェクトへの発電コスト補填が挙げられており[119]，ベトナムにおける「持続可能な開発・発展」に使われることになる。

しかしながら，ベトナムにおけるビール工場省エネルギー化モデル事業はCDM理事会に登録が却下されたため，CERが発生する見通しが立ってい

ないために，2011年5月時点で，この事業からベトナムの「持続可能な開発・発展」の実現につながり得るベトナム環境保護基金に販売手数料は入らない。

2-3. 小　括

本節では，有効性・効率性・衡平性および「持続可能性」の評価基準から，NEDOによるベトナムでのCDM事業の現状評価を行い，補足性と資金追加性の論点をめぐる日本側およびベトナム側の現状認識について検討した。

まず第1に，有効性に関連して，両国側はこのCDM事業において，日本政府が求める温室効果ガス削減効果以外の副次的目的を共有していた。これはCDMにおける目的の1つである開発途上締約国の「持続可能な開発・発展」の達成につながることから，「持続可能性」に加え，衡平性が一定程度尊重されている。

第2に，このCDM事業は日本の国内政策措置に比べると費用効果的であり，効率性の観点から有効であるといえる。ただし，CDM理事会に登録を却下されたことで，登録リスクが現実のものとなり，2011年5月時点でCERを取得する見込みは立っていない。

第3に，このCDM事業では，有効性や効率性に比べると，両国側による衡平性および補足性への認識はあまり明らかではない。その一方で，資金追加性についての認識は強く示されていた。NEDOはCDMへのODA流用禁止に対して一定の配慮を示していると認識する。ベトナム側もそのようなNEDOの認識を受け入れている。だが，CDMへのODA流用禁止の遵守にとどまらず，新規で追加的な資金供与をさらに求める主張も見られた。

最後に，「持続可能性」については，事業が実施されたことで，副次的目的・効果に関連するベトナムの「持続可能な開発・発展」の達成に寄与したことが見込まれるものの，ベトナム側が当初期待していた通りの成果が挙げられたかどうかは不明である。また，2009年3月にCDM理事会から事業登録が却下されたことで，ビール工場省エネルギー化モデル事業からCERが発生する見通しが立っていないために，CERの登録料で賄われるベトナ

ム環境保護基金およびベトナムの「持続可能な開発・発展」の達成に寄与することができていない。

3．評価結果：緩和に関する日本の国際協力

　本章では，有効性・効率性・衡平性および「持続可能性」の評価基準から，国際協力における論点である補足性と資金追加性の確保状況を吟味し，日本が関わるCDM施策とCDM事業の現状評価を行った。

　本節では，CDMに関する施策評価と事業評価の結果をまとめ，緩和に関する日本の国際協力の現状評価を行う。そのために，第2章で設定した評価事項，その中でも気候変動問題の解決に向けた世界的な多国間協力の阻害要因と位置づけた先進国責任論と開発途上締約国の将来的な参加論への影響を検討する。

　有効性に関連して，本章で対象事例としたCDM事業では，日本側とベトナム側双方が省エネによるCO_2排出量削減の緩和効果を副次的目的と位置づけていた。

　第2章で示したように，CDMは議定書で附属書Ⅰ国に課せられた数値目標の達成を支援すること，ならびに，非附属書Ⅰ国が「持続可能な開発・発展」を達成することという2つの異なる目的を並存させている。両国政府はNEDOによるベトナムでのCDM事業を承認しているものの，各々が異なる主目的を制度上有していることになる。日本政府は京都メカニズムの割当を確保するために，CDM事業から順調にCERが発生することを期待している。それに対して，NEDOとベトナム政府は温室効果ガス排出量削減効果を副次的目的と位置づけていた。

　この副次的目的について，緩和に関する国際協力を含めた政策体系でどのように位置づけるかは，日本政府における今後の政策課題である。そのためには「持続可能な開発・発展」の観点を交え，気候変動問題に関する国際協力のさらなる検討が求められる[120]。今後の研究課題として，「持続可能な開発・発展」の議論を整理したうえで，気候変動問題に関する国際協力へどの

ように反映されているか，気候変動政策との「関係性」について検討することが必要になる。大矢(2003)が指摘するように，先進国(投資国)と途上国(受入国)の双方の意図が反映され，双方の利益になる CDM 事業でなければ効果的な実施は望めないので，CDM における 2 つの目的である温室効果ガス排出削減・気候変動の緩和と「持続可能な開発・発展」を満たすことが求められるからである[121]。

　前節では，NEDO によるベトナムでの CDM 事業の現状評価を行った。効率性の観点から，この CDM 事業は国内政策措置に比べて費用効果的であるといえる。

　その一方で，有効性や効率性に比べると，NEDO とベトナム側ともに国際協力における衡平性の評価基準および補足性の論点について認識が薄かった。ただし，ベトナム側はこの CDM 事業に「持続可能な開発・発展」を結びつけていることから，衡平性を念頭においている。

　補足性については，NEDO がその確保方法をある程度示す一方で，ベトナム側による認識が明らかではなかった。NEDO とベトナム側が補足性を日本政府が取り組むべき課題と認識しているからであると推察する。本書では，補足性について，緩和の国内政策措置と国際協力における調整をめぐる論点と広く定義した。

　表 4-5 で示すように，日本政府は施策レベルと政策レベルにおいて，京都メカニズムの割当を 6%中および 12%中 1.6%分と定めることで比率の調整を図っている。このような日本政府による調整に対して，ベトナム政府や日本の CDM 事業者は関与していない，あるいは，関与できない。したがって，

表 4-5　日本側による補足性と資金追加性の確保手段

	補足性	資金追加性
政策レベル	京都メカニズムの割当 (数値目標 6%中および 12%中 1.6%分)	──
施策レベル		PDD(クリーン開発メカニズム事業に関する設計書)に資料添付(ホスト国への確認)
事業レベル	──	

CDM事業の実施主体であるNEDOおよびホスト国であるベトナム側が，補足性への関心が乏しいのも当然といえる。

だが，日本政府による補足性の確保状況次第では，先進国責任論が再燃し，開発途上締約国の将来的な参加をめぐる協議の進展に悪影響を及ぼす可能性もあることから，ベトナム側にとってもまったく無関係ではないと考えられる。日本を含む附属書B国は，このような途上国による認識や評価を踏まえながら，国際交渉や国際合意で示された衡平性の尊重と効率性の制限を守り，補足性についてさらなる配慮が求められる。

一方，資金追加性については，AIJから引きつづいて両国ともに関心が高かった。特にベトナム側はCDMクライテリアの1つに含めているように，資金追加性を重視していた。日本政府は表4-5で示したように，CDMへのODA流用禁止を守るための仕組みや手続きを定めている。NEDOはその仕組みや手続きを守ることで，CDMへのODA流用禁止に対する配慮が示されていると認識している。ベトナム側もこのような日本側による取り組みや認識を受け入れている。

ただし，ベトナム工業省はODAと政府支出の区別がつかないと主張していた。この主張を踏まえると，ベトナム側はCDMへのODA流用禁止をめぐる日本側の取り組みや認識は受け入れながらも，CDMとODAの区別，ならびに，国際交渉で途上国が求めつづけてきた「新規で追加的な資金供与」への対応が不十分であると受け止めている。

これは本章第1節で示したように，日本政府がCDMへのODA流用と公的資金の活用を明確に区別できていないことにも表れている。国際協力における資金追加性の論点はCDMへのODA流用禁止だけでなく，開発途上国が求める新規で追加的な資金供与と関連づけられ，衡平の原則および共通だが差異のある責任原則にも結びつけられている。

日本政府が緩和に関する国際協力でODAなど公的資金の利用を積極的に進めるには，資金追加性の観点からCDMへのODA流用禁止を守ることに加え，新規で追加的な資金供与へのさらなる配慮が求められる。それは先進

国責任論の再燃を防ぎ，開発途上締約国の将来的な参加をめぐる協議の進展にもつながる。

「持続可能性」の評価基準から見ると，NEDOによるベトナムでのCDM事業は，ベトナムの「持続可能な開発・発展」の達成に貢献できているか不明確である。また，CDM理事会に登録が却下されたことから，CERの発行ができていないために，ベトナムの「持続可能な開発・発展」の実現につながらず，CER販売手数料などで賄われるベトナム環境保護基金に寄与できていない。

CDMに関する事業評価と施策評価の結果から，日本政府は狭義の補足性と資金追加性を確保している。したがって，緩和に関する国際協力では，国際交渉過程と同じく約束履行過程においても，衡平性の尊重と効率性の制限の方針に配慮され，衡平性と効率性，ならびに，原則と約束を矛盾させておらず，気候変動問題の解決に向けた世界的な多国間協力の阻害要因にも影響を及ぼしていないと評価できる。ただし，本章で評価の対象としたベトナムでのCDM事業からCER発行の見通しが立っていないので，この事業は原則に含まれる「持続可能性」および約束の有効性に寄与していない。

緩和の国際協力に関する2つの論点をめぐる課題も残されている。補足性については，議定書で日本政府に課せられた緩和に関する約束履行が厳しい現状にあることから，国内政策措置をさらに進めることができるか，ならびに，京都メカニズムの割当を1.6%分からどの程度引き上げるかに注視する必要がある。

同じく，資金追加性については，日本政府が国内外で主張しつづけているとおり，緩和の国際協力に対してODAなど公的資金を積極的に活用するために，CDMへのODA流用禁止を守ることに加えて，新規で追加的な資金供与の観点から現行ODAと公的資金との明確な区別が求められる。

日本政府によるこれら2つの論点をめぐる課題への対処次第では，気候変動問題の解決に向けた世界的な多国間協力の阻害要因に影響を及ぼすことになる。第1約束期間において，議定書で日本を含む附属書B国に課せられた緩和に関する約束が履行されるかどうかに加え，附属書B国による補足

性と資金追加性の確保をめぐる開発途上締約国の評価・判断が問われることになる。

この評価・判断次第では，途上国が主張しつづけてきた先進国責任論が再燃し，2013年以降に向けた国際交渉過程において，開発途上締約国の将来的な参加をめぐる協議の進展にも悪影響を及ぼすことになる。したがって，日本政府には補足性と資金追加性に関する課題に対処し，衡平性と効率性の調整を図ることによって，国際合意で定められた原則に配慮しながら，約束を履行していくことがさらに求められる。あわせて，CDM事業においては，もう1つの目的である途上国の「持続可能な開発・発展」の達成に貢献できるかが問われる。

4. 評価手法の提案：緩和に関する国際協力

本章の最後に，事例研究の結果を踏まえ，緩和に関する日本の国際協力の現状評価を行うために設定した評価枠組の適用妥当性を示し，緩和の観点から「持続可能な開発・発展」を含む気候変動問題に関する国際協力の評価手法を実証的に提案するとともに，評価手法に関する研究上，実践上の課題を明らかにする。

4-1. 評価枠組の適用妥当性

本書の第1章では，環境政策研究の社会科学分野に関する先行研究のレビューを行い，気候変動問題に関する国際協力の評価枠組を設定した。第2章では，この評価枠組に基づき，国際交渉過程を検討することで評価事項を設定した。

本章では，第1章と第2章で設定した評価枠組および評価事項に基づき，日本政府による補足性と資金追加性の確保状況を吟味した。補足性と資金追加性は，ともに気候変動問題に関する国際交渉で討議された国際協力の論点である。補足性については，第3章で行った緩和に関する国内政策措置と本章における緩和の国際協力の議論をあわせて検討した。同じく，資金追加性

については，緩和の国際協力におけるODAなど公的資金の活用という観点から検討した。

これら2つの論点に関する日本政府の確保状況を吟味することによって，国際合意の規定である原則と約束，国際協力の評価基準である衡平性・効率性・有効性および「持続可能性」，先進国責任論および開発途上締約国の将来的な参加論，といった気候変動問題の解決に向けた世界的な多国間協力の阻害要因を含む評価事項について検証した。

図1-5の国際協力に関する評価枠組で示したように，補足性と資金追加性は国際合意の規定である原則と約束，国際協力の評価基準である衡平性・効率性・有効性および「持続可能性」に関連づけることができる。この評価枠組に基づき，補足性と資金追加性の確保状況を検討することで，本書で研究対象国と位置づけた日本の緩和に関する国際協力が，気候変動問題の解決に向けた世界的な多国間協力の阻害要因に影響を及ぼしているか否かについて現状評価を行い，政策課題を提起した。

事例研究において，国際交渉で討議された具体的な論点を約束履行過程で吟味することにより，気候変動問題の国際協力に関する複数の要素を体系的に関係づけて設定した評価事項と照らし合わせ，緩和に関する研究対象国の国際協力の現状を評価するとともに，政策課題の指摘を行うことができた。これはベトナムにおけるCDM事業だけを取り上げた限定した状況下ではあるものの，適用した評価枠組の妥当性が裏づけられた。

もちろん，1つのCDM事業だけではなく，日本に関わるすべてのCDM事業の現状評価を行ったうえで，日本に関するCDM施策と緩和の国際協力の進捗状況を評価することが望ましい。だが，2007年12月時点で日本政府が承認したCDM事業は271件あり，本章で取り上げたベトナムにおけるCDM事業のように，すべての事業の現状評価を詳しく行うことは本章の範疇を超えていた。

このような事例研究上の制約条件を抱えながらも，本章ではベトナムにおける日本のCDM事業と日本に関わるCDM施策を取り上げ，緩和に関する日本の国際協力の現状評価を行い，政策課題を提起したことから，適用した

評価枠組の妥当性を示すことができた。

したがって，本章における事例研究の結果から，緩和の観点で気候変動問題の解決に関する国際協力の評価手法を実証的に提案できる。

本書は，序章で論じたように，気候変動に関する現象と問題の特徴を踏まえ，研究対象国が関わる国際協力の現状評価を行うために，国際関係学も踏まえた環境政策研究の社会科学分野からのアプローチを取った。国際関係学の鍵概念と位置づけられる「関係性」に基づき，環境政策研究の方法論的特長である「総合性」と「学際性」を国際協力の評価枠組や評価事項として具体化し，それらを事例研究に適用することによって，気候変動問題に関する研究対象国の国際協力の現状評価を行い，その政策課題を提起することができた。

このような一連の実証研究を通して，本章で緩和の観点から「持続可能な開発・発展」を含む気候変動問題の国際協力に関する評価枠組の適用妥当性を明らかにできた。この確認結果から「関係性」および「総合性」と「学際性」に基づき，「持続可能な開発・発展」を含む気候変動問題に関する国際協力の評価手法を実証的に提案できたと結論づける。

4-2．評価手法の研究課題[122]

前項では，本章で行った事例研究の結果に基づき，限定した状況下ではあるものの，「持続可能な開発・発展」を含む気候変動問題に関する国際協力の評価枠組の適用が妥当であることを確認した。この評価枠組の適用妥当性を踏まえ，「持続可能な開発・発展」を含む気候変動問題に関する国際協力の評価手法が実証的に提案できたと結論づけた。

今後も本章で提案した評価手法に基づき，日本政府が承認したCDM事業の進捗状況を評価していくことが求められる。また，日本だけでなく米国やEU諸国などの先進締約国，中国やインドなどの開発途上締約国内の温室効果ガス大排出国を研究対象国と位置づけたうえで，緩和に関する国際協力の現状評価を行うことも必要となる。複数の先進締約国あるいは開発途上締約国における国際比較も研究課題となろう。

このように研究対象を拡大し，事例研究をさらに進めることで，気候変動問題に関する国際協力の評価枠組や評価事項の精緻化を図ることができる。そのためには，国際交渉や国内政策の進捗状況に加え，気候変動政策に関する各国別の特色を踏まえたうえで，必要に応じて評価枠組や評価事項を柔軟に設定，適用することが求められる。

本書で設定，適用した国際協力の評価枠組と評価事項は，気候変動問題に関する国際協力を評価するうえで固定されるものではない。多国間交渉や研究対象国における国内政策の進捗状況に応じ，評価枠組と評価事項，事例研究で検討すべき論点を柔軟に設定，適用することによって，研究対象国が関わる緩和の国際協力を評価することが求められる。

その一方で，気候変動問題に関する国際協力の評価枠組を構成する中核的な要素は，本書と同じように重視しなければならない。例えば，国際合意の規定である原則と約束，国際協力の評価基準である衡平性・効率性・有効性および「持続可能性」，先進国責任論や開発途上締約国の将来的な参加論といった気候変動問題の解決に向けた世界的な多国間協力の阻害要因を含む評価事項である。

これらは気候変動問題の特徴や同問題の国際協力に関する研究史，ならびに，これまでの国際交渉における議論，国際交渉過程を踏まえて設定されたもので，長期的な人類共通の課題である気候変動問題に関する国際協力の将来的な方向性を把握するために必要となる。本書で提案した気候変動問題に関する国際協力の評価手法は，問題の解決に向けたこれまでの取り組みの過程や歴史を反映させることで設定，適用されるものである。このような過程と歴史の重視が，本書で提案した国際協力の評価手法における特長の1つになっている。

また，CDM事業における副次的目的を検討し，緩和の国際協力を進めるためには，気候変動の観点から「持続可能な開発・発展」がどのように位置づけられ，論じられているかについて研究するとともに，「持続可能な開発・発展」の観点から気候変動問題に関する議論がどのように展開されているか，すなわち，気候変動と「持続可能な開発・発展」の「関係性」をさら

に研究することが必要になる[123]。本書で取り上げた「持続可能な開発・発展」の原則および「持続可能性」の評価基準の内容が明確でなく，CDM事業でホスト国の途上国における「持続可能な開発・発展」の達成に寄与しているかどうかの評価が難しいからである。本章で行った「持続可能性」の基準による緩和の国際協力のさらなる評価は今後の研究課題として残されている。

[1] 山口(1999, p.4)は，CDMを進めるために，AIJに関する検討が不可欠と指摘する。Michaelowa and Dutschke(1999)も，CDMの制度設計を注意深く行うために，AIJの経験を考慮に入れるべきと主張する。
[2] 経済産業省(2009.6.3)と京都メカニズム情報プラットホーム(2011a)より集計。事業者による届出に基づき，日本政府が承認した事業一覧リストから外されたCDM事業の予定CER獲得量を除いている。経済産業省2006年12月28日付の電子メール回答。同じく，CDM理事会に登録が却下された事業の予定CER獲得量も除いている。
[3] 地球温暖化対策推進本部(2002)
[4] 環境省(2004c, p.24)
[5] 環境省(2005b, p.100)
[6] 地球温暖化対策推進本部(2005, p.49)
[7] 地球温暖化対策推進本部(2008, pp.72-73)
[8] AIJジャパン・プログラム(気候変動枠組条約に関わるパイロット・フェーズにおける共同実施活動に向けた我が国の基本的な枠組み)は，1995年に11月に申し合わせが行われ，1996年1月に「プロジェクト評価ガイドライン」，「共同実施活動申請マニュアル」，「プロジェクト申請書」が共同実施関係省庁会議で了承された。環境庁・共同実施活動推進方策検討会(1996, p.7)
[9] 環境庁・共同実施活動推進方策検討会(1996, pp.7-8)。また，Netherlands MHSPE (2001, p.117)によると，オランダ政府はAIJ試行事業計画(pilot phase programme of AIJ)において，クレジットが生じないことを踏まえ，外国で費用効果的な方法により，気候変動に関する約束を履行する可能性を模索している。
[10] 財団法人地球産業文化研究所ホームページ共同実施活動ジャパンプログラムの概要，http://www.gispri.or.jp/kankyo/unfccc/aij/aijabout.html(2011年12月11日現在)
[11] JI・CDM事業による温室効果ガス排出削減量(CO_2換算トン)を年間クレジット獲得予定量と位置づけている。ただし，本書では，後述するように，国際排出量取引で購入する排出枠もクレジットに含めている。
[12] 地球温暖化対策推進本部(2006, pp.103-104)。その費用の一部として，8年間に約122億円の予算(国庫債務負担行為)が組まれた。また，環境省(2006f, p.27)で示されている要件を満たせば，2001年1月1日～2004年11月18日に始められたが，登録されていないCDM事業について遡及クレジットの要求ができる。
[13] 経済産業省(2009.6.3)，京都メカニズム情報プラットホーム(2011a)より，年間温室

効果ガス削減量(CO_2換算トン)を合計した.事業者による届出に基づき,日本政府が承認した事業一覧リストから外された予定 CER 獲得量を除いている.経済産業省2006年12月28日付の電子メール回答.同じく,CDM 理事会で登録が却下された CDM 事業の予定 CER 獲得量も除いている.なお,事業ごとにクレジット発生期間が異なるので,年間温室効果ガス削減量の合計とは誤差が生じる.

14) 2011年5月現在,日本政府が2007年12月までに承認した CDM 事業による CER 数は約3億である.京都メカニズム情報プラットホーム(2011b)より試算.

15) 民間企業や政府機関(独立行政法人)が挙げられる.

16) 環境省(2006e)と経済産業省(2006)は,NEDO が2006年7月21日から京都メカニズムの活用で得たクレジットを日本政府に販売する民間事業者の公募を行うと発表した.NEDO は,経済産業省と環境省からの委託を受け,京都メカニズムを活用して,民間事業者が得たクレジットの購入事業を行う.EIC ネット(2006.7.20),asahi.com(2006年7月20日)「政府の CO_2 排出権購入,道険し 21日開始」http://www.asahi.com/business/update/0720/059.html(2006年7月24日現在)

17) NEDO・知的資産創造センター(2004,p.119).Netherlands MHSPE(2003)では,CDM 事業に関するリスクとして,事業リスク(project risks),財政的リスク(financial risks),政治的リスク(political risks)を挙げる.

18) NEDO・知的資産創造センター(2004,p.120)

19) CDM の実質的な管理,監督機関である.その役割については,例えば環境省(2006f,p.11)参照.

20) CDM 理事会が指定する第三者機関である.CDM 事業活動の確認や排出源からの人為的温室効果ガス排出量の検証・認証を行う.

21) 経済産業省(2009.6.3),京都メカニズム情報プラットフォーム(2011a)

22) OECD(2004,p.8,p.19)は,CDM の障壁として,財政的・制度的課題,CER 発生に関連するリスクと不確実性,CDM 事業や方法論の承認が遅れることを挙げる.

23) NEDO・知的資産創造センター(2004,p.122)

24) 経済産業省(2009.6.3),京都メカニズム情報プラットフォーム(2011a)

25) 日本経団連(2007b)

26) Point Carbon(2004.12.7,p.1)は,日本政府が企業から直接 CER を購入する意図があると指摘する.

27) 地球温暖化対策推進本部(2005,p.49)によると,京都メカニズムの活用は JI・CDM などの事業から生じるクレジット,先進国などのクレジットを取得し,議定書の約束を履行するために償却すること,言い換えると,国別登録簿の償却口座へ移転することと定義される.また,NEDO 2006年5月18日付の書面回答によれば,政府機関(独立行政法人)による CDM 事業から生じる CER は全て日本政府に帰属することになる.

28) 地球温暖化対策推進本部(2005,p.49)によると,国際排出量取引は先進国などにおいて,議定書に従い,国ごとに発行される「割当量単位」と対象森林における「除去単位」などの取引を行う仕組みと定義される.

29) 地球温暖化対策推進本部(2005,p.49)によると,GIS とは国際排出量取引のうち,割当量単位などの移転にともなう資金を温室効果ガスの排出削減など環境対策目的に使うと条件で行うものと定義される.

30) 地球温暖化対策推進本部(2006,p.103)は,京都メカニズムのうち,CDM,JI,GIS による認証排出削減量などの取得に最大限努力することを示している.

31) 地球温暖化対策推進本部(2006,p.103)

32) 環境省(2011b, p.2)
33) 環境省(2006f, p.61)。COP6 では，米国とオーストラリアが補足性について定量的な意味を持たせることに反対していた。関谷(2006, p.51)
34) Netherlands MHSPE(2001, p.13, p.23, p.117)。なお，オランダには議定書附属書Bにおいて，第1約束期間に基準年比で6種類の温室効果ガスを8%減らす数値目標が課せられている。だが，EU加盟15カ国には，議定書4条にある共同達成が認められていることから，EU加盟15カ国内におけるオランダの数値目標は6%削減である。EUROPA, 2005 *Greenhouse gas emissions in the community*, http://europa.eu.int/comm/environment/climat/gge_press.htm (2006年2月20日現在)
35) なお，第2章で論じたように，発行されたCERのうち2%分が気候変動に対して脆弱な開発途上国への適応支援に充てる分として差し引かれることになっている。さらに，CDM事業で取得したCERは，割当量(日本は基準年より温室効果ガスを6%削減した量)の2.5%まで次期約束期間に繰り越すことができる。これを日本に当てはめると，年間割当量(数値目標)約7,500万 CO_2 換算トンの2.5%である約188万 CO_2 換算トンが繰り越せることになる。環境省(2006f, p.35, p.62)。したがって，日本の京都メカニズムにおける補足性を判断するためには，これら2つの要件を踏まえる必要がある。
36) 環境省(2011a)では，平成22年度に合計で約400.0万 CO_2 換算トンのクレジット取得契約を発表し，事業開始以降の総契約量合計は9,782.3万 CO_2 換算トンになっていると述べる。また，2010年度は3,380.8万 CO_2 換算トンを政府管理口座へ移転し，事業開始以降の政府への移転実績総量は8,193.8万 CO_2 換算トンになったと報告している。
37) 地球温暖化対策推進本部(2009, p.470)
38) 明日香(2002, pp.4-5)，Michaelowa(2002, p.273)，Bode and Michaelowa(2003, p.505, p.507)，Langrock, Michaelowa, and Greiner(2000, p.7)。環境の追加性については，気候変動問題やCDMの仕組みが存在しなくても行われる可能性が高い事業に対して，CERを付与するかどうかが論議される。投資的追加性については，気候変動問題やCDMの仕組みが存在しなくても，収益の獲得を目指す民間企業によって行われる可能性が高い事業に対して，CERを付与するかどうかが論議される。財政的追加性(資金追加性)については，現行のODA資金によるCDM事業に対して，CERを付与するかどうかが論議される。
39) 明日香(2002, pp.4-5)
40) 環境庁・共同実施活動推進方策検討会(1996, p.12, p.94)
41) 環境庁・共同実施活動推進方策検討会(1996, p.76)
42) 議定書に資金追加性の文言が入らなかった理由として，例えば，明日香(2002, p.19)参照。一方，丸山(2000, p.105)は，議定書12条には，排出削減の追加性があるだけで，資金追加性が明記されていないと指摘する。
43) 環境省(2006f, p.17)
44) 環境省(2004c, p.77)，(2005a, p.102)，経済産業省(2005, p.85)，地球温暖化対策推進本部(2005, p.52)，(2008, p.75)
45) 地球温暖化対策推進本部(2008, p.75)
46) JICA(2002, pp.9-10, p.27)
47) 加藤(2002, p.119)は，日本政府が先進国の中で唯一CDM事業(プロジェクト)へODAの利用を認めるように主張してきた理由として，日本のODA総額，特に環境ODAが増え続けてきており，これらがCDMの有力な財源になり得るとともに，CDM

と一体になって活用されることで一層の効果を挙げられることを指摘する。明日香(2001, pp.3-4)は，日本政府が CDM への ODA 転用を主張する背景・長所として，1)日本が経済的利益を得ること，2)ODA 減額を防げることを挙げる。丸山(2000, p.106)は，CDM への ODA 流用について，アジア地域でエネルギーインフラ関連や環境事業に重点を置いた ODA 活動が充実している日本にとって，限られた財源の問題もあり，難しい側面があると指摘する。山口(1999, p.9), (2000, p.11)は，環境 ODA を CDM 事業へ積極的に利用することが，日本にとって ODA 予算の縮小を最小限に抑える役割を果たし，途上国にとって日本からの直接投資の増加を意味すると述べるように，長所を強調する。一方，日本政府による議論の問題点については，例えば，明日香(2001, pp.2-3, p.8), (2002, p.23, p.37)参照。明日香(2002, pp.16-18)は，現行 ODA を使う問題点について，先進国が利益を得て，途上国・国際社会・地球環境が不利益を被ることであると指摘する。

[48] だが，円借款(有償資金援助)を除くと，他国と額にあまり差がない。これに関連して，1998 年から 2000 年にかけて，日本の地球温暖化対策関連案件は有償資金協力が増え，無償資金協力と技術協力が増加傾向にないのが特徴的である。野村総合研究所(2002)

[49] 外務省(2002b, p.36)。また，野村総合研究所(2002)は，そのために地球温暖化対策以外でのインパクトが大きいと指摘する。

[50] CDM の登録要件として，附属書 I 国には CDM に使われた公的資金が ODA の流用でないと確認することが求められる。環境省(2006f, p.17), 明日香(2002, p.20)。山口(2002, p.5)は，「流用」の定義について，① ODA が対 GNP(Gross National Product：国民総生産)比で 0.7%以上の条件を満たしていれば，これを上回る部分を CDM に利用しても流用とはみなされない考え方，ならびに，② ODA に一定のベースラインを引き，それを上回る ODA 資金は CDM に使用可能とする考え方を挙げる。

[51] 事業支援担当省庁は，CDM 事業の承認を求める申請者の意向を踏まえたうえで決められる。環境省(2006f, p.86)

[52] 地球温暖化対策推進本部幹事会の下に設置される。構成員は，内閣官房・環境省・経済産業省・外務省・農林水産省・国土交通省・財務省の課長級である。環境省(2006f, p.86)

[53] 環境省(2006f, p.86)

[54] UNFCCC CDM Executive Board(2004, p.15, p.22), 環境省(2003a, p.8), 片桐(2003, p.44)

[55] 環境省(2003a, p.17)

[56] 野村総合研究所(2002), 外務省(2002b, p.38), 明日香(2001, p.8, p.10), (2002, p.32)。CDM を含む京都メカニズムに対して，公的資金の活用方法が重要な意味を持つ理由については，例えば，明日香(2002, p.2)参照。山口(2002, p.5)は，日本が「転用」の解釈にこれ以上固執せず，ODA によるクレジットの直接獲得に動かない方が得策と主張する。

[57] 明日香(2001, p.7)

[58] Netherlands MHSPE(2001, pp.20-21, p.81)

[59] Dutschke and Michaelowa(2006, p.5)は，対 GNP 比で ODA を 0.7%供与するミレニアム目標を守っている先進国が，デンマーク・オランダ・ノルウェー・スウェーデンだけであるために，この要件下で CDM 投資ができるのは，これら 4 カ国と世界銀行のような国際機関に限られてしまうと指摘する。

[60] 環境庁・共同実施活動推進方策検討会(1996, pp.22-23)

61) Dutschke and Michaelowa(2006, p.1)は，ODA の継続と CDM 事業の承認が結びついてしまうという LDC 諸国の懸念が，資金追加性の背景になっていると指摘する。
62) 外務省 2006 年 6 月 14 日実施の面接調査，JBIC 2006 年 7 月 14 日付の書面回答
63) JBIC 2006 年 7 月 14 日付の書面回答
64) Point Carbon(2004.6.10, p.1)
65) 外務省(2007.6.28, 2008b)，EIC ネット(2007.6.28)
66) 経済産業省(2007.9.14)，EIC ネット(2007.9.14)
67) 京都メカニズム情報プラットフォーム(2011a)
68) 外務省(2008b)。スリランカの CDM 事業は，DOE(指定運営機関)から CDM 事業に公的資金を含んでいるとの指摘を受け，いったん日本政府の承認を取り消してから，再度申請し，承認を得たものである。経済産業省(2007.9.14)参照
69) NEDO 2006 年 5 月 18 日付の書面回答によると，2006 年 5 月現在，CER が発生していないことから，CDM 事業の中間評価を行う。
70) NEDO(2000, p.5)，蛭田(1999, p.93)
71) 通商産業省が日本の専門技術や知識を開発途上国のエネルギー・環境問題の改善に役立てるために行う支援策である。支援対象は省エネルギー・代替エネルギー，水質汚染の防止，大気汚染の防止，廃棄物処理およびリサイクルの 4 分野である。支援策として調査協力・人材開発協力・研究協力・技術実証事業を行う。蛭田(1999, p.89)
72) NEDO ホーム ページ，http://www.nedo.go.jp/kankobutsu/nenshi/3color/2001_2002/kokusai(2005 年 9 月 14 日現在)
73) 蛭田(1999, p.90)
74) ベトナム側の実施機関はベトナム建設省・科学技術環境省・ベトナムセメント公社ハチエン II セメント社である。NEDO(2000, p.6)によると，ベトナムでの AIJ 認定機関は気象水門総局となっている。
75) NEDO(2000, p.6)，蛭田(1999, p.95)
76) 年間では，1 万 4,230 CO_2 換算トンと見積もられている。UNFCCC LIST OF AIJ PROJECTS 2002 年 2 月 12 日，http://unfccc.int/kyoto_mechanisms/aij/activities_implemented_jointly/items/2094.php(2011 年 12 月 11 日現在)
77) NEDO とベトナム建設省が参加する AIJ 事業には，クレジットが生じないと確認されている。UNIFORM REPORTING DOCUMENT ACTIVITIES IMPLEMENTED JOINTLY UNDER THE PILOT PHASE, January 2000(2011 年 12 月 11 日現在)，http://unfccc.int/files/kyoto_mechanisms/aij/activities_implemented_jointly/application/pdf/jpnvnm01-00.pdf
78) NEDO 2006 年 5 月 18 日付の書面回答
79) NEDO(2003)。この調査は株式会社前川製作所に委託されている。
80) その理由として，NEDO(2003)は，①タインホアと同規模の中堅工場が多いこと，②敷地に余裕があること，③石炭ボイラーの効率が非常に悪く，エネルギー効率の改善が重要なテーマとしていることを挙げる。
81) NEDO ホーム ページ，http://www.nedo.go.jp/activities/portal/gaiyou/p99034.html(2005 年 9 月 14 日現在)
82) NEDO 2006 年 5 月 18 日付の書面回答，NEDO(2006.3.28)
83) Vietnam MOI 2006 年 7 月 4 日実施の面接調査，Ha and Huong(2005)，RIB and HABECO(2006)
84) IPCC(2002, pp.135-136, p.143)では，「副次便益」について，気候変動の緩和だけ

を目的とした政策の副次的な，副作用的な効果と述べる。その例として，大気汚染の削減，運輸・農業・土地利用方法・廃棄物管理・雇用・エネルギー安全保障への影響を挙げている。なお，Rübbelke(2006, p.2)は，温室効果ガスの緩和水準における国際合意およびその環境政策で，直接的便益(primary benefits)だけでなく，副次的便益(secondary benefits)を踏まえる重要性について指摘する。

[85] Rübbelke(2006, pp.20-21)は，多くの開発途上国において，気候変動のような地球環境問題が貧困など他の問題よりも理解されていないために，副次的便益の重要性が先進工業国よりも高いと指摘する。そして，地球規模の環境政策における主要的な側面と副次的な側面の結びつきを強化することで，その政策が開発途上国にとって魅力的なものになり得ると述べる。

[86] UNFCCC CDM Executive Board(2007, p.4)

[87] Vietnam MOI 2006年7月4日・5日実施の面接調査

[88] 排蒸気再利用(回収再圧縮)システム(石炭削減)，冷却電力の合理化システム(電力削減)，殺菌設備合理化システム(石炭削減)，バイオガスボイラシステム(排水処理メタン回収利用設備：石炭削減)などが挙げられた。経済産業省(2005.1.12)，EICネット(2005.1.12)，NEDO(2005.1.12)(2005)，UNFCCC CDM Executive Board(2006, p.3), (2007, p.3)

[89] NEDO(2005.1.12)によると，温室効果ガス削減効果として，年間1万476 CO_2 換算トンが予定されている。この数値はフィージビリティ調査，Ha and Huong(2005)，RIB and HABECO(2006)で示されているものと同じである。また，Vietnam MONRE(2005, p.16)では，10年間に12万1,257 CO_2 換算トンが削減されると記されている。UNFCCC CDM Executive Board(2004, p.53)では，平均して年間1万2,100 CO_2 換算トンと見積もられている。その後，UNFCCC CDM Executive Board(2007, p.3, p.15)では，2007～2016年の10年間のクレジット期間で8万8,043 CO_2 換算トン，平均して年間8,804 CO_2 換算トンの排出削減総量が見積もられている。

[90] NEDO(2005.1.12)

[91] NEDO 2006年5月18日付の書面回答，RIB and HABECO(2006)

[92] NEDO 2006年5月18日付の書面回答によると，NEDOが経済産業省の外郭団体(独立行政法人)という政府機関であることを理由としている。

[93] NEDO(2003)によると，この内訳は，燃料8,693 CO_2 換算トン，電力1,783 CO_2 換算トンである。また，温室効果ガス排出削減効果はベースライン排出量からプロジェクト排出量を差し引いて求めている。

[94] NEDO(2003)によると，この単純投資回収年は石炭の場合で試算している。重油の価格で投資回収年を試算すると3.6年になる。

[95] UNFCCC CDM Executive Board(2004, p.53), (2006, p.53)

[96] 明日香(1999, pp.65-66)

[97] UNFCCC CDM Executive Board(2004, p.53)は，NEDOによる投資費用を3億8,000万円，BTH(Thanh Hoa Beer Joint Stock Company)による投資費用を2,500万円と示す。また，NEDO 2006年5月18日付の書面回答によると，総事業費がフィージビリティ調査時より増えていることについて，鋼材の高騰などのさまざまな要因によるものと認識している。

[98] UNFCCC CDM Executive Board(2004, p.25, p.53)。ただ，予定排出削減量を10万4,760 CO_2 換算トンで計算すると CO_2 換算トン当たり約3,800円となり，表4-4で示したCDM事業のGHG削減費用と変わらない。

99) 化石燃料や電気への課税によるCO₂削減効果も含まれることから，税収の一部が使われる気候変動対策による効果だけではない。
100) 日本経団連(2006a, pp.102-103)
101) 2005年(平成17年)1月に日本政府はNEDOによるベトナムでのビール工場省エネルギー化モデル事業をCDMとして承認した。経済産業省(2005.1.12)。同じく，この事業は2004年12月にベトナムのCDM国内承認を取得している。
102) CDM Executive Board Review of the project activity "The model project for renovation to increase the efficient use of energy in brewery" (1516), http://cdm.unfccc.int/Projects/DB/DNV-CUK1200406374.33/Rejection/IGUMWP9U8NUCM0PAN2018FLS1SDDHN(2011年12月11日現在)
103) Vietnam MOI 2006年7月4日・5日実施の面接調査
104) UNFCCC CDM Executive Board(2004, p.40, p.48, p.50)，(2006, p.4, p.34, p.48)，(2007, p.39, p.57)では，タインホア州人民委員会とハノイ・ビール・アルコール飲料会社による経済的効率性(economic efficiency)と社会的効率性(social efficiency)の定義が示されていない。
105) NEDO 2006年5月18日付の書面回答
106) Vietnam MOI 2006年7月4日実施の面接調査
107) UNIFORM REPORTING DOCUMENT ACTIVITIES IMPLEMENTED JOINTLY UNDER THE PILOT PHASE, http://unfccc.int/kyoto_mechanism/aij/activities_implemented_jointly/items/2094.php(2011年12月11日現在)
108) 同上
109) NEDO 2006年5月18日付の書面回答
110) UNFCCC CDM Executive Board(2004, p.12, p.45)，(2006, p.43, pp.55-56)，(2007, p.49, pp.64-65)
111) 他に，追加性には，ベースライン(baseline)と排出削減量(emission reduction)が含まれている。Vietnam MONRE(2005, p.9)，NEDO(2005)，UNFCCC CDM Executive Board(2007, pp.63-65)
112) Vietnam MOI 2006年7月4日・5日実施の面接調査。また，ODAの利用目的として，貧困対策，教育，社会的安全保障(social security)，「持続可能な開発・発展」，インフラ整備，経済成長，産業振興を挙げ，ODAの増額を主張する。
113) Vietnam MOI 2006年7月4日実施の面接調査では，CDM事業はODAと区別されるべきスキームと位置づけながらも，民間部門(private sector)を支援する観点からODAが事業開始時の立ち上げ(set up)に必要であると回答している。
114) UNFCCC CDM Executive Board(2004, p.62)
115) 省エネルギー，石油代替エネルギー技術の有効性を実証することである。NEDO(2006.3.28)
116) NEDO(2006.3.28)
117) NEDO(2010)
118) ガイドラインでは，「ODA資金によるCDMプロジェクト」で「取得したCSRsは国家の所有と」し，「プロジェクトを実施する投資者は，CERsを販売し，販売経費があればそれを差し引いた後，CERs販売金額の全額をベトナム環境保護基金に納める責任を有する」と定められている。
119) ベトナム財務省・天然資源省(2008)，京都メカニズム情報プラットフォーム【CDMプロジェクトに適用する資金メカニズムおよび政策に関するガイドライン】，http://

www.kyomecha.org/country/pf/VN.html(2011 年 12 月 11 日現在)
[120] IPCC(2002, p.254)は，緩和行動が適切に策定されるならば，「持続可能な開発」の目標を高めることができると指摘する。
[121] 大矢(2003, p.91)
[122] 本項で取り上げる課題は，中島清隆(2009, pp.25-26)でも論じられている。
[123] Munasinghe & Swart(2005, p.428)は，「持続可能な開発・発展」が，国家・地域・地方レベルで，気候変動の緩和と適応を相互に強化させることができると指摘する。同じく，Markandya & Halsnaes(2002, p.1)は，「持続可能な開発・発展」と気候変動政策の目的を統合する強固で包括的な国際協力が，地球環境問題への対処に必要であると指摘する。

第5章 適応に関する国際協力の現状評価
——日本の環境ODAの施策と事業

1. 日本の環境ODA施策の現状評価
2. モルディブを含む小島嶼国による現状認識
3. 日本の環境ODA事業の現状評価
4. 評価結果：適応に関する日本の国際協力
5. 評価手法の提案：適応に関する国際協力

日本とモルディブの護岸建設プロジェクト（イラスト・佐藤史子）

適応に関する日本の国際協力として，同じくアジア地域の開発途上国であるモルディブにおける環境ODA（環境分野の政府開発援助）事業と日本の環境ODA施策の現状を評価した。

前章では，気候変動問題の国際協力として，緩和に関する約束履行措置であるCDMを取り上げ，研究対象国と位置づけた日本が関わる国際協力の現状評価を行った。

本章では，もう1つの国際協力である適応支援を取り上げ，同じく日本を研究対象国とした適応に関する国際協力の現状評価を行う。そのために，第1章で設定した国際協力の評価枠組に基づき，気候変動問題の環境ODAに関する施策と事業の現状評価を行い，第2章で設定した評価事項を検証する。

評価事項は，①国際交渉過程で見られた「衡平性の尊重と効率性の制限および『持続可能性』の留意」の方針が約束履行過程でも守られているか，②国際協力において，衡平性と効率性および「持続可能性」の矛盾が有効性に悪影響を及ぼしているか，③国際合意で定められた原則と約束の間に矛盾が見られるか，④先進国責任論および開発途上締約国の将来的な参加論という気候変動問題の解決に向けた世界的な多国間協力の阻害要因への影響が見られるか，である。そのうち，特に世界的な多国間協力の阻害要因への影響を検討し，適応に関する日本の国際協力の現状評価を行う。

本章における構成と内容を概説する。第1節では，日本における環境ODA施策の現状評価として，主に資金的支援の進捗状況を検討し，一定の実績が積み重ねられてきたことを明らかにする。あわせて，環境ODAを含めた公的資金の利用が，気候変動問題の政策体系で十分に位置づけられていないことを指摘する。

第2節では，AOSIS(小島嶼国連合)加盟国へのアンケート調査に基づき，モルディブが持つ気候変動問題の現状認識を検討する。特にモルディブが気候変動問題に関して，日本政府による支援を必要としている事情について明らかにする。

モルディブを含むAOSISは小島嶼国による地域横断的な活動グループである。小島嶼国は気候変動の悪影響を早期で甚大に受けると予測されているだけでなく，すでに気候変動に関連すると見られる被害を受けている。早急に適応策を講じる必要がある。

だが，多くの小島嶼国が資金面，技術面などで多くの制約を抱えているこ

とから，先進国や国際機関などによる適応支援が必要となる。このような現況にある小島嶼国による気候変動問題への現状認識は，国際協力の現状評価に関する基本要素になり得ると考え，アンケート調査を行った。

また，本書では，気候変動問題に関する国際協力の事例対象国として，日本との関係が深いアジア地域の途上国を取り上げることから，AOSIS 加盟国を対象とするアンケート調査で，特にアジア地域の小島嶼国であるモルディブによる現状認識を検討し，第 3 節で行う環境 ODA の事業評価に反映させる。

第 3 節では，適応に関する日本の国際協力として，モルディブにおける環境 ODA 事業の現状評価を行う。1991〜2003 年における二国間 ODA の地域別配分の推移(支出純額ベース)を見ると，日本政府による二国間 ODA の約半数はアジア地域の途上国を対象としていて，他地域との割合の差が大きかった[1]。

このような関係を踏まえ，本章ではアジア地域の途上国・小島嶼国であるモルディブを事例対象国として取り上げ，その環境 ODA 事業としてマレ島護岸建設計画を対象事例と位置づける[2]。第 1 章で示した国際協力の評価基準である有効性・衡平性・効率性および「持続可能性」から，この環境 ODA 事業における目的・成果・課題を検討し，衡平性と効率性および「持続可能性」の矛盾が生じない形で事業の有効性が高められていることを明らかにする。

第 4 節では，環境 ODA に関する事業評価と施策評価の結果をまとめ，適応に関する日本の国際協力の現状評価を行う。そのために，第 2 章で設定した評価事項，特に気候変動問題の解決に向けた世界的な多国間協力の阻害要因への影響を検討する。あわせて，前章で行った緩和の国際協力における検討を踏まえ，適応に関する国際協力の観点から，資金追加性をめぐる課題について明らかにする。

本章における評価事項の検証結果として，適応に関する日本の国際協力は約束履行過程において，原則と約束を矛盾させておらず，気候変動問題の解決に向けた世界的な多国間協力の阻害要因にも影響を及ぼしていないと評価する。

その一方で，今後の政策課題として，適応を副次的目的とする環境ODA事業について，気候変動問題の国際協力を含む政策体系でどのように位置づけるかについてさらに検討される必要があると提起する。

また，資金追加性の確保については，緩和に関する国際協力での対処に加え，適応の国際協力に対して，ODAなど公的資金の利用をどの程度まで行えるかが問われる。これらの課題への対処も含め，適応に関する国際協力の進展は，長年開発途上国が主張している先進国責任論の再燃を防ぎ，開発途上締約国の将来的な参加をめぐる協議へ好影響を与えることにつながると指摘する。

なお，適応支援については緩和と異なり，議定書で期限つきの数値目標が定められていない。そのために，日本の環境ODAに関する事業や施策は，直接国際合意と結びつけられて行われていない。ただし，将来的には国際交渉の進展を踏まえ，これまでに行われてきた環境ODA事業や施策も，適応の国際協力を含む気候変動問題の政策体系で位置づけることが求められる。

また，現在は直接関連づけられてはいないものの，日本の環境ODA事業や施策は，条約で定められた究極的な目的や適応支援に関する約束に寄与する効果を上げている。この現状は第2章の表2-4で示したように，約束履行過程における「準備期」と位置づけることもできる。

このような認識に基づき，本書ではマレ島護岸建設計画と京都イニシアティブを約束履行過程における対象事業および対象施策と位置づける。

本章の最後に第5節では，適応に関する日本の国際協力の現状評価に用いた評価枠組の適用妥当性を示し，適応に関する国際協力を評価するための手法について実証的に提案するとともに，評価手法に関する研究上，実践上の課題を提起する。

1. 日本の環境ODA施策の現状評価

1-1. 日本政府による環境ODA施策の実績

本節では，気候変動問題に関連する環境ODA施策として，資金的支援に

焦点を当て，一定の実績があることを明らかにする。あわせて，環境 ODA を含めた公的資金の利用が，気候変動の緩和と適応に関する国際協力を含む政策体系で十分に位置づけられていないことを指摘する。

　日本政府は資金面から環境 ODA の拡充・強化を図ってきた。1989 年に行われたアルシュ・サミットでは，1989～1991 年度の 3 年間で，環境分野における二国間援助と多国間援助を 3,000 億円程度に拡充，強化するように努める基本方針が発表された[3]。1992 年に開催された国連環境開発会議では，1992 年度から 5 年間，環境分野における援助を 9,000 億円から 1 兆円に拡充，強化するように努めると発表された[4]。その重点分野として地球温暖化対策が挙げられた[5]。この発表内容は，法的な義務ではないが政治的約束であり，国連の「持続可能な開発・発展」委員会[6] などの場で，その実施状況が審査される[7]。

　結果として，約 1 兆 4,400 億円の実績を達成し，目標を 4 割上回った[8]。図 5-1 は日本政府による環境 ODA 実績の推移を示したものである。この図から環境 ODA の実績額と ODA 全体に占める割合は，年度ごとに上下動しながらも 1992 年度よりも増えていることが分かる。

　その後，1997 年 6 月に開かれた国連環境開発特別総会で，日本政府はグリーン・イニシアティブ（「開発途上国への支援に関する地球温暖化防止総合戦略」）と ISD 構想（「21 世紀に向けた環境開発支援構想」）の推進を発表した[9]。

　グリーン・イニシアティブは「グリーン・テクノロジー」と「グリーン・エイド」で構成される。前者は先進国による省エネルギー技術の開発と普及，非化石エネルギーの導入，革新的エネルギーと環境技術の開発，世界的な植林と森林保全からなる。後者は，開発途上国に対して，エネルギー対策や気候変動対策に関する ODA および民間資金の活用，人材育成を進めるものである。

　一方，ISD 構想の目的は国連環境開発会議の目標達成に向け，ODA を中心とした環境協力のさらなる充実を図ることである。その行動計画のポイントの 1 つとして地球温暖化対策が挙げられた[10]。

　1997 年 11 月に，この ISD 構想の一環として開発途上国の気候変動対策

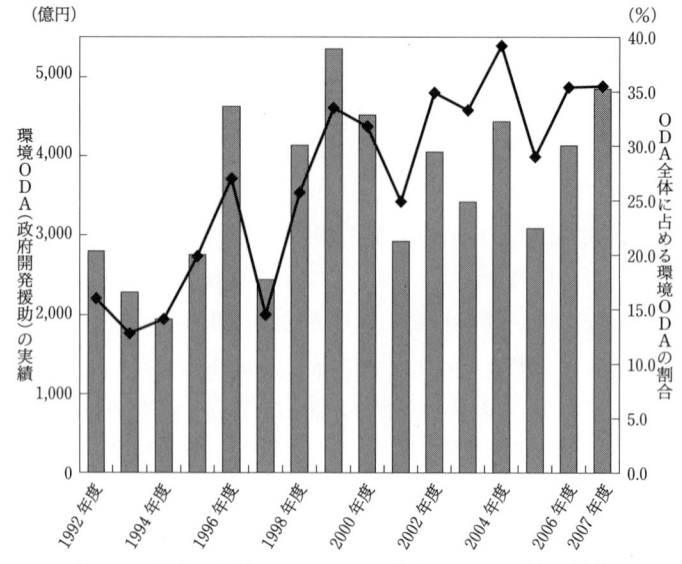

図 5-1　日本の環境 ODA と ODA 全体に占める割合の推移
(注)2009 年の参考資料集から，暦年・百万ドルベースとなっており，それまでの年度・億円ベースとは異なっていることから，2008 年度以降の「日本の環境 ODA と ODA 全体に占める割合」は掲載していない。
(出所)外務省経済協力局(1998，2001)，外務省(2005b，2007，2009b)より作成

を支援するために「京都イニシアティブ」が発表された。

　日本政府による環境 ODA の資金的実績は，ODA 全体の約 3 割を占めている。したがって，アルシュ・サミットや国連環境開発会議で示された環境 ODA の資金的支援における拡充・強化という努力目標は達成されたと評価できる。

　京都イニシアティブは，表 5-1 で示すように，人材育成・資金的支援・技

表 5-1　京都イニシアティブの内容

「人づくり」への協力	大気汚染，廃棄物，省エネルギー，森林保全・造成
最優遇条件による円借款	省エネルギー，新・再生可能エネルギー，森林の保全・造成，大気汚染対策
技術・経験(ノウハウ)の活用と移転	工場診断調査団の派遣，技術情報ネットワークの整備，ワークショップの開催

(出所)山本(1999，pp.84-85)より作成

術移転からなり[11],気候変動問題に関する途上国支援の方向性を示したものと位置づけられている[12]。このうち,資金的支援とは金利0.75%,返済期間40年の最優遇条件による円借款を示す。この円借款は開発途上国が気候変動問題に対処しながら「持続可能な開発」を達成するために,省エネルギー,新エネルギーと再生可能エネルギー,森林保全と造成の分野に使われる。

1997年12月～2006年3月の実績として,円借款の最優遇条件が適用された地球温暖化に資する案件は,92件で約1兆1,412億円に上ると公表されている[13]。

表5-2は,表5-1で示した京都イニシアティブの主要3項目を気候変動問題に関連するODAの区分と結びつけたものである。野村総合研究所(2002)や山本(1999)は,気候変動問題に関連するODAを目的別と種類別に大きく分けている。目的別には温室効果ガスの排出を直接減らす「削減」,温室効果ガスを森林などで吸収させる「吸収源」,温暖化による影響に社会を適応させていく「適応」が含まれる。また,種類別として有償資金協力(円借款)・無償資金協力・技術協力が挙げられている。

この区分を踏まえると,削減・吸収源の目的および有償資金協力・技術協力の種類は,京都イニシアティブの3項目に含まれている。一方,そこには適応と無償資金協力が含まれていないように見える。だが,京都イニシア

表5-2 京都イニシアティブと気候変動問題に関連するODA

「人づくり」への協力	大気汚染:「削減」・「技術協力」
	廃棄物
	省エネルギー:「削減」・「技術協力」
	森林保全・造成:「吸収源」・「技術協力」
最優遇条件による円借款	省エネルギー:「削減」・「有償資金協力」
	新・再生可能エネルギー:「削減」・「有償資金協力」
	森林の保全・造成:「吸収源」・「有償資金協力」
	大気汚染対策:「削減」・「有償資金協力」
技術・経験(ノウハウ)の活用と移転	「削減」・「技術協力」

(出所)山本(1999, pp.84-85),野村総合研究所(2002)より作成

ティブにおいて，ODA を中心とした気候変動対策に関連する分野の全般的な協力内容の中には，島嶼国や低地国などへの護岸といった適応策が含まれる[14]。

また，外務省は京都イニシアティブにおいて，無償資金協力や適応(支援)が排除されていないと主張する[15]。これらを踏まえると，京都イニシアティブは緩和と適応支援を含む国際協力と位置づけることができる。ただし，有償資金協力(円借款)や削減事業は，無償資金協力や適応(支援)事業よりも事業数と事業額がともに多い[16]。

日本政府は京都イニシアティブで示された最優遇条件による円借款を拡充しつづけてきた。COP3 中には気候変動対策に関連する事業の拡充と中進国向け金利のさらなる引き下げが発表された[17]。対象が広げられた分野には都市大量交通システム，水力発電所，天然ガス発電関連設備などが含まれる。また，中進国向けの金利は 2.5% から 1.8% まで引き下げられた。

さらに，COP6 再開会合と COP7 開催前の声明で，日本政府は開発途上国での地球温暖化関連事業に対して，最優遇条件による借款として年間平均約 24 億米ドルを供与することに加え，1998 年以来，地球温暖化事業に 74 億米ドルを資金的，技術的支援として供与したことを発表した[18]。

その後，2004 年の COP10(条約第 10 回締約国会議)の場で，日本政府は「日本の適応支援策：能力と自立の育成」を公表した。開発途上国の「持続可能な開発」の重要性を念頭におきながら，適応について，①開発プロジェクト推進を通じた支援の取り組み，②開発途上国の行政担当者を中心としたキャパシティ・ビルディング(能力構築)，③モデリングなどに係る気候変動研究・人材育成の推進，を中心にして，総合的支援を展開していくと紹介されている。特に①のうち，京都イニシアティブを中心にした有償と無償の二国間 ODA は，自然災害対策を含め適応分野に関連するものとして，1997～2003 年度の総額で約 1,800 億円が拠出された[19]。

2008 年 1 月には，「クールアース・パートナーシップ」(気候変動対策支援のための資金メカニズム)がまとめられている。基本的考えとして，適応策，ク

リーンエネルギーアクセス支援，緩和策が挙げられ，「5年間で，累計1兆2,500億円程度(概ね100億ドル程度)の資金供給を可能とする資金メカニズムの運用を2008年から開始する」ことが示されている。適応策・クリーンエネルギーアクセス支援には2,500億円程度(概ね20億ドル程度)，緩和策支援に1兆円程度(概ね80億ドル程度)が割り当てられた。後者については，各国の地球温暖化対策プログラムの実施等のために特別金利で資金を供給する「気候変動対策円借款」(5,000億円程度)の創設と，途上国における温室効果ガス削減のプロジェクトに対するJBICによる出資・保証，貿易保険および補助金など5年間で最大5,000億円程度の資金供給に分けられている[20]。

2009年12月には，「鳩山イニシアティブ」における2012年末までの途上国支援が発表された。「排出削減等の気候変動対策に取り組む途上国，及び気候変動の影響に対して脆弱な途上国に対し」，「2012年末までの約3年間で，官民合わせて1兆7,500億円(概ね150億ドル)規模の支援(うち公的資金1兆3,000億円(概ね110億ドル)実施」することが示されている。そのうち，ODAに約8,500億円(概ね72億ドル)拠出され，無償資金協力・技術協力，有償資金協力を積極的に活用(約7,300億円：約60億ドル)されるとともに，日本が米英と主導して世界銀行に設立した気候投資基金に約1,200億円(12億ドル)など国際機関に拠出される[21]。

表5-3は日本政府による主な気候変動関連の環境ODAの内容をまとめたものである。日本政府における環境ODA政策では，開発途上国に対する気候変動対策の支援を最も重大な課題と位置づけ，積極的に支援することを表明している[22]。

これまでにも，日本政府は気候変動問題に関する途上国支援として，資金的支援・技術的支援・人材育成を進めてきた。特に環境ODAの資金的支援については，アルシュ・サミットと国連環境開発会議で発表した目標を上回る金額が拠出されたことから，一定の実績を上げてきたと評価できる。野村総合研究所(2002)も，地球温暖化対策関連ODAについて，必要な分野を網羅する幅広い取り組みの方向性と妥当性および総額の規模を含む有効性の点で高く評価している。

表 5-3 気候変動問題に関連する日本政府による主な環境 ODA

年	政策・施策・方針	主な支援内容
1989	環境援助政策	資金的支援
1991	新環境 ODA (政府開発援助) 政策[23]	技術的支援
1992	日本の環境 ODA に関する表明	資金的支援
1997	ISD 構想 (21 世紀に向けた環境開発支援構想)	人材育成 資金的支援 技術的支援
	京都イニシアティブ	
2002	EcoISD (持続可能な開発のための環境保全イニシアティブ)	
2004	日本の適応支援策:能力と自立の育成	
2008	クールアース・パートナーシップ (気候変動対策支援のための資金メカニズム)	資金的支援
2009	「鳩山イニシアティブ」における 2012 年末までの途上国支援	

(出所) JICA (2002, 2007), 外務省 (2005d, 2008a, 2009c) より作成

1-2. 日本政府による環境 ODA 施策の課題

前項では,京都イニシアティブを中心とする日本政府による環境 ODA 施策の実績を検討した。京都イニシアティブは事業数や事業額に違いがあるものの,緩和と適応支援に関する事業を含むことから,気候変動問題に関する日本の国際協力と位置づけられる。

緩和については,新大綱で地球温暖化対策の国際的連携を確保する一環として,京都イニシアティブを含む ODA などの活用を図ることにより,途上国への支援を積極的に進めることが示されている[24]。

だが,緩和に関する国際協力で環境 ODA をどのように位置づけているのかが明らかではない[25]。緩和に関する ODA 利用の方針が示されるにとどまり,議定書の約束履行につながる京都メカニズムの1つである CDM への ODA 利用[26] と議定書の約束履行に直接つながらない京都イニシアティブが,緩和に関する政策体系で位置づけられていない。

外務省 (2002b) と野村総合研究所 (2002) は,地球温暖化対策を目的とした包括的な援助計画が存在していないと指摘する[27]。外務省 (2002b) と野村総合研究所 (2002) では,地球温暖化対策関連 ODA に係る政策体系が,削減・吸収

源・適応で構成されている。このODAは地球温暖化対策を第1目的と位置づけて行われたものではなく，結果的に対策に貢献している副次的案件がほとんどであるために，対策の評価を行ううえで，目標達成度および有効性を定量的に把握することが難しかったと報告された[28]。

この報告を踏まえると，前章でも示したように，緩和に関する国際協力へのODA利用については，政策体系における副次的案件の位置づけも含め，今後の政策課題として検討する必要がある。また，適応支援については，京都イニシアティブなどを踏まえると，緩和に比べ，表5-4で示すように政策・施策・事業の各レベルで構成される政策体系として確立されていない[29]。

緩和については，議定書で明確な期限付きの数値目標が定められたことにより，新大綱や議定書目標達成計画など総合的な政策・計画が策定された。それに対して，適応支援には本書で国際交渉過程の対象期間と位置づけたCOP7までに国際合意で期限付きの数値目標が定められておらず，総合的な計画に基づく政策体系が必ずしも求められてこなかったことが背景にあると推察できる。

また，適応の概念範囲が広く，国際交渉において協議中であることも挙げられる[30]。議定書の発効に至る国際交渉過程では緩和に関する協議が中心であった。今後，適応支援に関する協議も本格化することで，適応の概念とその適用範囲も定められていくと考えられる。野村総合研究所(2002)によると，地球温暖化対策関連ODAのうち，適応事業は件数，金額的に一定の水準にあるとしながらも，今後，どのような事業が求められるかについて検討する必要があると提起している[31]。

日本政府による開発途上国向けの国際協力として，ODAは中心的に位置

表5-4　気候変動の緩和と適応支援に関する政策の階層構造

政策レベル	気候変動の緩和政策	気候変動への適応支援政策
施策レベル	例：CDM(クリーン開発メカニズム)	例：環境ODA(政府開発援助)
事業レベル	例：CDM事業	例：環境ODA事業

づけられている。また，図5-1で示したように環境ODAの比率も1990年代後半から高まっていた。緩和と適応の国際協力においても，環境ODAは今後ますます必要になる。そのために，国際交渉の進捗状況や国際合意を踏まえ，環境ODAを気候変動問題の政策体系で位置づける必要がある。

　緩和については，前章でも示したように，CDMに関する資金追加性を踏まえ，ODAなど公的資金の利用を検討する必要がある。同じく，適応支援に関しては，環境ODAを含めた政策体系をどのように構築するかについて検討する必要がある。その際，気候変動を副次的目的とする環境ODA事業の位置づけも検討事項に含まれる。

　外務省(2002b)と野村総合研究所(2002)の指摘も踏まえ，日本政府は気候変動関連の環境ODAに関する取り組みを緩和策と適応策に整理するようになっている。例えば，2005年のODAに関する中期政策や外務省(2006)では，ODAを通じた気候変動問題に関する日本の国際協力を公表している。そこでは，具体的な取り組みとして省エネルギー，新・再生可能エネルギー導入に関する緩和策と，防災・水資源・農業・砂漠化防止など地球温暖化の悪影響に対する適応関連分野への支援が含まれている[32]。また，JICA(2006, 2007)も，気候変動問題に関するCDMと適応策の国際協力のあり方を検討した報告書を公表している。そのうち，JICA(2007)では，適応策および適応支援が「持続可能な開発・発展」の達成につながることを指摘している[33]。

　今後も，このような調査・検討を通して，環境ODAを気候変動問題の政策体系に位置づけていくことが，気候変動問題に関する国際協力の現状を評価するために必要になる。

1-3. 適応支援に関する環境ODAの評価体系

　本章では，表5-4に基づき，適応支援に関する環境ODA施策と事業の現状評価を行う。日本におけるODAの評価は新ODA大綱で政策・プログラム(施策)・プロジェクト(事業)を対象としていて，表5-4と似ている[34]。日本のODAに関して，外務省は政策レベルの評価とプログラム・レベルの評価を担当し，JICAとJBICが個別事業など個々の事業が対象とするプロジェ

クト・レベルの評価を行っている[35]。

　政策レベルの評価はプロジェクトやプログラムの枠を超えたより高次の政策を対象とする評価，ならびに，国の基本的な経済協力方針の実現を目的とする複数のプログラムやプロジェクトなどからなる集合体を対象とした評価と定義される[36]。具体的には，ODA中期政策，国別および重点課題別の援助政策といったODAの基本政策が，政策評価の対象として挙げられる[37]。外務省の2002年経済協力評価報告書では，政策レベルにおける特定テーマ評価として，地球温暖化対策が取り上げられた[38]。だが，この対策に関する政策レベルの評価と施策レベル評価は結びつけられて行われていない。

　一方，プログラム・レベル評価はプログラムによる効果が生じている状況を見ようというものである[39]。このレベルでは共通の目的を持つ複数のプロジェクトを対象とし，総合的かつ横断的に評価しようと試みる[40]。だが，外務省は政策レベル評価とプログラム・レベル評価には確立した方法がないことから，いまだ模索段階にあると指摘する[41]。

　本書では，第1章で設定した国際協力の評価枠組において，政策・施策・事業で構成される階層構造を含めている。これは上記した日本のODAをめぐる評価制度の体系と似ている。したがって，本章では，表5-5で示すように第1章で論じた政策の階層構造に基づき，日本政府による適応支援の環境ODAの検討対象を絞る。

　本章の第3節では，適応支援に関する環境ODA事業として，モルディブでのマレ島護岸建設計画を取り上げる。モルディブは日本政府による二国間ODAにおいて関係が深いアジア地域の途上国であるとともに，気候変動の悪影響に対する適応が早期に求められる小島嶼国でもある。この計画には日

表5-5　気候変動への適応に関する日本の国際協力の評価対象

気候変動への適応支援政策	
環境ODA（政府開発援助）施策	（京都イニシアティブ）
環境ODA（政府開発援助）事業	モルディブ・マレ島護岸建設計画

本のODA評価においてプロジェクト・レベルを担当するJICAが携わっている。JICAは気候変動問題に関する支援として、適応策の重要性を認識している[42]。野村総合研究所(2002)やJICA(2007)は、マレ島護岸建設計画を適応事業(適応効果を有すると想定される案件)と位置づけている。

また、この計画の評価は2002年秋に事業がすべて終了していることから、本書の第1章およびJICA(2005b)で示された時間的観点に基づく事業評価の種類を踏まえると、事後評価に当たる[43]。JICAによる2004年の事業評価報告書では、「いつ評価するか」という観点から、プロジェクト・レベルの評価を「事前評価」、「中間評価」、「終了時評価」、「事後評価」の4種類に大きく分けている。これはプロジェクト・サイクル内で評価を行う段階による分類と位置づけられている[44]。

2. モルディブを含む小島嶼国による現状認識[45]

本節では、2004年3月から6月にかけて行ったモルディブを含む小島嶼国へのアンケート調査と、モルディブによる国際会議での公式演説などを対象とした資料調査に基づき、気候変動問題に関するモルディブの現状認識を検討する。

小島嶼国は気候変動に関連する諸現象により、早期に甚大な悪影響を受けると予測されているだけでなく、すでに気候変動の悪影響に関連すると見られる被害を受けている[46]。このような状況から、小島嶼国の現状認識は国際社会による気候変動問題の解決に向けた世界的な多国間協力を評価する基本要素になり得る。

本節では、アンケート調査を通して、気候変動問題に関する小島嶼国の現状認識、特にアジア地域の小島嶼国であるモルディブの現状認識を把握し、次節で行う環境ODAの事業評価に反映させる。

アンケート調査では、AOSIS事務局と加盟39カ国の気候変動問題に携わる関係者を対象とした[47]。表5-6で示すように、2004年8月現在、13カ国、33%の回答を得た。アンケート対象者には、表5-7で示すように、①質問

表5-6 アンケート調査の回答国と回答者の所属

回答国	所属機関	役職
クック諸島(C)	Environment Service	Climate Change Research & Technical Officer
フィジー(F)	Department of Environment	Director
キリバス(K)	Environment & Conservation Division	Director
ジャマイカ(J)	Meteorological Services	Meteorologist
モルディブ(M)	Ministry of Home Affairs & Environment	Environmental Engineer
ニウエ(N)	Meteorological Service, Climate Change	Project Coordinator
パラウ(P)	Office of Environmental Response and Coordination	National Environment Planner
セント・キッツ・ネイヴィス(SK)	Department of Environment	Chief Conservation Officer UNFCCC Focal Point
セント・ルシア(SL)	Ministry of Finance and Planning, Sustainable Development and Environment Unit	Sustainable Development Officer
サントメ・プリンシペ(SP)	National Institute of Meteorology	Director
セイシェル(SE)	National Meteorological Services	Director
ツバル(T)	Government	Climate Change Coordinator
バヌアツ(V)	National Meteorological Services	Project Coordinator

A-1 と A-2 で示した気候変動の脅威に関する質問, ②質問 B-1 と B-2 で示した AOSIS に関する質問, ③質問 C-1 から C-8 で示した国際交渉に関する質問, ④質問 D-1 から D-5 で示した先進工業国と日本に関する質問, ⑤質問 E-1 と E-2 で示した先進工業国と開発途上国の関係についての質問に対して, 自国の公式見解に基づく回答を求めた。

調査に応じた AOSIS 加盟国による各質問への回答は付録1にまとめて掲載した。アンケート調査から, 気候変動問題に関する AOSIS 加盟国の全体的な現状認識を捉えるとともに, モルディブによる回答との違いを見ることで, モルディブの現状認識を把握する。

また, モルディブは国連総会など国際会議の場で, 国際社会に向けて気候変動問題に関する内容を含む演説を行っている。2001 年には条約事務局へ

表 5-7 アンケート調査の質問項目

	質問 A 気候変動の脅威に関する質問
質問 A-1	気候変動の進行に脅威を感じていますか。
質問 A-2	気候変動による海面上昇や国土水没の脅威を感じていますか。

	質問 B AOSIS(小島嶼国連合)に関する質問
質問 B-1	これまでの気候変動問題へのAOSISの取り組みに満足していますか。
質問 B-2	これまでの国際交渉でAOSISの意見が反映されていることに満足していますか。

	質問 C 国際交渉に関する質問
質問 C-1	これまでの気候変動問題の国際交渉の成果に満足していますか。
質問 C-2	これまでの気候変動問題の国際交渉の進展速度に満足していますか。
質問 C-3	条約にある原則の内容に満足していますか。
質問 C-4	条約にある究極的な目的の内容に満足していますか。
質問 C-5	条約で先進工業国に課せられた約束の内容に満足していますか。
質問 C-6	議定書で先進工業国に課せられた約束の内容に満足していますか。
質問 C-7	特別気候変動基金と適応基金の設置に満足していますか。
質問 C-8	特別気候変動基金と適応基金の内容に満足していますか。

	質問 D 先進工業国と日本に関する質問
質問 D-1	先進工業国は、気候変動問題の重大性を十分に認識していると思いますか。
質問 D-2	これまでの先進工業国による温室効果ガス削減・抑制への取り組みに満足していますか。
質問 D-3	先進工業国による気候変動への適応支援に満足していますか。
質問 D-4	これまでの日本の温室効果ガス削減・抑制への取り組みに満足していますか。
質問 D-5	日本による貴国に対する気候変動への適応支援に満足していますか。

	質問 E 先進工業国と開発途上国の関係についての質問
質問 E-1	先進工業国とCDM(クリーン開発メカニズム)を行う必要があると思いますか。
質問 E-2	開発途上締約国に法的拘束力のある数値目標が設定される必要があると思いますか。

初めての国別報告書を提出した。本節では，これらの公式演説と国別報告書を取り上げ，気候変動問題に関するモルディブの主張や認識を検討することで，アンケートへの回答結果を補う。

アンケート調査の質問A-1とA-2では，小島嶼国の気候変動に対する認識を尋ねた。モルディブを含むAOSIS加盟国による回答の約9割(11ヵ国)は，海面上昇や国土水没といった気候変動への悪影響に強い脅威を感じてい

る。モルディブも海面上昇といった気候変動による悪影響への脅威を訴えつづけている[48]。それは国家の存続に関わる危機である[49]。モルディブ国土の8割以上は海抜1m以下であるために,海面が1〜2m上昇すれば,国土が水没する深刻な影響を受ける[50]。

1987年にモルディブは高潮・高波に襲われた。国連総会決議はモルディブを襲った高潮の被害に深い関心を示すとともに,長期的な護岸の強化を打ち出した[51]。モルディブも1987年と1991年の高波[52]以来,マレ島周辺の護岸を行っている[53]。ただし,1987年の時点では高潮の被害が気候変動の悪影響によるものと認識されていなかった。

その後,モルディブ政府内におけるMHAHE(Ministry of Home Affairs, Housing and Environment:内務・住宅・環境省)[54]は,1999年に発表したNEAP-II(the second National Environmental Action Plans:第2次国家環境行動計画)[55]で,最大の関心事として気候変動と海面上昇への対処を打ち出している[56]。その目的には,現在世代と将来世代における共通の利益と恩恵のために,環境の保持・保護と資源の持続的な管理が挙げられた。

この計画では,「持続可能な開発・発展」の目標に向け,気候変動と海面上昇に関するモルディブの主な政策として,①国際社会への訴え,②法や制度の整備,③気候変動への対処に関する資金メカニズムの整備,④適応に関する国家的取り組み,⑤適応措置と国家開発計画の統合,⑥温室効果ガス排出抑制措置が挙げられ,具体的な方策が示された[57]。

質問B-1とB-2では,AOSISによる気候変動問題への取り組みに関する評価を尋ねた。小島嶼国は国際交渉における活動グループとしてAOSISを形成している。

1989年11月に,モルディブの首都マレで海面上昇に関する小島嶼諸国会議が開かれ,「地球温暖化と海面上昇に関するマレ宣言」が発表された。この宣言において,地球温暖化・気候変動・海面上昇に共同して対処するために,小島嶼国間で活動グループが設立された[58]。その後,1990年11月の第2回世界気候会議で,この活動グループはAOSISと名づけられた[59]。

質問B-1に対する回答の約8割(10ヵ国)が,AOSISによる気候変動問題

の取り組みに満足していると示した。AOSIS は第 2 回世界気候会議および 1994 年に行われた小島嶼途上国の「持続可能な開発・発展」に関する世界会議とその準備会合で一定の役割を果たしたと評価されている[60]。また，質問 B-2 に対する回答の約 8 割(10 ヵ国)が国際交渉で AOSIS の意見が反映されていると評価した。

一方，モルディブは国際交渉における AOSIS の役割が不十分であると回答した。これは第 2 章でも示したように，議定書を採択する国際交渉において，CO_2 排出量を 2005 年までに 20%減らす AOSIS 案とかけ離れた合意がなされたことが影響していると推察できる[61]。

質問 C-1 と C-2 への回答によると，モルディブを含む AOSIS 加盟国は国際交渉に関する成果と進展速度ともに満足していない。国際交渉の成果(質問 C-1)については約半数(6 ヵ国)，進展速度(質問 C-2)については 5 割超(7 ヵ国)が否定的な回答を示した。

モルディブはアンケート調査に応じた AOSIS 加盟国の中で唯一，国際交渉の成果にまったく満足していないと回答した。また，公式演説では気候変動問題へ即座に対処することを求めた[62]。それは各国による議定書批准の遅れを懸念したことにも表れている[63]。

質問 C-3 と C-4 では，国際合意の 1 つである条約の中で，長期的観点に関する内容への認識を尋ねた。両質問への回答から，モルディブを含む AOSIS 加盟国は条約 3 条の原則および同 2 条の究極的な目的の内容に大変満足していることがわかる。原則(質問 C-3)については 9 割超(12 ヵ国)，究極的な目的(質問 C-4)については約 8 割(10 ヵ国)が，それらの内容に満足であると回答した。また，モルディブは国別報告書において，条約で定められた予防原則と共通だが差異のある責任原則を支持していた[64]。

質問 C-5 と C-6 では，先進締約国に課せられた緩和に関する約束の内容をめぐる認識について尋ねた。条約では附属書 I 国に対して 2000 年までに 1990 年比で CO_2 排出量を安定化(0%抑制)させる法的拘束力のない約束が課せられた。また，議定書では附属書 B 国全体として 2008〜2012 年の第 1 約束期間に CO_2 など 6 種類の温室効果ガスを基準年より少なくとも 5%減ら

すことが定められた。

　質問 C-5 に対する回答の 5 割超(7 ヵ国)が条約における約束の内容に満足しておらず，質問 C-6 に対する回答の約 6 割(8 ヵ国)が議定書における約束の内容に満足していない。COP3 で AOSIS を代表したトリニダード・トバゴは，議定書で附属書 B 国に課せられた数値目標が不十分であると主張し[65]，モルディブも COP3 での合意内容に十分に満足していなかった[66]。

　だが，モルディブはこの不十分な議定書を受け入れ，広く尊重されなければならないと主張した[67]。そして，WSSD(「持続可能な開発・発展」に関する世界サミット)が開かれる 2002 年までに議定書が発効されることを望んでいた[68]。

　質問 C-7 と C-8 では，先進締約国から開発途上締約国への資金的支援に関する認識を尋ねた。COP6 再開会合で採択されたボン合意では，小島嶼国向けの資金メカニズムとして条約に基づく特別気候変動基金と議定書に基づく適応基金が設置された。両基金は開発途上締約国による適応を支援する目的で設けられた[69]。

　これら 2 つの質問への回答で，AOSIS 加盟国は両基金の設置と内容に一定の満足度を示した。基金の設置(質問 C-7)については約 7 割(9 ヵ国)が肯定的に評価し，その内容(質問 C-8)については約半数(7 ヵ国)が満足と回答した。

　その一方，両基金の内容については約 3 割(4 ヵ国)が否定的に回答したように不満足度も高い。また，アンケート調査に応じた AOSIS 加盟国の中で唯一，モルディブは両基金の設置と内容ともにまったく不満足と回答した。

　アンケート調査では，先進工業国による気候変動問題への取り組みをめぐる AOSIS 加盟国の認識について尋ねた。これまでの質問とは違い，「どちらでもない」という回答が過半数を超えている。このような回答状況を踏まえ，本節では AOSIS 加盟国による認識の傾向を示す。そのうえで，質問 D-1 から D-3 までの回答を踏まえると，モルディブを含む AOSIS 加盟国は，先進工業国による地球温暖化問題への取り組みに満足していないことが分かる。

　質問 D-1 では，先進工業国が気候変動問題の重大性をどのように認識し

ているかについて尋ねた。この質問への回答から，AOSIS 加盟国は先進工業国による問題への認識が足りないと受け止めている。モルディブは先進工業国が問題の重大性を認識していると受け止めながらも，公式演説で国際社会が気候変動の悪影響を十分に理解，認識しておらず[70]，先進工業国が地球環境を危険にさらしていると主張した[71]。

質問 D-2 と D-3 では，先進工業国による気候変動問題への取り組みについての認識を尋ねた。モルディブを含む AOSIS 加盟国の約 6 割(8 カ国)は，これまでの先進工業国による温室効果ガス削減への取り組みに対して否定的な回答を示した。また，適応支援についても否定的な回答を示す傾向が見られた。

モルディブは先進工業国による緩和と適応支援に関する取り組みに対して，ともにまったく不満足であると回答した。モルディブは公式演説において，気候変動問題を引き起こしていないと主張する[72]。図 5-2 では，2000 年における世界の燃料起源 CO_2 排出量の割合を示した[73]。この図を見ると，モルディブを含む AOSIS 加盟 37 カ国全体の CO_2 排出量は世界全体の 1%以下であることから，気候変動ならびにその寄与度が少ないことが分かる[74]。

また，モルディブは経済力・工業力・技術力が不足していて，海面上昇な

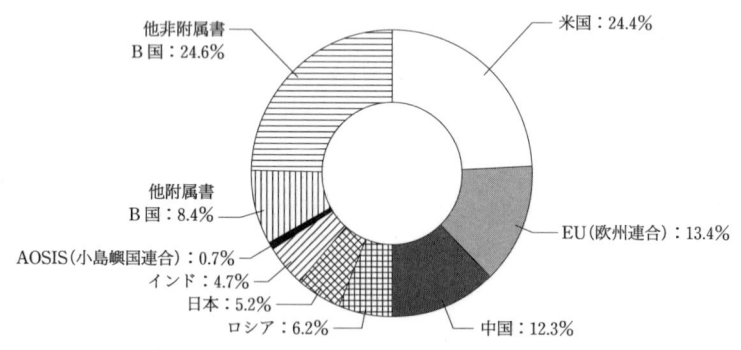

図5-2 世界の 2000 年燃料起源 CO_2 排出量割合
(出所) Marland, Gregg, Boden, Tom and Andre, Bob
http://cdiac.ornl.gov/trends/emis/top2000.tot (2011 年 12 月 11 日現在) より作成

どの気候変動問題への対処が限られている[75]ために国際援助の必要性を訴えている[76]。だが，援助国である先進工業国によるODAをGDPの0.7%にすると再確認されたアジェンダ21の内容[77]が，実際には達成されていないと主張していること[78]から，国際援助の現状に満足していないことがわかる。このように，モルディブが先進工業国による気候変動問題への取り組みに満足していないのは，先進工業国による支援への期待の裏返しでもあると解釈できる。

質問D-4とD-5では，気候変動問題に関する日本の取り組みについての認識を尋ねた。これら2つの質問でも「どちらでもない」や「わからない」という回答が5割超(9カ国と7カ国)を占めていることを踏まえ，AOSIS加盟国による認識の傾向を把握する。

質問D-4への回答によると，AOSIS加盟国は緩和に関する日本の取り組みに少し満足している。その中でモルディブはまったく不満足と回答した。一方，質問D-5に対する回答の約3割(4カ国)が適応支援に関する日本の取り組みを否定的に評価した。

モルディブは国連総会での演説において，海面上昇への対処に関する援助国の中でも，特に日本への感謝を示した[79]。実際，日本はモルディブに対するDAC(Development Assistance Committee：開発援助委員会)[80]諸国によるODA実績割合で2006年まで常に首位であり，図5-3で示すように，1987～2005年には，全体の5割から8割を占めていた。

最後に，先進工業国と開発途上国の関係をめぐるAOSIS加盟国の認識について取り上げる。質問E-1では，先進締約国とのCDMを行う必要性について尋ねた。CDMは先進締約国と開発途上締約国が共同して行う温室効果ガス削減事業である。質問E-1への回答では，モルディブを含むAOSIS加盟国の約7割(9カ国)がCDMの必要性を認めている。モルディブも国際交渉でCDMに関心を示していた[81]。

質問E-2では，開発途上締約国に対して，緩和に関する法的拘束力付きの数値目標を課す必要があるかどうかについて尋ねた。これは第2章で国際協力の阻害要因と位置づけた開発途上締約国の将来的な参加論に関連する質

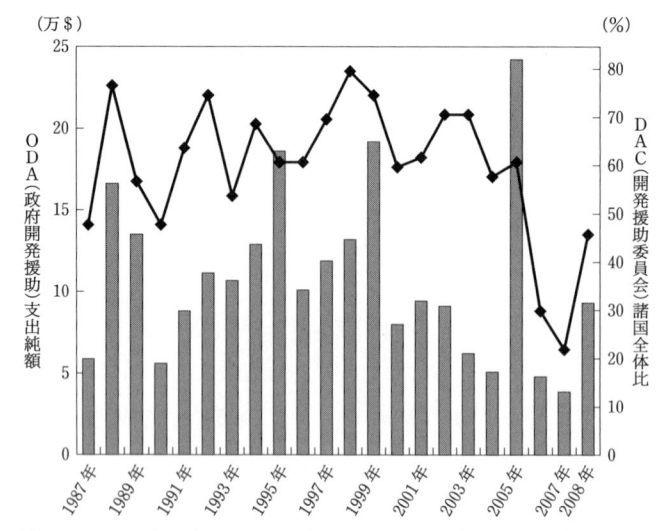

図 5-3 モルディブにおける日本の ODA 支出純額と DAC 諸国全体比
(出所)外務省経済協力局(1989, 1990, 1991, 1992, 1993, 1994, 1995, 1996, 1997, 1998, 1999, 2001, 2002, 2004, 2005, 2008), 外務省(2011c)より作成

問である。

質問 E-2 への回答では, 数値目標の設定を必要とする認識の方が少し多く示されたものの, 他の質問よりも回答が分散していることが特徴的である。これは国際交渉において, AOSIS が途上国グループ内に属している一方で, 図 5-2 で示したように気候変動への寄与度が大きい中国・インドなど温室効果ガス大排出国には数値目標の設定を求めていると推察できる。

本節では, アンケート調査と資料調査に基づき, モルディブを含む AOSIS 加盟国による気候変動問題に関する現状認識について検討した。表 5-8 はアンケート調査の各質問において, モルディブと他の AOSIS 加盟国で多数を占めた回答を比較したものである。

質問 A-1 と A-2 への回答で示されたように, モルディブは, 他の AOSIS 加盟国と同じく, 気候変動に対する強い脅威を感じている。国際社

表5-8 モルディブと他のAOSIS加盟国の現状認識

質問	モルディブの回答	他のAOSIS(小島嶼国連合)加盟国による多数の回答
質問A-1	強く感じる	強く感じる(85%)
質問A-2	強く感じる	強く感じる(85%)
質問B-1	どちらでもない(15%)	かなり満足(46%)
質問B-2	*不満足(15%)*	*かなり満足(46%)*
質問C-1	全く不満足(8%)	不満足(38%)
質問C-2	不満足	不満足(31%)
質問C-3	満足	満足(85%)
質問C-4	満足	満足(69%)
質問C-5	不満足	不満足(54%)
質問C-6	全く不満足	全く不満足(38%)
質問C-7	*全く不満足(8%)*	*かなり満足(38%)*
質問C-8	*全く不満足(8%)*	*満足(46%)*
質問D-1	*満足(15%)*	どちらでもない(62%)・*不満足(23%)*
質問D-2	全く不満足(15%)	不満足(46%)
質問D-3	全く不満足	どちらでもない(62%) 全く不満足・不満足(各15%)
質問D-4	*全く不満足(8%)*	どちらでもない(62%)・*満足(23%)*
質問D-5	どちらでもない	どちらでもない(46%)・不満足(23%)
質問E-1	絶対必要	絶対必要(38%)
質問E-2	*全く不必要*	*必要(23%)*・全く不必要(23%) どちらでもない(23%)

(注)各質問の内容については，表5-7参照。( )内の数値は回答率を示す。太字・斜字はモルディブと他のAOSIS加盟国による多数の回答が逆方向を示していることを表す。

会による気候変動問題への取り組みについては，質問C-3とC-4への回答で示されたように，他のAOSIS加盟国と同じく，原則や究極的な目的といった条約における長期的な観点を高く評価している。

その一方で，質問C-1，C-2，C-5，C-6への回答で示されたように，条約や議定書で定められた短期的な約束の内容をはじめとして，全般的には厳しい認識を持っている。その中で，モルディブは質問C-1において示されたように，国際交渉の成果について他のAOSIS加盟国よりも厳しい認識を見せている。

モルディブと他のAOSIS加盟国との認識の違いが表れているのは，質問B-1とB-2で示されたAOSISに対する認識，質問C-7とC-8で示された

開発途上国向けの基金に対する認識，質問 D-1 と D-4 で示された日本を含む先進工業国による気候変動問題への認識と取り組みについての回答であった。そのうち，開発途上国向けの基金について，他の AOSIS 加盟国が肯定的に評価しているのに対し，モルディブは基金の設置と内容に厳しい認識を示した。

モルディブは先進工業国が気候変動問題の重大性を認識していると理解しながらも，これまでの日本による緩和に関する取り組みを厳しく評価している。また，質問 D-2 への回答で示されたように，モルディブは他の AOSIS 加盟国よりも先進工業国による緩和への取り組みを厳しく評価している。

本節で論じたように，モルディブは気候変動への潜在的な脅威を感じているだけでなく，すでにその悪影響を被っていることから自国の取り組みも進めている。だが，資金的，技術的制約を抱えていることから，先進工業国などによる気候変動への適応支援を強く求めている。

このようなモルディブの国内事情と現状認識が，他の AOSIS 加盟国との回答の違いに表れている。それは特に開発途上国向けの資金や日本を含めた先進工業国による気候変動問題への取り組みの現状をめぐる回答で示されている。

また，アンケートの回答には表れていないものの，資料調査によると，モルディブは気候変動問題に関する日本の支援を高く評価している。次節で取り上げるモルディブにおける日本の環境 ODA 事業はその典型例である。

3. 日本の環境 ODA 事業の現状評価

前節では，モルディブによる気候変動問題の現状認識を明らかにした。本節ではモルディブの現状認識を踏まえ，適応支援に関する日本の環境 ODA 事業としてマレ島護岸建設計画の現状評価を行う。

この評価のために，モルディブでの現地調査およびインタビュー調査を 2006 年 6 月に行った。本節では，第 1 章で示した国際協力の評価基準である有効性・衡平性・効率性および「持続可能性」を用い，この環境 ODA 事

業の目的・成果・課題について，日本とモルディブ両国の関係者による現状認識を検討する。

日本政府による環境 ODA 事業としてマレ島護岸建設計画が始められるのは，1987 年 4 月にモルディブを襲った高潮による被害後である。この高潮により，マレ島は 600 万米ドルに上る被害を受けたと推計されている[82]。

モルディブ国の首都であるマレ島は，政府関係機関のすべてが集中する社会経済活動の中心地であり[83]，表 5-9 で示すように，モルディブ国全人口の 25％前後が集中している。島への人口集中に対処するために，南岸地域では 1979 年から埋立事業が始められた。だが，安全で耐久性のある護岸施設がなかったために，1987 年の高潮により南岸東端区域が内陸深くまで広範囲に侵食された[84]。この高潮被害に対して，日本政府は 1987 年 4〜5 月にかけて国際緊急救援隊を派遣した。

表 5-10 は 1987 年の高潮以降におけるマレ島護岸建設計画の沿革をまとめたものである。これまで日本政府が派遣した JICA 調査団による報告に基づき，モルディブ政府が日本政府に ODA（無償資金協力）を求め，この要請に応じた日本政府が計画の策定と実施を行うことで進められてきた。

1987 年の高潮直後に派遣された国際緊急救援隊は被害状況の調査結果として，モルディブ政府に対して南岸地域の護岸施設を早急に建設するように勧告した[85]。その後，JICA による基本設計調査報告書[86]に基づき，日本政

表 5-9　モルディブ国マレ島への人口集中

年	モルディブ国推定人口（人）	マレ島人口（人）	マレ島人口割合
1985	180,088	45,874	25.5％
1986	191,993	50,462	26.3％
1990	213,215	55,130	25.9％
1993	238,363	55,000	23.1％
1994	246,000	64,000	26.0％
1995	245,000	63,000	25.7％
1999	277,000	63,000	22.7％

（出所）JICA（1987，1992），JICA・INA・PCI（1993），JICA・PCI（1996，1998，2000）より作成

表 5-10 マレ島護岸における日本の環境 ODA 事業の経緯

年月・年度	事件・事業	調査実施主体
1987 年 4 月	マレ島の高潮被害	−
1987 年 4〜5 月	日本政府による国際緊急救援隊派遣	−
1987 年 7〜8 月	マレ島南岸護岸建設基本設計調査団派遣	JICA
1988 年 6〜7 月	高潮：マレ島南岸部浸水	−
1987〜89 年度	マレ島南岸護岸建設計画	−
1991〜92 年度	マレ島海岸防災計画調査	JICA
1993 年 8〜9 月	マレ島西岸護岸建設基本設計調査団派遣	JICA
1994〜95 年度	マレ島西海岸護岸建設計画	−
1995 年 8 月	第 2 次マレ護岸建設計画基本設計調査団派遣	JICA
1996〜97 年度	第 2 次マレ島護岸建設計画	−
1997 年 8 月	第 3 次マレ島護岸建設計画基本設計調査団派遣	JICA
1998〜99 年度	第 3 次マレ島護岸建設計画	−
2000 年 2〜3 月	第 4 次マレ島護岸建設計画基本設計調査団派遣	JICA
2000〜01 年度	第 4 次マレ島護岸建設計画	−

(注) JICA：国際協力事業団
(出所) JICA(1987, 1991), JICA・INA・PCI(1993), JICA・PCI(1996), 外務省経済協力局(2004)より作成

府による無償支援協力としてマレ島南岸護岸建設計画が策定，実施された[87]。

表 5-10 でまとめたように，4 次にわたるマレ島護岸建設計画は JICA による 1992 年の報告書で立案された海岸防災施設計画に基づく。この海岸防災施設計画では，高潮被害に対する緊急性の観点から，①西海岸，②東海岸，③南海岸，④北海岸と対策の優先順位が示され，マレ島全海岸保全施設の建設が終わるまでに 5 年は必要であると推定された[88]。

この優先順位に基づき，4 次にわたるマレ島護岸建設計画はモルディブ政府からの要請に従い，日本政府による無償資金協力として行われた。4 次にわたる計画で，JICA による基本設計調査団[89]は，既設の護岸が脆弱な構造で破損部分が多く，危険な状態にあると指摘しつづけた[90]。この調査結果を踏まえ，計画では恒久的な護岸整備が決められ，約 10 年かけて当初の優先順位に沿って事業が進められた[91]。

表 5-11 は日本政府によるマレ島護岸建設計画の負担額とモルディブにおける無償資金協力に占める割合を集計したものである。この計画に関連する費用は，平均してモルディブに対する無償資金協力額の約 6 割を占める。こ

表5-11 日本政府によるマレ島護岸建設計画の実績と無償資金協力に占める割合

年度	護岸建設計画費用 (億円)	モルディブへの 無償資金協力割合	モルディブへの 無償資金協力総額(億円)
1987	4.97	31.2%	15.94
1988	6.82	54.3%	12.56
1989	8.72	92.1%	9.47
1994	8.56	85.3%	10.03
1995	5.10	45.6%	11.18
1996	4.00	44.5%	8.98
1997	7.76	46.2%	16.78
1998	4.98	37.9%	13.15
1999	8.82	73.8%	11.95
2000	8.02	82.5%	9.72
2001	6.54	80.2%	8.15
合計	74.29	(平均)58.1%	127.91

(注) 1987年度以降，日本政府によるモルディブへのODA(政府開発援助)はすべて贈与(無償資金協力＋技術協力)である。1990～1993年度に，マレ島海岸防災計画という実施開発調査案件が行われている(外務省経済協力局，1991，1992，1993，1994)。
(出所) JICA(1991)，外務省経済協力局(1989，1990，1995，1996，1997，1998，1999，2001，2002，2004)より作成

の表からも，マレ島護岸建設計画はモルディブ政府にとって重要なODA事業であることが分かる。

前述したように，この計画は1987年に発生した高潮への緊急支援から始まる。その当時は科学者を中心にした気候変動に関する会議が始められたばかりであり，国連における多国間交渉は行われていなかった。したがって，表5-12で示すように，マレ島護岸建設計画は高潮被害を軽減する防災が主目的および直接効果であり，後に気候変動の悪影響に対する適応が副次的目的および間接効果[92]と位置づけられた[93]。

JICAによる一連の報告書でも示されている[94]ように，このような事業目的に関する日本側とモルディブ側の認識は一致している[95]。JICA(2007)で，第4次マレ島護岸建設計画は「プロジェクト対象地域の与件」が「小島嶼

表5-12 マレ島護岸建設計画における裨益効果

裨益効果	南岸	1次	2次	3次	4次
高潮・高波の被害軽減，浸水災害防止	○	○	—	—	直接効果
伝染病防止	○	○	○	—	—
住民の生命と財産の保全・保護	○	—	○	○	—
民政安定，市民生活の安定確保	○	—	○	○	直接効果
首都機能確保・維持	○	—	○	○	—
地球温暖化による海水面上昇に対する防災	—	○	—	○	**間接効果**
施設破壊防止，公共施設浸水防護，住居・施設浸水防止	—	○	—	○	直接効果
幹線道路安全通行確保	—	○	—	—	—
社会経済(活動)の安定的開発	—	—	○	—	—
電力・飲料水の安定供給	—	—	○	○	—
国土拡張支援，埋立地拡張の間接支援，社会環境整備の間接的支援	—	—	○	○	—
土壌流出防止	—	—	○	—	—
BHN(ベーシック・ヒューマン・ニーズ)向上	—	—	—	○	—
護岸維持管理軽減，年間補修費カット	—	—	—	○	直接効果
海洋活動基盤維持	—	—	—	—	直接効果
港湾利用条件改善と安全確保支援	—	—	—	—	間接効果
観光支援	—	—	—	—	間接効果

(出所)JICA(1987, 1991)，JICA・PCI(1996, 1998, 2000)より作成

国・地域」，「プロジェクトの有する潜在的な適応策としての効果」が「その地域は，現在でも気温・降水量等気象条件の変動や洪水，旱魃，熱波，台風，高潮等の気象災害等による影響を直接・間接に受けており，その事業を行うとそれらの影響を軽減する効果が期待できる」および「その地域で将来，温暖化により気象条件の変動や，気象災害の強度や頻度が現状よりも大きくなった場合に，その事業は，直接的・間接的な温暖化影響を軽減する効果が期待できる」と位置づけられている[96]。

上記したように，適応支援が副次的目的と位置づけられているものの，日本側とモルディブ側ともにマレ島護岸建設計画は成果があったと認識している。特に2004年のインド洋大地震による津波襲来時，マレ島および護岸本体への被害はほとんどなかったと指摘されている[97]。

また，モルディブ政府は2006年6月に日本国民へ環境保護・保全に関連

第5章 適応に関する国際協力の現状評価 213

する賞(President of Maldives Green Leaf Award)を授与した[98]。モルディブ大統領の演説では，日本政府による無償資金協力で建設された護岸施設が2004年の津波からマレ島を守ったことに触れられている[99]。この事業に対するモルディブ側の認識は，図5-4と図5-5で示す記念パネルの設置にも表れている[100]。

このようなモルディブでの環境ODA事業に対する高い評価は，野村総合研究所(2002)，JICAによる事業案内，外務省による第3次までの事業評価でも示されている[101]。第2次マレ島護岸建設計画の終了時評価を扱った

図5-4 マレ島南岸護岸建設計画の関連パネル
(出所)2006年6月21日著者撮影

図5-5 第3次マレ島護岸建設計画の関連パネル
(出所)2006年6月21日著者撮影

JICAによる2001年の事業評価年次報告書でも，効率性・目標達成度・効果・妥当性・自立発展性(sustainability)の観点[102]から，肯定的な評価結果が示された[103]。

事業の目標達成度については，消波ブロックを含む恒久的なコンクリート護岸が建設されたことで，越波や護岸の決壊による海水の浸水が防がれ，防災の機能が確保されたと評価している。また，事業効果については，マレ島東側地域の生活基盤と公共施設の保全が図られていること，ならびに，埋め立て造成地に高潮が浸水することで土砂の流出を防ぐ波及効果がもたらされていることが挙げられた。

表5-13はマレ島護岸建設計画における日本・モルディブ両国政府の負担額を集計したものである。この事業では，約15年の歳月と約75億円の資金をかけ，全長約6kmにわたる護岸施設が整備された[104]。前述したように，1987年の高潮によるマレ島への被害は600万米ドルに上ると推計されている。

一方，計画終了後に生じた2004年の津波によるマレ島への被害はほとんどなかったと報告された。したがって，マレ島護岸建設事業は2004年の津波時に少なくとも1987年の高潮で生じた被害が最小限に抑えられ，事業目的に関する一定の成果が見られたと評価できる[105]。

衡平性の評価基準からも，モルディブ側はマレ島護岸建設事業の成果があったと認識している[106]。この事業は50年に1回生じる高波に対して，マ

表5-13 マレ島護岸建設計画における日本政府とモルディブ政府の負担額

護岸建設実施期間	日本政府負担額(億円)	モルディブ政府負担額(億円)	護岸延長距離と場所
1987〜89年度	20.51	0.00549	南岸 1,520 m
1994〜95年度(第1次)	13.68	0	西岸 774 m
1996〜97年度(第2次)	11.78	0.67	東岸 1,266 m
1998〜99年度(第3次)	14.09	0.14	南岸 1,546 m
2000〜02年度(第4次)	14.31	0.05	北岸 1,327 m
合　　計	74.37	0.87	全長 6,367 m

(出所)JICA(1987, 1991, 2001)，JICA・INA・PCI(1993)，JICA・PCI(1996, 1998, 2000)より作成

レ島全域を災害から守る効果が念頭に置かれている[107]。高波・高潮との違いはあるが，2004年の津波によるマレ島への被害を最小限に食い止められたことから，将来的にもこの事業による効果が期待できる。すなわち，衡平性および「持続可能性」の観点から，この環境ODA事業は災害対策に関連する現在世代の便益だけでなく，気候変動の悪影響に対する適応を含む将来世代の便益も期待できる。

効率性の評価基準[108]からも，日本側はマレ島護岸建設事業で予定されていた目的・目標を最小費用で達成できたと認識している[109]。また，この事業は恒久的な防災施設の建設を目的としていることから，モルディブ政府による護岸補修のための予算が節約できる効果も指摘されている[110]。

JICAによる2001年の事業評価年次報告書では，事業効果の1つとして耐久性のある護岸施設が建設されたことで補修費がほぼ不要になり，従来モルディブ政府が護岸修復工事に要していた支出が大幅に減ったと指摘されている[111]。

表5-14はモルディブ建設公共事業省における1993～1999年の予算実績のうち，護岸補修費の占める割合を示している。マレ島護岸建設計画の割合は1993年に29%であったが，1995年に日本政府の無償資金協力による西護岸建設が始まって以降，1～2%で推移している[112]。

表5-13で示したように，マレ島護岸建設計画におけるモルディブ政府の

表5-14　建設公共事業省予算実績額と全体比(1993～1999年)

年	マレ島護岸補修工事	一般会計	他の建設プロジェクト	予算合計(1,000ルフィア)	日本政府無償資金協力
1993	29%	30%	41%	38,824	――
1994	15%	25%	60%	46,000	西護岸
1995	1%	56%	44%	57,665	建設
1996	2%	53%	45%	65,462	東護岸
1997	1%	49%	51%	121,175	建設
1998	1%	23%	76%	112,035	南護岸
1999	1%	28%	70%	121,256	建設

(注)1997年から，フルマレ島埋め立て計画のために，特別予算がつけられている。
(出所)JICA・PCI(2000)より著者作成

負担額は約8,700万円であった。その一方，モルディブ建設公共事業省によると，この計画が行われたことで，護岸維持補修費用に関して1993年に年間12万米ドル，2001年度には北岸だけで年間10万米ドルというように，1,000万円以上が節約できたと試算されている[113]。前述したように，マレ島護岸建設計画は，50年という長期的な効果を念頭においているので，モルディブ政府にとって事業負担額に対する護岸維持補修費用の節約効果が大きくなり，効率的，費用効果的であるといえる。

マレ島護岸建設計画で「持続可能な開発・発展」が明確に示されているのは，第4次計画の環境への影響におけるスクリーニングである。JICAのガイドラインを踏まえ，スクリーニングの目的は「環境インパクト評価(EIA: Environmental Impact Assessment)の実施が必要となる開発プロジェクトかの判断を行うこと」である。詳細には「プロジェクトの内容と立地環境に基づいて，持続可能な開発と住民の生活および周辺環境との調和を図る，との立場・視点からEIA実施が必要か否かを評価するもの」と説明されている。JICA・PCI(2000)では，第4次マレ島護岸建設計画におけるスクリーニングの実施結果として，EIAの実施は不要と判断されたことが記されている[114]。

本節で検討したように，モルディブ政府はマレ島護岸建設事業の成果を認めていた。適応支援は副次的目的と位置づけられているものの，衡平性や効率性から事業の有効性が評価されている。そのうえで，モルディブ政府は適応や津波対策として，日本のさらなるODAを期待している。

前節で示したように，モルディブは先進国による適応支援の現状に満足しておらず，資金的支援が十分ではないと認識していた。モルディブは国際合意で定められた適応基金を含む資金的支援に加えて，適応支援に関する環境ODA事業がさらに必要であると認識している[115]。

このようなモルディブを含む小島嶼国などの開発途上国による要請に応え，環境ODAを含む適応支援をさらにどのように進めていくかは，条約や議定書で先進締約国と位置づけられている日本政府の政策課題である。

4．評価結果：適応に関する日本の国際協力

　本章では，日本を研究対象国と位置づけ，気候変動問題に関連する環境ODA施策と適応支援に関する環境ODA事業の現状評価を行った。

　本節では，環境ODAに関する施策評価と事業評価の結果をまとめ，適応に関する日本の国際協力の現状評価を行う。そのために緩和と適応に関する国際協力の論点である資金追加性を吟味する。あわせて，第2章で設定した評価事項，特に気候変動問題の解決に向けた世界的な多国間協力の阻害要因と位置づけた先進国責任論および開発途上締約国の将来的な参加論への影響を検証する。

　本章第1節で示したように，気候変動問題に関連する日本の環境ODA施策は，資金的支援の観点から，一定の実績を積み重ねてきたと評価できる。だが，京都イニシアティブを含む途上国支援としての環境ODAは，現時点で気候変動問題の政策体系でどのように位置づけられているのか明確ではなかった。

　緩和については，議定書で定められた約束履行に直接関係するCDMを含む京都メカニズムに対するODAの方針が示されているものの，約束履行に直接結びつかない京都イニシアティブなどの途上国支援が位置づけられていなかった。

　一方，適応支援については，現時点で緩和のように国際合意で期限付きの数値目標が定められていないこともあり，環境ODAを含む政策体系が確立されていないと指摘した。

　本書では資金追加性について，CDMへのODA流用禁止に加え，気候変動問題の国際協力における公的資金の利用をめぐる論点と広く捉えた。それは途上国が求めつづけている新規で追加的な資金供与にも関連づけられる。

　緩和と適応の国際協力において，環境ODAを含む公的資金の利用に関する政策体系が確立されていないことは，CDMへのODA流用禁止に関する判断も含め，資金追加性の確保と新規で追加的な資金供与への配慮にも影響

を与える。CDM への ODA 流用と資金追加性の確保および新規で追加的な資金供与の区別がつきにくいからである。

特に適応に関する国際交渉の進捗状況を踏まえ，環境 ODA を含む公的資金の利用について気候変動問題の政策体系でどのように位置づけるかは，日本における今後の政策課題になる。それは日本政府にとって CDM を含めた気候変動問題の国際協力に ODA を利用するための要件になり得る。

同じく，気候変動の悪影響に対する適応を副次的目的とする環境 ODA について，気候変動問題の政策体系でどのように位置づけるかということも，日本における今後の政策課題になる。

本章第 3 節で日本の環境 ODA 事業として取り上げたモルディブのマレ島護岸建設計画も高潮への防災対策を主目的としており，気候変動への適応は副次的目的と位置づけられていた。野村総合研究所(2002)は，ほとんどの環境 ODA 事業が結果的に地球温暖化対策へ貢献する副次的案件であるために，目標達成度および有効性を定量的に把握することが難しいと指摘した。

適応に関する国際協力の現状評価を行うためには，適応の定義や適用範囲に関する国際交渉の進捗状況を踏まえ，適応を副次的目的とする環境 ODA 事業について，気候変動問題の政策体系における位置づけが求められる。

「持続可能な開発・発展」については，JICA の報告書で適応に関する国際協力と関連づけられている。第 4 次事業計画書でも，JICA の環境影響評価におけるスクリーニングの判断基準に含まれている。第 4 章と同じように，適応を副次的目的と捉え，気候変動問題に関する政策体系への位置づけを検討するためには，「持続可能な開発・発展」に関係づけられた気候変動以外の目的をより広く含めることが必要である。

マレ島護岸建設事業については，日本側とモルディブ側ともに衡平性や効率性の評価基準から一定の成果が挙げられていると認識していた。「持続可能性」についても，日本側の言及が少ないものの，事業の環境影響評価において「持続可能な開発・発展」が踏まえられていた。両者の認識から，マレ島護岸建設事業では，「持続可能性」に留意され，衡平性と効率性の矛盾が生じずに，有効性が高められている。この環境 ODA 事業は国際交渉過程と

同じく，約束履行過程においても，衡平性の尊重と効率性の制限の方針が守られ，原則と約束の矛盾が生じていないと評価できる。

また，第2章では，先進国責任論と開発途上締約国の将来的な参加論を気候変動問題の解決に向けた世界的な多国間協力の阻害要因と位置づけた。日本など先進工業国が開発途上国に対する適応支援を行うことも，開発途上締約国の将来的な参加の協議を進めるために必要になる。対象事例の検討結果から，適応に関する日本の国際協力は先進国責任論を再燃させず，開発途上締約国の将来的な参加の協議に悪影響を与えていないと評価できる。

ただし，前述したように，適応支援に関する環境ODA事業と施策を気候変動問題の政策体系でどのように位置づけるかについて課題が残されている。この政策課題への対処も含め，開発途上国が求める新規で追加的な資金供与の観点から，適応を副次的目的とする環境ODA事業をどのように位置づけるか，適応事業を無償資金協力としてどの程度あるいはどのように行うか，国際合意で設置された3基金と環境ODAをどのように結びつけて行うか[116]，緩和と適応に関する国際協力へODAなど公的資金をどのように活用するか，について検討する必要がある[117]。

気候変動問題の国際交渉において，2004年のCOP10における「適応策と対応措置に関するブエノスアイレス作業計画」(Buenos Aires programme of work on adaptation and response measures)や2006年のCOP12における「ナイロビ作業計画」(Nairobi work programme on impacts, vulnerability and adaptation to climate change)[118]に見られるように，適応の議論は着実に進められている。日本でも適応支援に関するODA事業と施策が重視されており，JICAによる調査報告書も作成されている。日本政府には国際交渉における議論の進展を踏まえ，上記した政策課題に対処することで適応支援をさらに進めることが求められる。

5．評価手法の提案：適応に関する国際協力

本章の最後に，適応に関する国際協力の現状評価を行うために設定した評

価枠組の適用妥当性について示し，適応支援の観点から「持続可能な開発・発展」を含む気候変動問題に関する国際協力の評価手法を実証的に提案するとともに，研究面と実践面における今後の課題を提起する[119]。

本章では，衡平性・効率性・有効性および「持続可能性」の評価基準から，適応支援に関する日本の環境 ODA 事業の現状評価を行った。同じく，緩和と適応に関する国際協力の共通の論点である資金追加性を取り上げ，気候変動問題に関する日本の環境 ODA 施策の現状評価を行った。

資金追加性は，図 1-5 の国際協力に関する評価枠組で示したように，衡平性・効率性・「持続可能性」と有効性，ならびに，国際合意にある原則と約束に関連づけて捉えられる。環境 ODA の事業評価と施策評価に基づき，本章では第 2 章で設定した評価事項を検討し，適応に関する日本の国際協力の現状評価を行うとともに，その政策課題を指摘した。

このように，第 4 章と同じく事例研究で気候変動問題の国際協力に関する複数の要素を体系的に結びつけた評価事項について検証することにより，研究対象国が関わる適応の国際協力を評価し，その政策課題を提起することができた。この研究成果から，モルディブにおける環境 ODA 事業だけを取り上げた限られた条件下ではあるものの，適用した評価枠組の妥当性が裏づけられる。

前章でも述べたように，適応に関する日本の環境 ODA 事業すべての現状評価を行うことで，環境 ODA 施策と適応支援の進捗状況を検討するほうが望ましい。前節で指摘したように，適応支援の環境 ODA 事業と施策は，気候変動問題の政策体系でどのように位置づけるかについて課題が残されている。先行研究や多国間交渉における議論の進捗状況を踏まえ，適応事業の範囲を明確にしたうえで，適応に関する日本の環境 ODA の事業評価をさらに広く行うことが求められる。

また，日本およびモルディブ以外に，適応に関する国際協力の研究対象国と気候変動の悪影響を被る事例対象国を広げて事例研究を行うことで，適用する評価枠組や評価事項の精緻化を図ることができる。その際，前章と同じように国際合意の規定や国際協力の評価基準，多国間協力の阻害要因などの

中核的な要素を踏まえ，国際交渉や研究対象国における国内政策の進捗状況に応じて，評価枠組と評価事項，事例研究で検討すべき論点を柔軟に設定し，研究対象国が関わる適応の国際協力を評価することが求められる。

このような研究上の制約条件はありながら，本章で取り上げた適応に関しても「関係性」および「総合性」と「学際性」に基づく気候変動問題に関する国際協力の評価手法を実証的に提案できたと結論づけられる。

適応に関する国際協力は，気候変動の悪影響を早期で甚大に受けることになる，あるいは，すでに受けている小島嶼国などの開発途上国がホスト国になることが多い。そのために，気候変動問題の解決に向けた世界的な多国間協力の総合的な評価に与える影響が大きい。

また，適応に関する国際協力の進展は，開発途上国が主張する先進国責任論の再燃を防ぎ，開発途上締約国の将来的な参加をめぐる協議にも好影響を与えると推察できる。したがって，国際交渉も含め，「持続可能な開発・発展」および「持続可能性」を交えながら，適応に関する国際協力の進捗状況を検討していくことは，今後も引きつづき研究課題になり得る。

---

[1] 2004年以降は，アジア地域対象の二国間ODAは5割を切り，2006・2007年はアフリカ地域，2008年は中東地域，2009年は再びアジア地域が一番多くなっている。外務省(2002a)，(2009b, p.18)と外務省(2011b, p.2)より試算。
[2] 野村総合研究所(2002)は，この計画を適応事業と位置づけている。
[3] 外務省国際連合局経済課地球環境室・環境庁地球環境部企画課(1993, p.199)，JICA(2002, p.6)，赤尾(1993, p.279)。結果は，3年間で4,000億円以上になった。JICA(2002, p.6)
[4] 外務省国際連合局経済課地球環境室・環境庁地球環境部企画課(1993, p.10)
[5] JICA(2002, p.7)，赤尾(1993, p.70, p.279)
[6] 国連環境開発会議において，国連の経済社会理事会の下部機関として設置された。国際機関や各国などによる国連環境開発会議の成果や実施状況をフォローアップすることが目的である。特に環境と経済の調和がとれた開発のための国際的な政策決定能力の促進やアジェンダ21の実施状況を審査する。アジェンダ21とは国連環境開発会議において，21世紀に向けた「持続可能な開発」を実現するために，各国および各国際機関が実施すべき具体的な行動計画として採択された文書である。後藤監修(2004, p.2, pp.230-231)
[7] 赤尾(1993, p.280)

8) 田邉(1999, p.91)
9) 田邉(1999, p.91)
10) JICA(2002, p.7)
11) 外務省(1997b), JICA(2002, p.7), 田邉(1999, p.156, p.242)。野村總合研究所(2002)は, 京都イニシアティブが日本の地球温暖化対策ODAに唯一の政策的枠組を与えるものと位置づけている。
12) 外務省2006年6月14日実施の面接調査
13) 外務省(2006, p.2)
14) 外務省(1997c)
15) 外務省2006年6月14日実施の面接調査
16) 同上
17) 外務省(1997d), 田邉(1999, pp.156-157)
18) 外務省(2001a), 松本(2002, p.244), FCCC/CP/2001/MISC.4(2001b, p.11), 高橋(2006, p.105)
19) 外務省(2004), JICA(2007, p.vii, p.29)
20) 外務省(2008a)
21) 外務省(2009c)
22) JICA(2006, pp.83-84)
23) 新環境ODA政策では, 先進国と開発途上国の協力・共同作業により, 地球環境問題に対処することを基本とし, 環境保全と経済成長を同時に成し遂げた日本の技術やノウハウを積極的に活用することが示された。また, 重点分野として, 森林の保全・造成, 省エネルギー・クリーンエネルギー技術が挙げられた。外務省国際連合局経済課地球環境室・環境庁地球環境部企画課(1993, p.199), JICA(2002, p.6), 赤尾(1993, p.279)
24) 地球温暖化対策推進本部(2002)。なお, 議定書目標達成計画では, 京都イニシアティブなどにより, 開発途上国への支援を進めていくことが打ち出されているが, ODAの利用に触れられていない。地球温暖化対策推進本部(2005, p.72)
25) 外務省2006年6月14日実施の面接調査によると, 京都イニシアティブは目的が異なるために, 緩和に関する政策体系に組み入れられないと指摘された。
26) 外務省2006年6月14日実施の面接調査
27) 野村總合研究所(2002)や外務省(2002b, p.22, pp.36-37)は, 明確に地球温暖化対策への貢献度が測定, 評価できる体制になっておらず, 目標達成度および有効性を定量的に把握することが難しかったと指摘する。
28) 外務省(2002b, p.22, pp.36-37), 野村總合研究所(2002)。なお, 野村總合研究所(2002)で, 効率性は評価項目から除かれている。有効性については, 温室効果ガス排出削減・吸収への地球温暖化対策ODAを通した日本の貢献度を評価し, その際の日本の技術やノウハウがどの程度活用されているかを分析している。
29) JICA 2006年7月14日付の書面回答によると, JICAは適応策の重要性を鑑み, 体系的な整理を行う取り組みを始めたところである。実際にJICA(2007)では, JICAが過去に行った事業について, 実質的に適応効果を有するものが抽出, 整理されている。また, 各国の国家開発計画に基づき, 開発課題を解決するための「開発プログラム」で構成要素の1つとして位置づけられている場合には, 気候変動問題の国際協力をJICA以外の「他のドナーなどによる協力」として事業レベルに含めることが可能である。
30) 外務省2006年6月14日実施の面接調査, JICA 2006年7月14日付の書面回答。また, Mace(2006, p.55)は, 適応の用語は度々使われるが, 条約では未定義と述べる。

31) 外務省(2002b, p.37),野村総合研究所(2002)
32) 外務省(2005c, p.8)
33) JICA(2007, p.v, p.10, p.12, p.71)
34) 外務省(2005a, p.8)
35) 外務省(2002b, p.21),(2005a, p.12),JICA(2005b, pp.28-29)。外務省でも,10億円以上の無償資金協力と150億円以上の有償資金協力(円借款事業)については,プロジェクト・レベルの事前評価を行うことになっている。外務省(2005a, p.15)
36) 外務省(2002b, p.21),(2005a, p.15)
37) 外務省(2005a, p.12)
38) 外務省(2002b, pp.21-22)
39) 外務省(2002b, p.22)
40) 外務省(2005a, p.12, p.15),JICA(2005b, p.29)
41) 外務省(2002b, pp.21-22)
42) JICA(2002, p.11)。2005年のODA中期政策では,適応策の重要性がODA政策に位置づけられている。JICA(2007, p.vii)
43) ただし,本書で行うマレ島護岸建設計画の事業評価は,JICA(2005b, pp.29-30)が位置づける「事後評価」というよりも「終了時評価」に近い。JICAは終了時評価について,事業の終了に先立ち,事業が計画通り効果を達成できるかどうか検証するものであり,事業目標の達成度,事業の効率性,今後の自立開発性の見通しなどの観点から総合的に評価するものと位置づけている。同じく,事後評価について,事業が終了して数年が経過した時点で,事業を行ったことにより,相手(ホスト国)側にどの程度のインパクトがあったか,協力効果の自立開発性はどうなっているかについて検証するものと位置づけている。
44) JICA(2005b, pp.29-30)
45) 本節は,著者による第16回国際開発学会全国大会(2005年)での発表内容に基づいている。中島清隆(2005b)
46) 小島嶼国が気候変動に対して非常に脆弱である理由としては,Munasinghe & Swart (2005, p.258)参照。
47) AOSISは,メンバー39カ国とオブザーバー4カ国(地域)で構成される(2010年現在)。http://www.sidsnet.org/aosis/members.html(2010年10月21日現在)
48) Maldives PM(1989, 1992, 1994, 1997a, 1997b, 1997c, 1997d),Maldives MHAHE(2001, p.35),外務省経済協力局(1991, p.224),(1992, p.227),(1993, p.235),(1994, p.243),(1995, p.254),(1996, p.222),(1997, p.242),(1998, p.215),(1999, p.217),(2001, p.221),(2002, p.170),(2004, p.171)
49) Maldives PM(1990, 1998a)。また,モルディブは気候変動と海面上昇に対して,最も脆弱な国家の1つであると主張する。Maldives MHAHE(2001, p.1, p.5, p.49)
50) Maldives PM(1987, 1994),Maldives ES(2003),Maldives MHAHE(2001, p.5)。Maldives MHAHE(2001, p.49)は,海面上昇がモルディブの主要な関心事と示す。
51) A/RES/42/202(1987)。Maldives MHAHE(2001, p.54)は,1987年4月の高潮後に,総額5,800万米ドルを費やし,マレ全域に防波堤を建設した,あるいは,建設中と示す。
52) モルディブを襲った1987年と1991年の被害については,リース(2002, pp.136-140, pp.142-147)参照。
53) Maldives PM(1997b)
54) MHAHEは,1998年11月に新設され,モルディブの環境問題に関する責任機関で

ある。JICA・PCI(2000, p.2 の 11)
55) NEAP-I(第1次国家環境行動計画)は, 1989年に発表された。The President's Office, Maldives(2005年3月25日現在), http://www.presidencymaldives.gov.mv
56) Maldives MHAHE(2001, pp.95-96)
57) Maldives MHAHE(2001, pp.96-103)
58) Maldives ES(2003), Maldives PM(1990), Maldives MHAHE(2001, p.93), 小柏(1994, pp.28-29)
59) Maldives ES(2003), Maldives MHAHE(2001, p.93), 小柏(1994, p.29)
60) 小柏(1994, p.30, pp.33-34；1999, p.20)
61) 小柏(1999, p.29)
62) Maldives PM(1997b, 1998a)
63) Maldives PM(2000b)。モルディブ政府は, 世界で最初に議定書に署名した国の1つ(1998年3月16日)であり, 同年12月に批准した(UNFCCC "KYOTO PROTOCOL STATUS OF RATIFICATION", 10 July 2006, http://unfccc.int/files/essential_background/kyoto_protocol/application/pdf/kpstats.pdf(2011年12月11日現在))
64) Maldives MHAHE(2001, p.1)
65) IISD(1997c, p.14), 小柏(1999, p.29)
66) Maldives PM(1998a)
67) Maldives PM(1998a, 2002)
68) Maldives PM(2000b, 2000c, 2001)
69) 松本(2002, pp.243-244)
70) Maldives PM(1998a, 2000c)
71) Maldives PM(1994)
72) Maldives PM(1987, 2000c)
73) IPCC第3次報告書は, 1750年から2000年までの温室効果ガス全体の増加による放射強制力のうち, 約6割が CO_2 によるものと指摘する。なお, 放射強制力とは, ある因子が地球－大気バランスに出入りするエネルギーのバランスを変化させる影響力の尺度である。また, 過去20年間の人為的要因による CO_2 の大気への放出のうち約4分の3は, 化石燃料の燃料によるものと指摘する。IPCC(2002, p.13, p.15)
74) A/CONF.167/9(1994, p.4), IPCC(2002, p.116)。Mace(2005, p.225)は, 温室効果ガスの排出が最も少ない国家が最も適応能力が低いと指摘する。また, Maldives MHAHE(2001, p.5, p.42, p.49)は, モルディブによる地球規模の温室効果ガス排出量が0.01％以下(0.0012％)と主張する。
75) Maldives PM(1987)
76) Maldives PM(1990, 1998a, 1998b, 2000a), Maldives MHAHE(2001, p.87)
77) 外務省国際連合局経済課地球環境室・環境庁地球環境部企画課(1993, p.60)
78) Maldives PM(1997a), Maldives MHAHE(2001, p.87)
79) Maldives PM(1988)。また, 外務省経済協力局(1989, p.209), (1990, p.226), (1991, p.225), (1992, p.228), (1993, p.236), (1994, p.244), (1995, p.254), (1996, p.222), (1997, p.242), (1998, p.215), (1999, p.217), (2001, p.221), (2002, p.170), (2004, p.171)では, モルディブが, 国連で常に日本を支持していて, 日本との良好な関係が続いていると示されている。
80) OECDにおける委員会の1つであり, 援助供与国間で意見を調整する国際的な場として設けられている。後藤監修(2004, p.231)

81) Maldives PM(2000c)
82) JICA(1987, p.11), (1991, p.18), (1992, p.1), JICA・INA・PCI(1993, p.i), JICA・PCI(1996, p.1), (2000, p.3 の 1)。JICA・PCI(1998, p.要約 1)では，1987 年 4 月，1988 年 6 月，7 月における高潮の被害総額が記された。また，JICA(1991, p.1)では，被害総額が約 760 万米ドルと試算された。
83) JICA・PCI(1996, p.1), (2000, p.1)
84) JICA(1987, p.i, p.1, p.11), JICA・PCI(1996, p.5)。JICA(1991, p.18), (1992, p.1), JICA・INA・PCI(1993, p.i, p.1)によると，高潮の被害はマレ島南岸の人口密集地域とその東に位置するフルレ島の国際空港に集中した。また，マレ島に排水施設が全くなく，島が平坦なため，潜水期間が長期に及び，折からの高温とも重なり，コレラが発生するなどの大きな被害が生じた。JICA・PCI(1996, p.1)は，その原因として，人口流入が進むマレ島の土地面積を広げるために，南海岸および西海岸部のコーラルリーフを埋め立てたことで，自然の防波堤の役割を果たしていたリーフが著しく減ったことにあると指摘した。それに加え，JICA・PCI(1998, p.要約 1)では，従来の護岸自体もコーラル塊を積み上げ，モルタルで固めただけの構造であり，波により劣化，破壊しやすいものであったことが挙げられた。
85) JICA(1987, p.i, p.1, p.11), (1991, p.1), (1992, p.1), JICA・PCI(1996, p.5), (1998, p.4), (2000, p.2 の 2-2 の 3)
86) JICA 調査団は，マレ島全体の護岸施設が北側にある港湾岸壁のわずかな一部分を除き，かなり老朽化していて，1987 年の高潮で特に被害が大きかったマレ島南岸地域には老朽化した護岸と簡易な離岸堤が短い区間に設けられているだけであると報告した。JICA(1987, p.95)。なお，マレ島南岸地域における護岸施設の詳しい状態については，JICA(1987, p.3)参照。
87) JICA(1987, p.i, p.2, p.11), JICA・PCI(1996, p.5), (1998, p.4), (2000, p.2 の 4)
88) JICA(1992, pp.48-49), JICA・INA・PCI(1993, p.7), JICA・PCI(1996, p.5), (1998, p.2, p.5), (2000, p.2 の 3)
89) JICA・INA・PCI(1993, p.i, pp.1-2), JICA・PCI(1996, p.要約 1, p.5), (1998, p.要約 1, p.2, p.5), (2000, p.要約 1, p.2 の 3-2 の 4)
90) JICA(1991, pp.18-19；1992, p.1), JICA・INA・PCI(1993, p.1, p.4), JICA・PCI(1996, pp.12-13), (1998, p.要約 2, p.13, p.16), (2000, p.1 の 3)
91) 本書では，付録 2 で掲載した写真を通して，計画対象地域の現状を伝えている。また，付録 3 では事業全域図を掲載している。
92) JICA 2006 年 7 月 14 日付の書面回答では，直接効果とは事業の目的に直結する効果であり，間接効果とは事業の目的には直結しないが，副次的に表れる効果と位置づけている。
93) Munasinghe and Swart(2005, p.196)は，多くの適応措置が現在世代にとって副次的便益(ancillary benefits)を有していると指摘する。
94) JICA(1991, p.1), (2007, p.ix, p.35, p.52), JICA・PCI(1996, p.5), (1998, pp.要約 2-要約 4, pp.41-42), (2000, p.要約 4, p.1 の 3, p.3 の 28, p.4 の 8)
95) JICA 2006 年 7 月 14 日付の書面回答，PCI(パシフィック・コンサルタンツ・インターナショナル)2006 年 4 月 17 日付の書面回答，Maldives MEEW (Maldives Government, Ministry of Environment, Energy and Water)2006 年 6 月 20 日実施の面接調査

96) JICA(2007, p.35, p.84)
97) PCI 2006 年 4 月 17 日付の書面回答, Maldives Government MEEW 2006 年 6 月 20 日実施の面接調査, 赤塚・折下(2005, p.52, p.54), JICA(2005a)
98) この賞は 1995 年から始められ, モルディブの環境を保護, 保全するために貢献した事業・施策・個人・組織に与えられる。Maldives MEEW 6 月 26 日付の電子メール回答。
99) http://www.presidencymaldives.gov.mv/pages/eng_news.php?news:3622:1 (2006 年 7 月 11 日現在)
100) PCI 2006 年 7 月 14 日付の電子メール回答によると, 事業完成パネルは全部で 4 箇所ある。だが, 著者による現地調査では, 図 5-4 と図 5-5 で示す 2 カ所しか確認できなかった。
101) JICA ホームページ http://www.jica.go.jp/activities/jicaaid/project_j/mld/001/index.html (2005 年 9 月 14 日現在), JICA ニュースリリース 2003 年 3 月 27 日 http://www.jica.go.jp/press/2003/030327_2.html (2005 年 9 月 14 日現在), 外務省ホームページ http://www.mofa.go.jp/mofaj//gaiko/oda/shiryo/hyouka/kunibetu/gai/maldives/zai01_01.html (2011 年 12 月 11 日現在)
102) JICA(2005b, pp.30-31, pp.386-388, p.391)は, 事業評価の基準として, 1991 年に OECD の DAC で提唱された開発援助事業の評価基準である「評価 5 項目」を採用している。効率性(efficiency)はどれだけ経済的に投入が成果として表われたかを測る。効果(impact)はプロジェクトを実施することによる正・負の効果である。目標達成度(effectiveness)は PDM (Project Design Matrix: プロジェクト概要表)のプロジェクト目標達成の度合いと成果(アウトプット)との関連性を検証する。妥当性(relevance)はプロジェクトの目標(PDM のプロジェクト目標, 上位目標)が相手国の開発政策やニーズに合致しているかを検証する。自立発展性は, プロジェクト実施によってもたらされた便益が持続されるか, 被援助国側の政策, 技術, 組織・制度, 財政などの視点から検討する。Sustainability は「自立発展性」と訳されており, 本書で取り上げている「持続可能性」とは異なる。
103) JICA(2001, pp.246-247)
104) 各事業における内容・費用・両国政府の負担額については, JICA(1987, pp.ii-iii, p.88, p.90), (1991, pp.18-19), JICA・INA・PCI(1993, pp.i-ii, p.1), JICA・PCI(1996, p.要約 1, p.要約 3, p.1, p.5, p.33), (1998, p.要約 1, p.要約 3, pp.1-2, p.4, pp.39-40), (2000, p.要約 1, p.要約 3, pp.2 の 3-2 の 4, p.3 の 1, p.4 の 8)参照。
105) 各事業で示されている成果については, 例えば, JICA・INA・PCI(1993, p.ii, p.48), JICA・PCI(1996, p.35), (2000, p.2 の 3, pp.3 の 3-3 の 4)参照。
106) Maldives MEEW 2006 年 6 月 20 日実施の面接調査
107) JICA・PCI(2000, p.3 の 1, p.5 の 3)
108) JICA 2006 年 7 月 14 日付の書面回答によると, マレ島護岸建設計画の報告書には, 事業の効率性が記述されていない。
109) PCI 2006 年 4 月 17 日付の書面回答
110) Maldives MEEW 2006 年 6 月 20 日実施の面接調査
111) JICA(2001, pp.246-247)
112) JICA・PCI(2000, pp.3 の 28-3 の 29)
113) 外務省ホームページ http://www.mofa.go.jp/mofaj//gaiko/oda/shiryo/hyouka/kunibetu/gai/maldives/zai01_01.html (2011 年 12 月 11 日現在)

114) JICA・PCI(2000, p.2-12)
115) Maldives MEEW 2006 年 6 月 20 日実施の面接調査
116) 野村総合研究所(2002)は，マラケシュ合意に盛り込まれた三基金と ODA の総合を十分とっていく必要があると指摘する。
117) 野村総合研究所(2002)や外務省(2002b, p.37)は，CDM を含めた京都メカニズムを活用する観点から，新大綱と ODA との連携が必要になると指摘する。
118) 外務省「気候変動枠組条約締約国会議第 10 回会合(COP10)概要」，平成 16 年 12 月 18 日，http://www.mofa.go.jp/mofaj/gaiko/kankyo/kiko/cop10/cop10_gh.html (2011 年 12 月 11 日現在)，「気候変動枠組条約第 12 回締約国会議(COP12)及び京都議定書第 2 回締約国会合(COP/MOP2)(11 月 6-11 月 17 日)―概要と評価―」，平成 18 年 11 月 18 日，http://www.mofa.go.jp/mofaj/gaiko/kankyo/kiko/cop12_2_gh.html (2011 年 12 月 11 日現在)
119) 中島清隆(2009, pp.25-26)でも，この課題について論じている。

終章 気候変動問題に関する国際協力の評価手法論

1. 評価結果のまとめ
2. 評価手法の提案のまとめと今後の研究課題

緑あふれる環境で同じ未来を向く家族(イラスト・佐藤史子)

　CDMと環境ODAを対象とした事例研究の結果，日本の国際協力は緩和と適応ともに，気候変動問題の解決に向けた世界的な多国間協力の阻害要因に影響を及ぼしていないと評価した。その一方で，日本政府には多国間協力の阻害要因に影響を及ぼしうる政策課題が残されていると提起した。

本章の第1節では，本書で研究対象国と位置づけた日本が関わる国際協力の現状評価の結果をまとめて論じる。そのために第2章で設定した評価事項の検証結果をまとめて示す。その中でも，日本が関わる緩和と適応の国際協力が，気候変動問題の解決に向けた世界的な多国間協力の阻害要因と位置づけた先進国責任論と開発途上締約国の将来的な参加論に及ぼす影響を検討した結果について明らかにする。

第2節では，日本を研究対象国と位置づけた国際協力の現状評価に用いた評価枠組の適用妥当性について検証した結果をまとめて示し，緩和と適応の両面から「持続可能な開発・発展」を含む気候変動問題に関する国際協力の評価手法を実証的に提案する。あわせて，本書の研究成果を踏まえ，気候変動問題に関する国際協力の現状評価と阻害要因の検討をさらに進めていくために今後の研究課題をまとめて提起する。

1. 評価結果のまとめ

本書では，日本を研究対象国と位置づけ，気候変動問題に関する国際協力の現状評価を行った。そのために，第1章では，国際関係学も踏まえ環境政策研究の社会科学分野から，気候変動問題に関する国際協力の構成要素を体系的に結びつけ，評価枠組を設定した。

第2章では，議定書の発効に至るまでの国際交渉過程を対象として，緩和と適応支援の両面から，国際合意で定められた原則・約束・約束履行措置，国際協力の評価基準である有効性・衡平性・効率性および「持続可能性」，国際協力の論点である補足性と資金追加性をめぐる協議およびそれらの内容について検討した。あわせて，先進国責任論と開発途上締約国の将来的な参加をめぐる協議について検討し，それらを気候変動問題の解決に向けた世界的な多国間協力の阻害要因と位置づけた。

第2章の国際交渉過程の検討から，第1章で示した評価枠組に基づき，気候変動問題の国際協力に関連する複数の要素を体系的に結びつけ，日本が関わる国際協力の現状評価を行うための評価事項を設定した。この評価事項は，

①国際交渉過程で見られた「衡平性の尊重と効率性の制限および『持続可能性』の留意」の方針が約束履行過程でも守られているか，②衡平性と効率性および「持続可能性」の矛盾が有効性に悪影響を及ぼしているか，③国際合意で定められた原則と約束の間に矛盾が見られるか，④気候変動問題の解決に向けた世界的な多国間協力の阻害要因と位置づけた先進国責任論および開発途上締約国の将来的な参加論への悪影響が見られるか，である。

第3章では，評価枠組における構成要素の1つである「国内的側面と国際的側面の関係および相互作用」に基づき，国内的側面から国際協力における論点の1つである補足性を吟味するために，緩和に関する日本の国内政策措置の進捗状況を検討した。日本政府が議定書で定められた緩和に関する約束を履行するために，国際協力である京都メカニズムをさらに利用せざるを得ない国内事情について明らかにした。

あわせて，産業部門における日本の国内政策措置には，産業界による自主的取り組みの成果が政府の求める水準にまで達するかどうか，国内環境税・自主的取り組みの協定化・国内排出量取引制度とそれらを組み合わせるポリシー・ミックスの導入に関する環境省と産業界の政策調整がさらに進むかどうかについて課題が残されていると提起した。これらの政策課題への対処次第では，緩和に関する議定書の約束を履行するために，国内政策措置の成果が現れない分だけ，国際協力である京都メカニズムをさらに利用せざるを得なくなる。

また，京都メカニズムを利用する程度次第では，衡平性と効率性の矛盾が生じるために，補足性の確保が問題になると指摘した。したがって，日本政府は補足性を確保するために，国内政策措置と国際協力である京都メカニズムの比率を調整しつづける必要があると提起した。

「持続可能性」の評価基準からは，日本における緩和の国内政策措置と「持続可能な開発・発展」の関係性が明示されていないと指摘した。緩和の国内政策措置が「持続可能な開発・発展」戦略と位置づけられたうえで，その進捗状況を評価しつづけていく必要があると提起した。

第4章と第5章では，政策・施策・事業の各レベルで構成される階層構造

に基づき，評価枠組における構成要素の1つである「気候変動の緩和と適応支援の相互補完性」から，日本がCDMおよび環境ODAを効果的に行っているかについて現状評価を行った。

第4章では，第3章における国内政策措置の検討結果を踏まえ，緩和に関する日本の国際協力として京都メカニズムの1つであるCDMに関する施策評価と事業評価を行った。そのために日本政府による補足性と資金追加性の確保状況を吟味した。

同じく，第5章では，適応に関する日本の国際協力として環境ODAに関する施策評価と事業評価を行った。その際，第4章で行った緩和に関する国際協力の現状評価を踏まえ，適応に関する国際協力の観点から資金追加性を吟味した。

日本政府は，CDMと環境ODAにおいて，補足性と資金追加性を確保するための手続きや仕組みを整えていた。また，国際協力の評価基準から日本が関わるCDMと環境ODAの事業評価を行った結果，衡平性と効率性および「持続可能性」の矛盾による国際協力の有効性への悪影響を生じさせておらず，約束履行過程においても国際交渉過程で見られた衡平性の尊重と効率性の制限および「持続可能性」の留意の方針に配慮されていた。

このような事例研究の結果に基づき，日本が関わる国際協力は，緩和と適応支援ともに，国際交渉過程と約束履行過程において，国際合意で定められた原則と約束を矛盾させていないので，気候変動問題の解決に向けた世界的な多国間協力の阻害要因と位置づけた先進国責任論を再燃させず，開発途上締約国の将来的な参加をめぐる協議の進展にも悪影響を与えていないと評価した。

ただし，今後の政策課題として，気候変動の緩和や適応への直接効果を副次的目的とするCDM事業および環境ODA事業について，気候変動問題の国際協力を含む政策体系でどのように位置づけるかを検討する必要があると提起した。

また，緩和と適応に関する日本の国際協力には，補足性と資金追加性の確保をめぐる課題が残されていると指摘した。補足性については，緩和の国内

政策措置をさらに進め，新大綱や議定書目標達成計画で定められた京都メカニズムの割当を6%中3%以下に抑える必要がある。一方，資金追加性については，緩和と適応支援の国際協力でCDMへのODAの流用と公的資金の利用を明確に区別し，ODAなど公的資金をどのように用いるかが問われる。

これら2つの論点をめぐる課題への対処とそれに対する途上国による評価・判断次第では，衡平性と効率性および「持続可能性」の矛盾，および，原則と約束の矛盾が生じ，気候変動の緩和と適応に関する国際協力の有効性に悪影響を及ぼすことになる。同時に，途上国が主張しつづけてきた先進国責任論を再燃させ，開発途上締約国の将来的な参加をめぐる協議の進展に悪影響を及ぼす可能性があると指摘した。

したがって，条約や議定書で先進締約国と位置づけられた日本政府には，緩和に関する約束を確実に履行するとともに，緩和と適応に関する国際協力の実施をめぐる約束履行過程においても国際交渉過程で見られたように，「持続可能性」に留意しながら，効率性の制限を図りつつ衡平性への配慮を深め，補足性と資金追加性における課題への対処がさらに求められると提起した。日本政府には国際合意で定められた原則を尊重しながら，約束を履行することが求められる。

2．評価手法の提案のまとめと今後の研究課題

前節では，日本を研究対象国と位置づけた気候変動問題に関する国際協力の現状評価の結果をまとめるとともに，日本政府に残されている政策課題を提起した。

本節では，緩和と適応の両面から，日本が関わる国際協力の現状評価に用いた評価枠組の適用妥当性について検証した結果をまとめて論じる。そのうえで，緩和と適応の両面から実証的に提案した気候変動問題に関する国際協力の評価手法をまとめて提案する。あわせて，気候変動問題に関する国際協力の評価手法を精緻化するための研究課題についてまとめて提起する。

本書の第1章では，環境政策研究の社会科学分野から，気候変動問題に関

する先行研究のレビューを行い，国際合意の規定，国際協力の評価基準・論点，世界的な多国間協力の阻害要因を体系的に関係づけた評価枠組を設定した。

第2章では，国際交渉過程の検討を通して，第1章で示した評価枠組に基づき，日本が関わる国際協力の現状評価を行うための評価事項を設定した。

第3章では緩和の国内政策措置，第4章と第5章では緩和と適応の国際協力としてCDMおよび環境ODAを取り上げ，補足性と資金追加性の確保状況を吟味し，評価事項の検証を通して，日本が関わる気候変動問題の国際協力の現状評価を行い，その政策課題を指摘した。

このように事例研究において国際協力の論点を吟味し，評価事項を検証することで，研究対象国と位置づけた日本に関わる国際協力の現状評価と政策課題の提起を行うことができた。これは緩和と適応支援それぞれ1つの事業を取り上げた限定された条件下ではありながらも，気候変動問題の国際協力に関する複数の要素を体系的に結びつけて設定した評価枠組の適用妥当性を裏づけていると結論づけた。

そして，国際関係学の鍵概念である「関係性」に基づき，環境政策研究の方法論的特長である「総合性」と「学際性」を具現化した評価枠組を設定し，CDMと環境ODAの事例研究に適用することで，研究対象国が関わる気候変動の緩和と適応の国際協力を評価するための具体的な手法として実証的に提案することができた。

この研究手法の特長は，①広領域学と位置づけられる国際関係学と環境政策研究の方法論的特長である「関係性」および「総合性」と「学際性」の具現化，ならびに，②これまでの気候変動問題に関する国際協力の過程や歴史を踏まえ，③段階的かつ体系的に構築されていることにある。

序章で述べたように，気候変動問題は超長期間にわたり，地球規模に悪影響を及ぼす人類共通の課題と認識されている。本書で行った国際協力の現状評価とその阻害要因の検討は，気候変動問題が解決されるまで，学術的，実践的な研究課題でありつづける。本節では，このような認識を踏まえ，本書の研究成果に基づき，今後の研究課題を以下の2点に絞って論じる。

第1に，本章第1節でも指摘したように，本書で取り上げた日本のCDM事業と環境ODA事業では，緩和と適応の直接効果が副次的目的と位置づけられていた。そして，日本が関わる国際協力の政策課題として，このような副次的目的を持つ事業を気候変動問題の政策体系でどのように位置づけるかについて検討する必要があると提起した。

　この副次的目的に関する政策課題を論じるために，気候変動と「持続可能な開発・発展」および「持続可能性」の「関係性」について，特に「持続可能な開発・発展」の観点からさらに検討する必要があると強調した。

　第4章と第5章で論じたように，CDMおよび環境ODAにおける副次的目的も含め，気候変動問題に関する国際協力と「持続可能な開発・発展」および「持続可能性」を関係づけて検討することは，学術的，実践的要請になっている。特にCDMについては今後，議定書で先進締約国に課せられた数値目標の達成に貢献する目的に加え，開発途上締約国の「持続可能な開発・発展」を実現する目的もあわせて検討することがさらに求められる。今後の研究課題は，CDMという約束履行措置の実施において，衡平性・効率性・持続可能性を含む原則と，約束の履行および政策目標である「持続可能な開発・発展」の達成に向けた有効性の矛盾を検証することにある。

　第2に，本節で論じるもう1つの研究課題として，さらに検討された「持続可能な開発・発展」および「持続可能性」の要素を加え，国際関係学も踏まえた環境政策研究における社会科学分野から，本書で設定，適用した国際協力の評価枠組をさらに精緻化させることが必要になる。

　そのためには気候変動問題に関する国際協力の現状評価とその阻害要因の検討を行ううえで，事例研究の対象事業，研究対象国，国際協力の評価基準や論点，評価枠組の構成要素を国際協力の現況に応じて変更していかなければならない。同じく，国際協力の対象期間に関しても，第1約束期間に向けた約束履行過程と同時に進められる2013年以降の国際交渉過程をあわせて検討することが求められる。

　また，交渉次第では，2013年以降に「枠組条約－議定書アプローチ」に基づく気候変動の国際制度がつづけられない可能性も残されている。した

がって，議定書に基づく国際協力の現状評価をつづけながら，それ以外の国際協力にも評価の対象を広げる必要がある。日本を含めた7カ国で構成する「クリーン開発と気候に関するアジア太平洋パートナーシップ」はその一例である。これら7カ国には，議定書を批准していない米国や第1約束期間で緩和に関する約束が課せられていない中国・インド・カナダが含まれていることから，議定書に基づかない国際協力として注目される。

このような研究対象の拡大や変更は，本書における研究成果を継承，発展する形で，国際協力の現状評価と阻害要因の検討をさらに進めるために必要となる。

その一方で，国際合意の規定である原則と約束，国際協力の評価基準である有効性・衡平性・効率性および「持続可能性」，気候変動問題の解決に向けた世界的な多国間協力の阻害要因と位置づけられる先進国責任論・開発途上締約国の将来的な参加論といった中核的な要素は，気候変動問題に関する国際協力の将来的な方向性を検討するうえでも重視すべきである。本書で設定，適用した気候変動問題に関する国際協力の評価手法には，国際交渉を含め，問題の解決に向けたこれまでの取り組みの過程および歴史の検討が反映されているからである。前述したように，この過程と歴史の検討を重視することは，本書で提案した評価手法の特長の1つになっている。

序章で指摘したように，気候変動問題は多くの原因が複雑に絡み合うことで生じている特徴を持つことから，自然科学分野に加え，社会科学分野や人文科学分野も交えた学際的，総合的研究が求められている。

本書では，政治学・法律学・経済学の学問分野を環境政策研究の社会科学分野と位置づけた。「持続可能な開発・発展」を含む気候変動問題に関する国際協力の評価手法として設定，適用した評価枠組を精緻化させるためには，国際関係学も踏まえ，環境政策研究における複数の社会科学分野の先行研究を精査しつづけることが求められる。先行研究の継続的なレビューを通して，環境政策研究における複数の社会科学分野から，学際的，総合的なアプローチを深めていくことは，「持続可能な開発・発展」を含めた気候変動問題に関する国際協力の評価手法と国際関係学および環境政策研究の学術的発展に

もつながり得る。本書はその理論的，実証的な試みであった。

参考文献・資料

1. 一次資料
2. ニューズ・レター，資料集
3. インタビュー調査対象者
4. 二次資料

多様な情報収集～対話・書物・インターネット（イラスト・佐藤史子）

1. 一次資料

国際機関

GEF (Global Environment Faclity) Council(2004)GEF/C.23/Inf.8/Rev.1, *GEF Assistance to address adaptation*, 11.May 2004.

IPCC(気候変動に関する政府間パネル)(2007a)*A report of Working Group I of the Intergovernmental Panel on Climate Change Summary for Policymakers*, http://www.ipcc.ch/pdf/assessment-report/ar4/wg1/ar4-wg1-spm.pdf(2011年12月11日現在)

IPCC(2007b)Contribution of *Working Group II to the Fourth Assesment Report of the Intergovernmental Panel on Climate Change Summary for Policymakers*, http://www.ipcc.ch/pdf/assessment-report/ar4/wg2/ar4-wg2-spm.pdf(2011年12月11日現在)

IPCC編，気象庁・環境省・経済産業省監修(2002)『IPCC地球温暖化第三次レポート』，中央法規．

IPCC編，文部科学省・経済産業省・気象庁・環境省翻訳(2009)『IPCC地球温暖化第四次レポート』，中央法規．

OECD(Organization for Economic Co-operation and Development)

OECD(1999) *Voluntary approaches for environmental policy-an assessment*: OECD Publications, Paris, France.

OECD(2003) *Voluntary approaches for environmental policy-effectiveness, efficiency, and usage in policy mixes*: OECD Publications, Paris, France.

OECD(2004)COM/ENV/EPOC/IEA/SLT(2004)4/FINAL, *Taking stock of progress under the clean development mechanism (CDM)*.

OECD編，環境省環境関連税制研究会訳(2006)『環境税の政治経済学』中央法規．

United Nations General Assembly(1987) A/RES/42/202, *Special assistance to Maldives for disaster relief and the strengthening of its coastal defences*, 96th plenary meeting, 11.December 1987.

United Nations General Assembly(1988) A/RES/43/53, *Protection of global climate for present and future generations of mankind*, 70th plenary meeting, 6.December 1988.

United Nations General Assembly(1989a) A/RES/44/206, *Possible adverse effects of sea-level rise on islands and coastal areas, particularly low-lying coastal areas*, 85th plenary meeting, 22.December 1989.

United Nations General Assembly(1989b) A/RES/44/207, *Protection of global climate for present and future generations of mankind*, 85th plenary meeting, 22.December 1989.

United Nations General Assembly(1994) A/CONF.167/9, *Report of the global conference on the sustainable development of small island developing states*, October 1994.

United Nations
 INC11(1994) A/AC.237/L.23, 27.September 1994.

UNFCCC(United Nations Framework Convention on Climate Change)
 COP1(1995a) FCCC/CP/1995/7/Add.1, 6.June 1995.
 AGBM2(1995b) FCCC/AGBM/1995/MISC.1/Add.3, 2.November 1995.
 AGBM3(1996a) FCCC/AGBM/1996/1/Add.1, 9.Feburary 1996.

AGBM3 (1996a) FCCC/ABGM/1996/5, 23.April 1996.
AGBM4 (1996b) FCCC/AGBM/1996/MISC.1/Add.3, 27.June 1996.
COP2 (1996c) FCCC/CP/1996/L.17, 18.July 1996.
　COP2 (1996c) FCCC/CP/1996/15/Add.1, 29.October 1996.
AGBM6 (1997a) FCCC/AGBM/1997/MISC.1, 19.February 1997.
AGBM7 (1997b) FCCC/AGBM/1997/MISC.1/Add.2, 5.May 1997.
　AGBM7 (1997b) FCCC/AGBM/1997/MISC.1/Add.3, 30.May 1997.
　AGBM7 (1997b) FCCC/AGBM/1997/MISC.1/Add.4, 11.June 1997.
　AGBM7 (1997b) FCCC/AGBM/1997/MISC.2/Add.1, 27.June 1997.
AGBM8 (1997c) FCCC/AGBM/1997/MISC.1/Add.6, 23.October 1997.
　AGBM8 (1997c) FCCC/AGBM/1997/MISC.1/Add.8, 30.October 1997.
　AGBM8 (1997c) FCCC/AGBM/1997/MISC.1/Add.10, 12.November 1997.
COP3 (1997d) FCCC/CP/1997/L.7/Add.1, 10.December 1997.
COP4 (1998) FCCC/CP/1998/16/Add.1, 20.January 1998.
　COP4 (1998) FCCC/CP/1998/MISC.7, 5.November 1998.
　COP4 (1998) FCCC/CP/1998/MISC.7/Add.2, 5.November 1998.
　COP4 (1998) FCCC/CP/1998/L.21, 14.November 1998.
COP6 (2000) FCCC/CP/2000/5/Add.2, 4.April 2000.
COP6 再開会合 (2001a) FCCC/CP/2001/2/Add.1, 11.June 2001.
　COP6 再開会合 (2001a) FCCC/CP/2001/2/Add.2, 11.June 2001.
　COP6 再開会合 (2001a) FCCC/CP/2001/2/Rev.1, 18.June 2001.
　COP6 再開会合 (2001a) FCCC/CP/2001/L.7, 24.July 2001.
　COP6 再開会合 (2001a) FCCC/CP/2001/L.14, 27.July 2001.
　COP6 再開会合 (2001a) FCCC/CP/2001/L.15, 27.July 2001.
　COP6 再開会合 (2001a) FCCC/CP/2001/5, 25.September 2001.
　COP6 再開会合 (2001a) FCCC/CP/2001/5/Add.2, 25.September 2001.
COP7 (2001b) FCCC/CP/2001/MISC.4, 23.November 2001.
　COP7 (2001b) FCCC/CP/2001/13/Add.2, 21.January 2002.
COP8 (2002) FCCC/CP/2002/L.6/Rev.1, 1.November 2002.
SBI33 (2010) FCCC/SBI/2010/18, 11.April 2010.
UNFCCC CDM Executive Board (2004) *Clean Development Mechanism Guidelines for completing the project design document (CDM-PDD), the proposed new methodology: Baseline (CDM-NMB) and the proposed new methodology: Monitoring (CDM-NMM)*, Version 01, 1.July 2004, http://cdm.unfccc.int/EB/Meetings/014/eb14repanan6_Guidel_PDD_NMB_NMB.pdf (2011 年 12 月 11 日現在)
UNFCCC CDM Executive Board (2006) *Clean Development Mechanism Simplified project design document for small-scale project activities (SSC-CDM-PDD)*, Version 02, 28.June 2006, http://www.dnv.com/certification/climatechange/Upload/VietBrew-SSCPDD2%204BK%2020060630.pdf (2011 年 5 月 28 日現在)
UNFCCC CDM Executive Board (2007) *Clean Development Mechanism Simplified project design document for small-scale project activities (SSC-CDM-PDD)*, Version 02, 21.Februrary 2007, http://www.dnv.com/certification/climatechange/Upload/VietBrew-SSCPDD3%200_final_%20_2_.pdf (2011 年 5 月 28 日現在)

日本政府関連資料

外務省(1997a)「数値目標に関する日本政府提案」，平成9年10月6日，http://www.mofa.go.jp/mofaj/gaiko/kankyo/kiko/cop3/suchi.html(2011年12月11日現在)

外務省(1997b)「21世紀にむけた環境開発支援構想(ISD)京都イニシアティブ(温暖化対策途上国支援)」，http://www.mofa.go.jp/mofaj/gaiko/kankyo/kiko/cop3/kyoto2.html(2011年12月11日現在)

外務省(1997c)「ODAによる温暖化対策協力分野メニュー・リスト」，http://www.mofa.go.jp/mofaj/gaiko/kankyo/kiko/cop3/kyoto3.html(2011年12月11日現在)

外務省(1997d)「円借款などによる地球温暖化対策の強化—京都イニシアティブの拡充—」平成9年12月8日，http://www.mofa.go.jp/mofaj/gaiko/kankyo/kiko/cop3/ensyakan.html(2011年12月11日現在)

外務省(2001a)「気候変動枠組条約第6回締約国会議(COP6)再開会合(閣僚会合：概要と評価)」，平成13年7月23日，http://www.mofa.go.jp/mofaj/gaiko/kankyo/kiko/cop6_gaiyou.html(2011年12月11日現在)

外務省(2001b)「気候変動枠組条約第7回締約国会議(COP7)概要と評価」，平成13年11月10日，http://www.mofa.go.jp/mofaj/gaiko/kankyo/kiko/cop7/cop7_gh.html(2011年12月11日現在)

外務省(2002a)「政府開発援助(ODA)白書2001年版」，http://www.mofa.go.jp/mofaj/gaiko/oda/shiryo/hakusyo/01_hakusho/index.htm(2011年12月11日現在)

外務省(2002b)『経済協力評価報告書2002』，http://www.mofa.go.jp/mofaj/gaiko/oda/shiryo/hyouka/hyoka02/index.html(2011年12月11日現在)

外務省(2004) "Japan's Action on Adaptation: Building Capacity and Ownership", 16. December 2004, http://www.mofa.go.jp/mofaj/gaiko/kankyo/kiko/cop10/cop10_ts_j.htm(2008年7月21日現在)

外務省(2005a)『経済協力評価報告書2004』，http://www.mofa.go.jp/mofaj/gaiko/oda/shiryo/hyouka/hyoka04/index.html(2011年12月11日現在)

外務省(2005b)『政府開発援助(ODA)白書2005年版』，http://www.mofa.go.jp/mofaj/gaiko/oda/shiryo/hakusyo/05_hakusho/index.htm(2011年12月11日現在)

外務省(2005c)『政府開発援助に関する中期政策』，2005年2月4日，http://www.mofa.go.jp/mofaj/gaiko/oda/seisaku/chuuki/pdfs/seisaku_050204.pdf(2011年12月11日現在)

外務省(2005d)『我が国の環境ODA 持続可能な開発の実現のために』，http://www.mofa.go.jp/mofaj/gaiko/oda/kouhou/pamphlet/pdfs/oda.kankyo.pdf(2007年4月28日現在)

外務省(2006)『気候変動に関する日本の国際協力〜ODAを通じた貢献〜』，平成18年11月，http://www.mofa.go.jp/mofaj/gaiko/oda/kouhou/pamphlet/pdfs/jk_cop12_j.pdf(2007年4月28日現在)

外務省(2007)『政府開発援助(ODA)白書2006年版』，http://www.mofa.go.jp/mofaj/gaiko/oda/shiryo/hakusyo/06_hakusho/index.htm(2011年12月11日現在)

外務省(2007.6.28)「エジプト・ザファラーナ風力発電事業のCDM事業登録について」http://www.mofa.go.jp/mofaj/press/release/h19/6/1174247_806.html(2011年12月11日現在)

外務省(2008a)「外務省：「クールアース・パートナーシップ」」，2008年1月，http://www.mofa.go.jp/mofaj/gaiko/oda/bunya/environment/cool_earth_j.html(2011年

12月11日現在）
外務省(2008b)『政府開発援助(ODA)白書2007年版　日本の国際協力』, http://www.mofa.go.jp/mofaj/gaiko/oda/shiryo/hakusyo/07_hakusho/index.html（2011年12月11日現在）
外務省(2009a)『2010年版　政府開発援助(ODA)白書　日本の国際協力』, http://www.mofa.go.jp/mofaj/gaiko/oda/shiryo/hakusyo/10_hakusho/index.html（2011年12月11日現在）
外務省(2009b)『ODA　2008年版参考資料集』, http://www.mofa.go.jp/mofaj/gaiko/oda/shiryo/hakusyo/08_hakusho_sh/index.html（2011年12月11日現在）
外務省(2009c)「「鳩山イニシアティブ」における2012年末までの途上国支援」, 2009年12月, http://www.mofa.go.jp/mofaj/gaiko/kankyo/kiko/pdfs/2012tojokoku.pdf（2011年12月11日現在）
外務省(2010)『2009年版　政府開発援助(ODA)白書　日本の国際協力』, http://www.mofa.go.jp/mofaj/gaiko/oda/shiryo/hakusyo/09_hakusho_pdf/index.html（2011年12月11日現在）
外務省(2011a)『2010年版　政府開発援助(ODA)白書　日本の国際協力』, http://www.mofa.go.jp/mofaj/gaiko/oda/shiryo/hakusyo/10_hakusho/index.html（2011年12月11日現在）
外務省(2011b)『ODA　2010年版参考資料集』, http://www.mofa.go.jp/mofaj/gaiko/oda/shiryo/hakusyo/10_hakusho_sh/index.html（2011年12月11日現在）
外務省(2011c)「政府開発援助(ODA)国別データブック2010」, http://www.mofa.go.jp/mofaj/gaiko/oda/shiryo/kuni/10_databook/index.html（2011年12月11日現在）
外務省経済協力局編, 財団法人国際協力推進協会発行
外務省経済協力局編, 財団法人国際協力推進協会発行(1989)『我が国の政府開発援助下巻（国別実績）1989』.
外務省経済協力局編, 財団法人国際協力推進協会発行(1990)『我が国の政府開発援助下巻（国別実績）1990』.
外務省経済協力局編, 財団法人国際協力推進協会発行(1991)『我が国の政府開発援助下巻（国別実績）1991』.
外務省経済協力局編, 財団法人国際協力推進協会発行(1992)『我が国の政府開発援助下巻（国別実績）1992』.
外務省経済協力局編, 財団法人国際協力推進協会発行(1993)『我が国の政府開発援助下巻（国別実績）1993』.
外務省経済協力局編, 財団法人国際協力推進協会発行(1994)『我が国の政府開発援助ODA白書下巻（国別援助）1994』.
外務省経済協力局編, 財団法人国際協力推進協会発行(1995)『我が国の政府開発援助ODA白書下巻（国別援助）1995』.
外務省経済協力局編, 財団法人国際協力推進協会発行(1996)『我が国の政府開発援助ODA白書下巻（国別援助）1996』.
外務省経済協力局編, 財団法人国際協力推進協会発行(1997)『我が国の政府開発援助ODA白書下巻（国別援助）1997』.
外務省経済協力局編, 財団法人国際協力推進協会発行(1998)『我が国の政府開発援助ODA白書下巻（国別援助）1998』.
外務省経済協力局編, 財団法人国際協力推進協会発行(1999)『我が国の政府開発援助

ODA 白書下巻(国別援助)1999』.
外務省経済協力局編, 財団法人国際協力推進協会発行(2001)『我が国の政府開発援助下巻(国別援助)2000』.
外務省経済協力局編, 財団法人国際協力推進協会発行(2002)『政府開発援助(ODA)国別データブック2001』.
外務省経済協力局編, 財団法人国際協力推進協会発行(2004)『政府開発援助(ODA)国別データブック2002』.
外務省経済協力局編, 財団法人国際協力推進協会発行(2005)『政府開発援助(ODA)国別データブック2004』.
外務省経済協力局編, 財団法人国際協力推進協会発行(2008)『政府開発援助(ODA)国別データブック2007』, http://www.mofa.go.jp/mofaj/gaiko/oda/shiryo/kuni/07_databook/index.html(2011年12月11日現在)
外務省国際連合局経済課地球環境室編(1991)『地球環境問題宣言集』, 大蔵省印刷局, 平成3年.
外務省国際連合局経済課地球環境室・環境庁地球環境部企画課編(1993)『国連環境開発会議資料集』, 大蔵省印刷局, 平成5年.
環境省(2001a)『諸外国における地球温暖化対策のための国内制度の検討状況』, 地球環境局, 平成13年6月.
環境省(2001b)『自主協定検討会報告書』, 平成13年6月21日, http://www.env.go.jp/earth/report/h13-02/index.html(2011年12月11日現在)
環境省(2001c)『中央環境審議会地球環境部会国内制度小委員会中間とりまとめ』, 平成13年7月, 気候ネットワーク(2002b)『資料集 地球温暖化防止 COP3以降の動き 国内編【上】～京都議定書発効に向けて～』, pp.221-286.
環境省(2001d)『地球温暖化防止のための税の論点報告書』, 地球環境局, 平成13年8月.
環境省(2001e)『英国気候変動政策調査報告』, 中央環境審議会地球環境部会英国調査団, 2001年10月, http://www.ier2.kobeuc.ac.jp/niizawa/UkmissionReport.pdf(2003年9月26日現在)
環境省(2001f)『我が国における温暖化対策税制に係る制度面の検討について(これまでの審議の取りまとめ)』, 中央環境審議会総合政策・地球環境合同部会地球温暖化対策税制専門委員会, 平成13年12月.
環境省(2002a)『京都議定書の締結に向けた国内制度の在り方に関する答申』, 中央環境審議会, 平成14年1月, 気候ネットワーク(2002b)『資料集 地球温暖化防止 COP3以降の動き 国内編【上】～京都議定書発効に向けて～』, pp.191-219.
環境省(2002b)『我が国における温暖化対策税制について(中間報告)』, 中央環境審議会総合政策・地球環境合同部会地球温暖化対策税制専門委員会, 平成14年6月, 気候ネットワーク(2002c)『資料集 地球温暖化防止 COP3以降の動き 国内編【下】～京都議定書発効に向けて～』, pp.60-81.
環境省(2002c)『温室効果ガスの国内排出量取引制度について』, 排出量取引・京都メカニズムに係る国内制度検討委員会, 2002年7月, 気候ネットワーク(2002b)『資料集 地球温暖化防止 COP3以降の動き 国内編【上】～京都議定書発効に向けて～』, pp.597-613.
環境省(2003a)『平成14年度CDM/JIに関する検討調査報告書』, 地球環境局, 平成15年3月, http://www.env.go.jp/earth/report/h15-05/all.pdf(2011年12月11日現在)
環境省(2003b)『温暖化対策税の具体的な制度の案～国民による検討・議論のための提案

〜(報告)』，中央環境審議会総合政策・地球環境合同部会地球温暖化対策税制専門委員会，平成 15 年 8 月.
環境省(2004a)『気候変動問題に関する今後の国際的な対応の基本的な考え方について(中間とりまとめ)』，中央環境審議会地球環境部会，平成 16 年 1 月，http://www.env.go.jp/earth/report/h15-06/01.pdf (2011 年 12 月 11 日現在)
環境省(2004b)「環境省温室効果ガス排出量取引試行事業の最終取引期間の取引結果について」，平成 16 年 6 月 7 日，http://www.env.go.jp/press/press.php3?serial＝5009 (2011 年 12 月 11 日現在)
環境省(2004c)『地球温暖化対策推進大綱の評価・見直しに関する中間とりまとめ』，中央環境審議会，平成 16 年 8 月，http://www.env.go.jp/council/toshin/t06-h1603/mat00.pdf (2011 年 12 月 11 日現在)
環境省(2004d)『温暖化対策税制とこれに関連する施策に関する中間とりまとめ』，中央環境審議会総合政策・地球環境合同部会施策総合企画小委員会，平成 16 年 8 月，http://www.env.go.jp/policy/report/h16-02/01.pdf (2011 年 12 月 11 日現在)
環境省(2004e)『環境税の具体案について』，平成 16 年 11 月 5 日，http://www.env.go.jp/press/press.php3?serial＝5422 (2011 年 12 月 11 日現在)
環境省(2004f)『温暖化対策税制とこれに関連する施策に関する論点についてのとりまとめ』，中央環境審議会総合政策・地球環境合同部会施策総合企画小委員会，平成 16 年 12 月，http://www.env.go.jp/council/16pol-ear/r162-01/01.pdf (2011 年 12 月 11 日現在)
環境省(2005a)「自主参加型国内排出量取引制度の参加者の公募について(『自主削減目標設定に係る設備補助事業』)の対象事業者の公募」，平成 17 年 2 月 21 日，http://www.env.go.jp/press/press.php?serial＝5733&mode＝print (2011 年 12 月 11 日現在)
環境省(2005b)『地球温暖化対策推進大綱の評価・見直しを踏まえた新たな地球温暖化対策の方向性について(第 2 次答申)』，中央環境審議会，平成 17 年 3 月 11 日，http://www.env.go.jp/council/toshin/t060-h1612/full.pdf (2011 年 12 月 11 日現在)
環境省(2005c)「自主参加型国内排出量取引制度の参加者の決定について(『温室効果ガスの自主削減目標設定に係る設備補助事業』の対象事業者の採択結果)」，平成 17 年 5 月 17 日，http://www.env.go.jp/press/press.php?serial＝5979&mode＝print (2011 年 12 月 11 日現在)
環境省(2005d)「2003 年度(平成 15 年度)の温室効果ガス排出量について」，平成 17 年 5 月 26 日，http://www.env.go.jp/press/press.php3?serial＝6009 (2011 年 12 月 11 日現在)
環境省(2005e)「自主参加型国内排出量取引制度の参加者の公募について」，平成 17 年 12 月 22 日，http://www.env.go.jp/press/press.php?serial＝5733&mode＝print (2011 年 12 月 11 日現在)
環境省(2006a)「平成 17 年度自主参加型国内排出量取引制度 取引参加者の採択結果について」，平成 18 年 1 月 31 日，http://www.env.go.jp/press/press.php?serial＝6785&mode＝print (2011 年 12 月 11 日現在)
環境省(2006b)「自主参加型国内排出量取引制度(第 2 期)目標保有参加者の決定について(『平成 18 年度温室効果ガスの自主削減目標設定に係る設備補助事業』)の対象事業者の採択結果」，平成 18 年 5 月 15 日，http://www.env.go.jp/press/press.php?serial＝7124&mode＝print (2011 年 12 月 11 日現在)
環境省(2006c)「自主参加型国内排出量取引制度(第 2 期)の目標保有参加者の公募につい

て(『平成18年度温室効果ガスの自主削減目標設定に係る設備補助事業』)の対象事業者の公募」，平成18年6月1日，http://www.env.go.jp/press/press.php?serial＝7179&mode＝print(2011年12月11日現在)

環境省(2006d)「自主参加型国内排出量取引制度(第2期)目標保有参加者の決定について(『平成18年度温室効果ガスの自主削減目標設定に係る設備補助事業』)の対象事業者の採択結果」，平成18年7月13日，http://www.env.go.jp/press/press.php?serial＝7315&mode＝print(2011年12月11日現在)

環境省(2006e)「『平成18年度京都メカニズムクレジット取得事業』に係る公募開始について」『報道発表資料』，平成18年7月20日，http://www.env.go.jp/press/press.php?serial＝7340(2011年12月11日現在)

環境省(2006f)「図解・京都メカニズム(第6.1版)』，地球環境局地球温暖化対策課，2006年8月，http://www.kyomecha.org/pdf/zukaikyomecha_ver6.1.pdf(2010年10月21日現在)

環境省(2007)「自主参加型国内排出量取引制度(第1期)の排出削減実績と取引結果について」，平成19年9月11日，http://www.env.go.jp/press/press.php?serial＝8779(2011年12月11日現在)

環境省(2008)「自主参加型国内排出量取引制度(2006年度)の排出削減実績と取引結果について(お知らせ)」，平成20年9月9日，http://www.env.go.jp/press/press.php?serial＝10152(2011年12月11日現在)

環境省(2010a)『平成19年度自主参加型国内排出量取引制度(JVETS)第3期評価報告書』，平成22年2月，http://www.env.go.jp/press/file_view.php?serial＝15073&hou_id＝12100(2011年12月11日現在)

環境省(2010b)「2008年度(平成20年度)の温室効果ガス排出量について(確定値)〈概要〉」，平成22年4月15日，http://www.env.go.jp/earth/ondanka/ghg/2008gaiyo.pdf(2011年12月11日現在)

環境省(2011a)「『平成22年度京都メカニズムクレジット取得事業』の結果について」，平成23年4月1日，http://www.env.go.jp/press/file_view.php?serial＝17286&hou_id＝13656(2011年12月11日現在)

環境省(2011b)「2009年度(平成21年度)の温室効果ガス排出量(確定値)について」，平成23年4月26日，http://www.env.go.jp/press/file_view.php?serial＝17385&hou_id＝13722(2011年12月11日現在)

環境庁(1998a)『京都議定書の私たちの挑戦―「気候変動に関する国際連合枠組条約」に基づく第2回日本報告書』，大蔵省印刷局発行．

環境庁(1998b)『今後の地球温暖化防止対策の在り方について(中間答申)』，中央環境審議会，平成10年3月，http://www.env.go.jp/council/former/tousin/ondant01.html(2011年12月11日現在)

環境庁(1999)「『地球温暖化対策に関する基本方針』の閣議決定について」，平成11年4月7日，http://www.env.go.jp/press/press.php3?serial＝2165(2011年12月11日現在)

環境庁(2000a)『温暖化対策税を活用した新しい政策展開―環境にやさしい経済への挑戦 環境政策における経済的手法活用検討会報告書』，企画調整局企画調整課調査企画室監修，2000年6月．

環境庁(2000b)「『我が国における国内排出量取引制度について』報告書について」，平成12年6月30日，http://www.env.go.jp/press/press.php3?serial＝1514(2011年12月

参考文献・資料　247

11 日現在)
環境庁・共同実施活動推進方策検討会編(1996)『地球温暖化防止のための国際協力ハンドブック―共同実施活動推進方策検討調査報告書―』, 大蔵省印刷局, 平成 8 年.
京都メカニズム情報プラットフォーム(2011a)「日本政府承認 CDM/JI プロジェクト一覧(更新日：2011 年 3 月 14 日)」, http://www.kyomecha.org/dbproject/List_of_JP.php(2011 年 12 月 11 日現在).
京都メカニズム情報プラットフォーム(2011b)国連 CDM 理事会登録済みプロジェクト一覧(更新日：2011 年 5 月 17 日), http://www.kyomecha.org/dbproject/List_of_CDMUN.php(2011 年 5 月 22 日現在).
経済産業省(2002)『産業構造審議会環境部会地球環境小委員会「中間とりまとめ」』, 平成 13 年 12 月, 気候ネットワーク(2002a)『資料集　地球温暖化防止　COP3 以降の動き　国内編【上】～京都議定書とともに～』, pp.288-330.
経済産業省(2005)『今後の地球温暖化対策について　京都議定書目標達成計画の策定に向けたとりまとめ』, 産業構造審議会環境部会地球環境小委員会, 平成 17 年 3 月 14 日, http://www.meti.go.jp/press/20050316002/050316tikyuu.pdf(2010 年 10 月 21 日現在).
経済産業省(2005.1.12)「CDM プロジェクト政府承認審査結果について」, 平成 17 年 1 月 12 日, http://www.meti.go.jp/press/0005645/index.html(2010 年 10 月 21 日現在).
経済産業省(2006)「平成 18 年度京都メカニズムクレジット取得事業の公募開始について」, 平成 18 年 7 月 20 日, http://www.meti.go.jp/press/20060720002/2006070002.html(2006 年 7 月 24 日現在).
経済産業省(2007.9.14)「CDM プロジェクト政府承認審査結果について」, 平成 19 年 9 月 14 日, http://www.meti.go.jp/press/20070914001/20070914001.html(2011 年 12 月 11 日現在).
経済産業省(2009.6.3)「CDM・JI 事業承認一覧」, 平成 21 年 6 月 3 日, http://www.meti.go.jp/press/20090603001/20090603001-4.pdf(2011 年 12 月 11 日現在).
JICA(国際協力事業団/独立行政法人国際協力機構)
JICA(1987)『モルディブ共和国マレ島南岸護岸建設計画基本設計調査報告書』, 昭和 62 年 11 月.
JICA(1991)『モルディブ国マレ海岸防災計画調査事前調査報告書』, 平成 3 年 4 月.
JICA(1992)『モルディブ共和国マレ島海岸防災計画調査報告書』, 平成 4 年 12 月.
JICA(2001)『事業評価年次報告書 2001』, 2001 年 12 月.
JICA(2002)『地球温暖化対策/CDM 事業に関する連携促進委員会報告書』, 2002 年(平成 14 年)3 月.
JICA(2005a)「インド洋津波国際緊急救援隊派遣報告」, 2005 年 2 月 7 日, http://www.nilim.go.jp/lab/sumatral/images/houkoku.pdf(2005 年 9 月 14 日現在).
JICA(2005b)『事業評価年次報告書 2004』, 2005 年 3 月.
JICA(2006)『クリーン開発メカニズム(CDM)と JICA の協力　JICA は CDM にどう取り組むことができるのか』, 2006 年 7 月, http://www.jica.go.jp/jica-ri/publication/archives/jica/field/pdf/200607_env.pdf(2011 年 12 月 11 日現在).
JICA(2007)『気候変動への適応策に関する JICA の協力のあり方』, 2007 年 7 月, http://www.jica.go.jp/jica-ri/publication/archives/jica/field/pdf/200707_env.pdf(2011 年 12 月 11 日現在).
JICA(国際協力事業団)・INA(株式会社アイ・エヌ・エー)・PCI(株式会社パシフィック・コンサルタンツ・インターナショナル)

JICA・INA・PCI(1993)『モルディブ共和国マレ島海岸防災計画基本設計調査報告書』，平成5年10月．

JICA(国際協力事業団)・PCI(株式会社　パシフィック・コンサルタンツ・インターナショナル)

JICA・PCI(1996)『モルディブ国第二次マレ島護岸建設計画基本設計調査報告書』，平成8年1月．

JICA・PCI(1998)『モルディブ国第三次マレ島護岸建設計画基本設計調査報告書』，平成10年1月．

JICA・PCI(2000)『モルディブ国第四次マレ島護岸建設計画基本設計調査報告書』，平成12年7月．

NEDO(新エネルギー・産業技術総合開発機構)

NEDO(2000)『NEDO NEWS』，178号，2000年10月．

NEDO(2003)『平成14年度国際エネルギー消費効率化等モデル事業普及可能性調査「ビール工場省エネルギー化モデル事業」』，株式会社前川製作所委託，平成15年6月．

NEDO(2005)「ベトナムにおける京都議定書とCDMをめぐる状況」，省エネルギー技術開発部，平野恵子・兼清豊比古，http://www.nedo.ne.jp/informations/other/170526_1/170526_1.html(2005年9月14日現在)

NEDO(2005.1.12)「NEDO省エネ事業をCDM事業としてベトナム及び日本の両政府承認を取得完了」，平成17年1月12日，http://www.nedo.go.jp/informations/press/170112_1/170112_1.html(2010年10月21日現在)

NEDO(2006.3.28)「平成18年度「国際エネルギー消費効率化等モデル事業」に係る委託先の公募について」，平成18年3月28日，http://www.nedo.go.jp/informations/koubo/180328_1/180328_1.html(2010年10月21日現在)

NEDO(2010)「事業評価結果の詳細　国際エネルギー使用合理化等対策事業」，平成22年7月30日，http://www.nedo.go.jp/iinkai/kenkyuu/hyouka/jigyou/h21/38.pdf (2010年10月21日現在)

NEDO(新エネルギー・産業技術総合開発機構)・財団法人地球産業文化研究所

NEDO・財団法人地球産業文化研究所(1999)『地球環境国際協力推進事業/気候変動影響評価等事業　平成10年度調査報告書』，平成11年3月．

NEDO・財団法人地球産業文化研究所(2000)『地球環境国際協力推進事業/気候変動影響評価等事業　平成11年度調査報告書』，平成12年3月．

NEDO(新エネルギー・産業技術総合開発機構)・NPO法人知的資産創造センター

NEDO・NPO法人知的資産創造センター(2004)『温室効果ガス排出量(権)の品質評価手法に関する調査』，平成16年3月．

地球温暖化対策推進本部(1998)『地球温暖化対策推進大綱—2010年に向けた地球温暖化対策について—』，平成10年6月19日，http://www.env.go.jp/earth/cop3/kanren/suisin2.html(2011年12月11日現在)

地球温暖化対策推進本部(2002)『地球温暖化対策推進大綱』，平成14年3月19日，http://www.env.go.jp/earth/ondanka/taiko/all.pdf(2011年12月11日現在)

地球温暖化対策推進本部(2005)『京都議定書目標達成計画』，平成17年4月28日，http://www.kantei.go.jp/singi/ondanka/kakugi/050428keikaku.pdf(2005年5月7日現在)

地球温暖化対策推進本部(2006)『京都議定書目標達成計画の進捗状況』，平成18年7月7日，http://www.kantei.go.jp/jp/singi/ondanka/2006/0707.pdf(2011年12月11日現

在)
地球温暖化対策推進本部(2007)『京都議定書目標達成計画の進捗状況』，平成19年5月29日, http://www.kantei.go.jp/jp/singi/ondanka/2007/0529sinchoku.pdf(2011年12月11日現在)
地球温暖化対策推進本部(2008)『京都議定書目標達成計画』，平成20年3月28日全部改定, http://www.kantei.go.jp/jp/singi/ondanka/kakugi/080328keikaku.pdf(2011年12月11日現在)
地球温暖化対策推進本部(2009)『京都議定書目標達成計画の進捗状況』，平成21年7月17日, http://www.kantei.go.jp/jp/singi/ondanka/2009/0717_3.pdf(2011年12月11日現在)
地球環境保全に関する関係閣僚会議(1990)『地球温暖化防止行動計画』，平成2年10月，気候ネットワーク(2002c)『資料集　地球温暖化防止　COP3以降の動き　国内編【下】～京都議定書発効に向けて～』, pp.370-384.
日本政府代表団(2000)「COP6(気候変動枠組条約第6回締約国会議)評価と概要」，平成12年11月25日, http://www.mofa.go.jp/mofaj/gaiko/kankyo/kiko/cop6/cop6_k.html(2011年12月11日現在)
野村総合研究所(2002)『地球温暖化対策関連ODA評価調査報告書』，平成14年3月，http://www.mofa.go.jp/mofaj/gaiko/oda/shiryo/hyouka/kunibetu/gai/g_warm/index.html(2011年12月11日現在)

英国政府関連資料

UK DEFRA(Department for Environment, Food and Rural Affairs)
UK DEFRA(2001a) *The UK's Third National Communication under the United Nations Framework Convention on Climate Change,* http://www.defra.gov.uk/environment/climagechange/3nc/default.htm(2003年5月23日現在)
UK DEFRA(2001b) *£215M SCHEME OFFERS UK FIRMS CHANCE TO BE WORLD LEADERS,* http://www.defra.gov.uk/news/2003/010814b.htm(2003年4月22日現在)
UK DEFRA(2001c) *Framework for the UK Emissions Trading Scheme,* http://www.defra.gov.uk/environment/climatechange/trading/index.htm(2003年4月10日現在)(地球産業文化研究所　暫定和訳：2003年5月12日現在). http://www.defra.gov.uk/environment/climatechange/trading/pdf/trading-full.pdf
UK DEFRA(2003a) *Climate Change Agreements and the Climate Change Levy First target-period results,* 14.April 2003, http://www.defra.gov.uk/environment/ccl/results.htm(2003年4月16日現在)
UK DEFRA(2003b) *UK EMISSIONS TRADING SCHEME OFF TO A FLYING START,* 12.May 2003, http://www.defra.gov.uk/news/2003/030512a.htm(2004年3月25日現在)
UK DEFRA(2006) "Climate Change The UK Programme 2006", http://www.decc.gov.uk/assets/decc/what%20we%20do/global%20climate%20change%20and%20energy/tackling%20climate%20change/programme/ukccp06-all.pdf(2011年12月11日現在)
UK DEFRA(2007) *Government and business working together to cut emissions: Woolas,* 26 July 2007, News releases, http://www.defra.gov.uk/news/2007/070726b.htm(2008年7月2日現在)

UK DEFRA (2008) *UK emissions figures down, but "much more must be done":* Benn, 31 January, 2008, News releases, http://www.defra.gov.uk/news/2008/080131c.htm (2009年10月16日現在)

UK DETR (Department of the Environment, Transport and the Regions)

UK DETR (2000) *Climate Change The UK Programme*, http://www.decc.gov.uk/en/content/cms/what_we_do/change_energy/tackling_clima/programme/programme.aspx (2011年12月11日現在)

ベトナム政府関連資料

Ha, Tran Thi Minh and Huong, Dang Phan Thu (2005) 'CDM Activities in Viet Nam and Opportunities for Investment' *The Kyoto Mechanism-Japan Carbon Investors Forum presentation paper*, 24.March 2005.

Vietnam MONRE (Ministry of Natural Resources and Environment)

Vietnam MONRE (2005) *Vietnam CDM Project Pipeline.*

RIB (Research Institute of Brewing) and HABECO (Hanoi Alcohol Beer Beverage Corporation) (2006) *The model Project for renovation to increase the efficient use in Brewery by NEDO at Bia Thanh Hoa Brewery in Vietnam*, presentation paper, June 2006.

ベトナム財務省・天然資源省(京都メカニズム情報プラットホーム仮訳) (2008)「合同通達2007年8月20日付けクリーン開発メカニズムにもとづく投資プロジェクトに対する資金メカニズムおよび政策に関する首相決定130/2007/QD-TTg 号規定の施行ガイドライン」, 第58/2008/TTLT-BLC-BTN&MT号, 2008年7月4日, http://www.kyomecha.org/pdf/vietnam_monre_cdmdecision_j.pdf (2010年10月21日現在)

オランダ政府関連資料

Netherlands MHSPE (Ministry of Housing, Spatial Planning and the Environment)

Netherlands MHSPE (2001) *Third Netherland's national communication on climate change policies.*

Netherlands MHSPE (2003) *Implementation of the clean development mechanism by the Netherlands.*

モルディブ政府関連資料

Maldives ES (Environment Section, Ministry of Home Affairs & Environment Maldives) (2003) Climate Change Main Page, http://www.environment.gov.mv/climate.htm (2005年3月15日現在)

Maldives MHAHE (Ministry of Home Affairs, Housing and Environment)

Maldives MHAHE (2001) *First national communication of the Republic of Maldives to the United Nations Framework Convention on Climate Change*, http://unfccc.int/resource/docs/natc/maldncI.pdf (2011年12月11日現在)

Maldives PM (Permanent Mission of the Republic of Maldives to the United Nations)

Maldives PM (1987) *Address by his Excellency Mr. Maumoon Abdul Gayoom, President of the Republic of Maldives, before the forty second session of the United Nations General Assembly on the special debate on Environment and Development*, 19. October 1987.

Maldives PM (1988) *Address by his Excellency Mr. Fathulla Jameel, Minister of Foreign Affairs, to the forty-third session of the United Nations General Assembly*, 6.October 1988.

Maldives PM (1989) *Address by his Excellency Mr. Fathulla Jameel, Minister of Foreign Affairs of the Republic of Maldives to the forty-fourth session of the United Nations General Assembly*, 25.September 1989.

Maldives PM (1990) *Address by his Excellency Mr. Maumoon Abdul Gayoom, President of the Republic of Maldives, at the General Debate of the forty-fifth session of the United Nations General Assembly*, 27.September 1990.

Maldives PM (1992) *Address by his Excellency Mr. Maumoon Abdul Gayoom, President of the Republic of Maldives, at the United Nations Conference on Environment and Development*, 12.June 1992.

Maldives PM (1994) *Address by his Excellency Mr. Maumoon Abdul Gayoom, President of the Republic of Maldives, on behalf of the group of eminent Personson the Sustainable Development of Small Island Developing States*, 21.April 1994.

Maldives PM (1997a) *Address by his Excellency Mr. Maumoon Abdul Gayoom, President of the Republic of Maldives, at the Nineteenth Special Session of the United Nations General Assembly for the purpose of an overall review and appraisal of the implementation of Agenda 21*, 24.June 1997.

Maldives PM (1997b) *Inaugural address by his Excellency Mr. Maumoon Abdul Gayoom, President of the Republic of Maldives, at the thirteenth session of the Intergovernmental Panel on Climate Change*, 22.September 1997.

Maldives PM (1997c) *Inaugural address by his Excellency Mr. Maumoon Abdul Gayoom, President of the Republic of Maldives, at the SAARC Environment Ministers Meeting*, 15-16.October 1997.

Maldives PM (1997d) *Statement by Ms. Aishath Shuweikar Representative of Maldives to the second committee on 'Environment and Sustainable Development' 52nd Session of the United Nations General Assembly*, 7.November 1997.

Maldives PM (1998a) *Address by his Excellency Mr. Fathulla Jameel, Minister of Foreign Affairs, to the fifty-third session of the United Nations General Assembly*, 1.October 1998.

Maldives PM (1998b) *Address by his Excellency Mr. Fathulla Jameel, Minister of Foreign Affairs, to the fifty-fourth session of the United Nations General Assembly*, 2.October 1998.

Maldives PM (2000a) *Address by Hon. Ibrahim Hussain Zaki, Minister of Planning and National Development, to the twenty-fourth special session of the general assembly on the Implementation of the outcome of the World Summit for Social Development and Further Initiatives*, 28.June 2000.

Maldives PM (2000b) *Address by his Excellency Mr. Hussain Shihab, Permanent Representative (Vice-chairman of the delegation) to the fifty-fifth session of the United Nations General Assembly*, 21.September 2000.

Maldives PM (2000c) *Statement by his Excellency Mr. Hussain Shihab, Permanent Representative on Agenda Item 95 Environment and Sustainable Development*, 20.October 2000.

Maldives PM (2001) *Statement by his Excellency Mr. Fathulla Jameel, Minister of Foreign Affairs of the Republic of Maldives at the fifty-sixth session of the United Nations General Assembly*, 12.November 2001.

Maldives PM(2002) *Address by his Excellency Mr. Maumoon Abdul Gayoom, President of the Republic of Maldives, at the World Summit on Sustainable Development*, 3. September 2002.

2. ニューズ・レター，資料集

気候フォーラム(1997a) 1997年7月31日号．
気候フォーラム「Kiko COP3 通信」(1997b) 1997年12月2日号．
気候ネットワーク
気候ネットワーク「Kiko COP4 通信」(1998) 1998年11月9日号．
気候ネットワーク「Kiko COP6 通信」(2000) 2000年11月16日号．
気候ネットワーク「Kiko 再開COP6 通信」(2001) 2001年7月24日号．
気候ネットワーク(2002a)『資料集 地球温暖化防止 COP3 以降の動き 国際編～京都議定書発効に向けて～』．
気候ネットワーク(2002b)『資料集 地球温暖化防止 COP3 以降の動き 国内編【上】～京都議定書発効に向けて～』．
気候ネットワーク(2002c)『資料集 地球温暖化防止 COP3 以降の動き 国内編【下】～京都議定書発効に向けて～』．
気候ネットワーク(2002d)『よくわかる地球温暖化問題 改訂版』中央法規．
CAN(Climate Action Network) *eco*
 COP1(1995) 31.March 1995.
 AGBM3(1996a) 7.March 1996.
 AGBM5(1996b) 13.December 1996.
 AGBM7(1997a) 31.July 1997.
 AGBM8(1997b) 23.October 1997.
 COP4(1998) 9.November 1998.
 COP6(2000) 15.November 2000.
CASA(地球環境と大気汚染を考える全国市民会議)
CASA(2001a)「プロンク議長ノートの分析」，気候ネットワーク(2002a)『資料集 地球温暖化防止 COP3 以降の動き 国際編～京都議定書発効に向けて～』，pp.123-175.
CASA(2001b)「『ボン合意』の分析」，気候ネットワーク(2002a)『資料集 地球温暖化防止 COP3 以降の動き 国際編～京都議定書発効に向けて～』，pp.265-286.
CASA(2002)「京都議定書の運用ルール―ボン合意・マラケシュ合意の分析―」，気候ネットワーク(2002a)『資料集 地球温暖化防止 COP3 以降の動き 国際編～京都議定書発効に向けて～』，pp.350-429.
EIC ネット http://www.eic.or.jp
EIC ネット(2001.4.4)「気候変動プログラムを発表 温室効果ガス23％削減」(2003年4月16日現在)．
EIC ネット(2001.8.8)「温暖化対策税の導入についての論点を整理」(2005年4月13日現在)．
EIC ネット(2001.8.14)「温室効果ガス排出取引スキーム最終版を発表」(2003年4月16日現在)．
EIC ネット(2001.12.26)「温暖化対策税制の制度面を具体的に検討した報告書を作成」(2005年4月13日現在)．
EIC ネット(2002.7.2)「2003年からの試行的な排出量取引実施を提言 国内排出量取引

報告書」(2003 年 4 月 22 日現在).
EIC ネット (2003.4.15)「イギリス産業界　気候変動協定の下，目標値の 3 倍以上の CO_2 排出抑制を達成」(2003 年 4 月 16 日現在).
EIC ネット (2003.5.22)「温室効果ガス排出取引 1 年目の成果を発表」(2004 年 3 月 25 日現在).
EIC ネット (2004.6.7)「03 年度排出量取引試行事業　総計で 255 件約 242 万トンの取引成立」(2005 年 4 月 20 日現在).
EIC ネット (2004.8.30)「中環審小委員会が温暖化対策税制と関連施策の中間とりまとめ公表」(2005 年 4 月 13 日現在).
EIC ネット (2004.11.5)「環境省が環境税案公表　税率炭素 1 トン 2400 円で一般財源化」(2005 年 4 月 13 日現在).
EIC ネット (2005.1.12)「13〜15 件目の CDM プロジェクト承認　昭和シェル，鹿島などの申請案件」(2006 年 8 月 7 日現在).
EIC ネット (2005.2.21)「施設整備と組み合わせた国内排出量取引制度への参加企業募集」(2006 年 10 月 21 日現在).
EIC ネット (2005.3.16)「『京都議定書目標達成計画』策定に向けた報告書まとまる　産講審小委員会」(2005 年 4 月 13 日現在).
EIC ネット (2005.3.30)「『京都議定書目標達成計画』案を了承　地球温暖化対策推進本部」(2006 年 7 月 29 日現在).
EIC ネット (2005.4.27)「京都議定書目標達成計画　05 年 4 月 28 日に閣議決定へ」(2005 年 5 月 2 日現在).
EIC ネット (2005.5.17)「施設整備と組み合わせた国内排出量取引制度で参加企業 34 社を決定」(2006 年 10 月 21 日現在).
EIC ネット (2005.12.22)「自主参加型国内排出量取引制度の参加企業を募集　CDM クレジットなども取引対象に」(2006 年 10 月 21 日現在).
EIC ネット (2006.1.31)「自主参加型国内排出量取引制度の参加企業 8 社を新たに決定」(2006 年 10 月 21 日現在).
EIC ネット (2006.3.28)「新気候変動プログラムを公表　CO_2 削減目標は後退」(2010 年 8 月 14 日現在).
EIC ネット (2006.5.15)「施設設備と組み合わせた国内排出量取引制度　第 2 期事業への参加 38 社を決定」(2006 年 10 月 21 日現在).
EIC ネット (2006.6.1)「施設設備と組み合わせた国内排出量取引制度　第 2 期参加企業追加募集」(2006 年 10 月 21 日現在).
EIC ネット (2006.7.13)「施設設備と組み合わせた国内排出量取引制度　第 2 期事業への追加参加分 23 社を決定」(2006 年 10 月 21 日現在).
EIC ネット (2006.7.20)「京都メカニズムのクレジットを日本政府に販売する事業者の公募開始へ」(2006 年 7 月 24 日現在).
EIC ネット (2007.1.31)「イギリス　2005 年温室効果ガス排出量を公表　2010 年までに京都議定書目標の 2 倍以上の削減が可能」(2008 年 7 月 2 日現在).
EIC ネット (2007.6.28)「世界初の ODA 活用案件　国連 CDM 理事会がエジプト・ザファラーナ風力発電プロジェクトを承認」(2008 年 6 月 26 日現在).
EIC ネット (2007.9.14)「223 件めまでの京都メカニズム案件承認　CDM 5 件」(2011 年 8 月 7 日現在).
EIC ネット (2008.1.31)「イギリス　2006 年も温室効果ガス排出量は減少　京都議定書の

排出削減目標を超える成果」(2008年7月2日現在).
Foundation JIN "The Joint Implementation Quarterly"
Foundation JIN "The Joint Implementation Quarterly" (1995) Volume 1, Number 1, June 1995.
IISD (International Institute for Sustainable Development) *Earth Negotiations Bulletin*
 COP1 (1995a) Vol.12, No.21, 10.April 1995.
 ABGM1 (1995b) Vol.12, No.22, 28.August 1995.
 ABGM3 (1996a) Vol.12, No.27, 11.March 1996.
 ABGM5 (1996b) Vol.12, No.39, 23.December 1996.
 ABGM7 (1997a) Vol.12, No.55, 11.August 1997.
 AGBM8 (1997b) Vol.12, No.66, 3.November 1997.
 COP3 (1997c) Vol.12, No.76, 13.December 1997.
 COP4 (1998) Vol.12, No.97, 16.November 1998.
 COP6 (2000) Vol.12, No.163, 27.November 2000.
 COP6再開会合 (2001) Vol.12, No.176, 30.July 2001.
Point Carbon
Point Carbon (2004.6.10) *CDM Monitor*, 2004年6月10日号.
Point Carbon (2004.12.7) CDM・JIモニター, 2004年12月7日号.

経済団体連合会・日本経済団体連合会資料

経団連 (社団法人経済団体連合会)
政策提言/調査報告　テーマ分類　エネルギー・環境政策 (2011年12月11日現在)
http://www.keidanren.or.jp/japanese/policy/index07.html
経団連 (1991)「経団連地球環境憲章」1991年4月23日.
経団連 (1996a)「経団連環境アピール―21世紀の環境保全に向けた経済界の自主行動宣言―」1996年7月16日.
経団連 (1996b)「地球温暖化防止に関する共同宣言」, 1996年11月1日.
経団連 (1997a)「経団連環境自主行動計画の概要」, 1997年6月17日.
経団連 (1997b)「COP3ならびに地球温暖化対策に関する見解」, 1997年9月26日.
経団連 (1997c)「気候変動枠組条約第三回締約国会議に向けての共同宣言―世界経済人の地球温暖化対策フォーラム―」, 1997年12月3日.
経団連 (1998)「第1回経団連環境自主行動計画フォローアップ概要」, 1998年12月25日.
経団連 (1999)「第2回経団連環境自主行動計画フォローアップ結果について―温暖化対策編―」, 1999年11月24日.
経団連 (2000)「第3回経団連環境自主行動計画フォローアップ結果について―温暖化対策編―」, 2000年11月2日.
経団連 (2001a)「中央環境審議会地球環境部会国内制度小委員会中間とりまとめに対する意見」, 2001年7月2日.
経団連 (2001b)「地球環境問題へのわが国の対応と環境自主行動計画の一層の透明性確保に向けた取り組み」, 2001年9月6日.
経団連 (2001c)「地球温暖化問題へのわが国の対応について」, 2001年9月19日.
経団連 (2001d)「第4回経団連環境自主行動計画フォローアップ結果について―温暖化対策編―」, 2001年10月19日.
経団連 (2001e)「今後の地球温暖化対策に冷静な判断を望む」, 2001年11月19日.

日本経団連（社団法人　日本経済団体連合会）
政策提言／調査報告　テーマ分類　エネルギー・環境政策(2011年12月11日現在)
http://www.keidanren.or.jp/japanese/policy/index07.html
日本経団連(2002)「環境自主行動計画第5回フォローアップ(温暖化対策編)結果概要」，2002年10月17日．
日本経団連(2003a)「『環境税』の導入に反対する」，2003年11月18日．
日本経団連(2003b)「温暖化対策環境自主行動計画2003年度フォローアップ結果」，2003年11月21日．
日本経団連(2004a)「地球温暖化対策の着実な推進に向けて」，2004年7月12日．
日本経団連(2004b)「温暖化対策　環境自主行動計画2004年度フォローアップ結果概要版」，2004年11月26日．
日本経団連(2005a)「地球温暖化防止に取り組む産業界の決意」，2005年2月15日．
日本経団連(2005b)「民間の活力を活かした地球温暖化防止対策の実現に向けて～改めて環境税に反対する～」，2005年9月20日．
日本経団連(2005c)「温暖化対策　環境自主行動計画2005年度フォローアップ結果　概要版〈2004年度実績〉」，2005年11月18日．
日本経団連(2006a)「環境自主行動計画〔温暖化対策編〕―2005年度フォローアップ調査結果(2004年度実績)〈個別業種別〉」，2006年3月．
日本経団連(2006b)「実効ある温暖化対策の国際枠組の構築に向けて」，2006年11月21日．
日本経団連(2006c)「温暖化対策　環境自主行動計画2006年度フォローアップ結果　概要版〈2005年度実績〉」，2006年12月14日．
日本経団連(2007a)「京都議定書後の地球温暖化問題に関する国際枠組構築に向けて」，2007年4月17日．
日本経団連(2007b)「ポスト京都議定書における地球温暖化防止のための国際枠組に関する提言」，2007年10月16日．
日本経団連(2007c)「温暖化対策　環境自主行動計画2007年度フォローアップ結果　概要版〈2006年度実績〉」，2007年11月14日．
日本経団連(2008)「環境自主行動計画〈温暖化対策編〉2008年度フォローアップ結果　概要版〈2007年度実績〉」，2008年11月16日．
日本経団連(2009a)「2008年度　環境自主行動計画第三者評価委員会　評価報告書」，環境自主行動計画第三者評価委員会，2009年4月22日．
日本経団連(2009b)「環境自主行動計画〔温暖化対策編〕2009年度フォローアップ結果　概要版〈2008年度実績〉」，2009年11月17日．
日本経団連(2010)「環境自主行動計画〈温暖化対策編〉2010年度フォローアップ結果　概要版〈2009年度実績〉」，2010年11月16日．

3．インタビュー調査対象者

(注) 調査対象者の所属，職名などは，回答または面接時点のものである．
折下定夫　氏(パシフィック・コンサルタンツ・インターナショナル(PCI)プロジェクト・マネジメント事業部)2006年4月17日付の書面回答，7月14日付の電子メール回答．
並木広巳　氏(パシフィック・コンサルタンツ・インターナショナル)2006年4月17日付の書面回答．

内藤俊之　氏(独立行政法人新エネルギー・産業技術総合開発機構(NEDO)省エネルギー技術開発部国際事業調整グループ)2006年5月18日付の書面回答.
久島直人　氏(外務省国際社会協力部気候変動室室長)2006年6月14日実施の面接調査.
Mr. Ahmed Jameel(Maldives Government, Ministry of Environment, Energy and Water (Maldives MEEW), Environmental Assessment Director)2006年6月20日実施の面接調査，6月26日付の電子メール回答.
Ms. Dang Phan Thu Huong(Vietnam Government, Ministry of Industry (Vietnam MOI), Department of International Cooperation, Deputy Director General)2006年7月4日・5日実施の面接調査.
美馬巨人　氏(財団法人国際協力機構(JICA)無償資金協力部第3グループ長)2006年7月14日付の書面回答.
中山慎太郎　氏(独立行政法人国際協力銀行(JBIC)開発第3部第3班中東地域(第1班分掌に属する国等を除く)及びエジプト向け海外経済協力業務)2006年7月14日付の書面回答.
斎藤信　氏(経済産業省産業技術環境局環境政策課地球環境対策室京都メカニズムヘルプデスク室)2006年12月28日付の電子メール回答.

4．二次資料

辞書・用語集
川田侃・大畠英樹編(2003)『国際政治経済辞典改訂版』，東京書籍.
環境経済・政策学会編，佐和隆光監修(2006)『環境経済・政策学の基礎知識』，有斐閣.
後藤一美監修(2004)『国際協力用語集　第3版』，国際開発ジャーナル社.
地球環境法研究会編(2003)『地球環境条約集　第4版』，中央法規.

和文学術図書・論文
赤尾信敏(1993)『体験的環境外交論　地球は訴える』，財団法人世界の動き社.
赤塚雄三・折下定夫(2005)「インド洋大津波　モルディブ・マレ島を救ったODA護岸と国際協力の課題」，『土木学会誌』，Vol.90，No.6，pp.52-55.
明日香壽川(1999)「地球温暖化国際協力プロジェクトの経済性評価と日本の政策対応のあり方」，環境経済・政策学会編『地球温暖化への挑戦』，東洋経済新報社，pp.65-78.
明日香壽川(2001)「CDM/ODA/公的資金問題について」，http://www2s.biglobe.ne.jp/~stars/CDMODA 30.pdf(2003年5月6日現在)
明日香壽川(2002)「京都メカニズムに対する公的資金の活用について―追加性問題と具体的な制度設計を中心に―」，http://www2s.biglobe.ne.jp/~stars/asuka_2002_kyoto.pdf(2003年5月9日現在)
天野明弘(1997)『地球温暖化の経済学』，日本経済新聞社.
天野明弘(2003)『環境経済研究　環境と経済の統合に向けて』，有斐閣.
石弘光(1999)『環境税とは何か』，岩波書店.
石井敦・山形与志樹(2001)「プロンクCOP6議定書の新提案―新旧提案の比較分析―Ver.1.0」，2001年4月26日，http://www-cger.nies.go.jp/carbon/cop6-3.pdf(2010年10月21日現在)
磯崎博司(2000)『国際環境法　持続可能な地球社会の国際法』，信山社.
磯崎博司・高村ゆかり(2002)「地球環境問題と国際環境法」，森田恒幸・天野明弘編『地球環境問題とグローバル・コミュニティ』，岩波書店，pp.215-244.
岩間徹(1989)「国際環境法の現状」，『法律のひろば』，第42巻第11号，pp.46-51.

岩間徹(1992)「気候変動枠組条約における一般的原則と義務」,『ジュリスト』, No.995, pp.22-26.
岩間徹(1999)「地球温暖化と国際法」,信夫隆司編『環境と開発の国際政治』,南窓社, pp.129-157.
岩間徹(2004)「国際環境法上の予防原則について」,『ジュリスト』, No.1264, pp.54-63.
上園昌武(1999)「国連気候変動枠組条約第4回締約国会議(COP4)報告」,『環境と公害』, Vol.28, No.4, pp.69-70.
上園昌武(2005)「京都議定書発効後の地球温暖化防止政策の課題」,『経営研究』,第56巻第1号, pp.53-69.
植田和弘(1996)『環境経済学』,岩波書店.
植田和弘・林宰司・羅星仁(2003)「気候変動の経済影響評価:政策決定からみた日本とアジア途上国への示唆」,原沢英夫・西岡秀三編著『地球温暖化と日本 自然・人への影響予測 第3次報告』,古今書院, pp.331-355.
植田和弘・森田恒幸(2003)「環境政策の基礎とは何か」,植田和弘・森田恒幸編『環境政策の基礎』,岩波書店, pp.1-8.
上野宏(2001)「プロジェクト評価の理論及び今後の課題」,『国際開発研究』,第10巻第2号, pp.17-48.
宇沢弘文・國則守生編(1993)『地球温暖化の経済分析』,東京大学出版会.
臼杵知史(2003)「第Ⅰ章 総説 解説」,地球環境法研究会編『地球環境条約集 第4版』,中央法規, pp.2-4.
大岩ゆり(1998)「地球温暖化防止京都会議の内幕」,『世界』, No.646, pp.192-200.
大倉紀影(2006)「政治的合意の法文化に向けて―『マラケシュ合意』への最終交渉―」,浜中裕徳編『京都議定書をめぐる国際交渉 COP3以降の交渉経緯』,慶應義塾大学出版会, pp.113-153.
大島美穂(2004)「環境問題と国際政治学」,三浦永光編『国際関係の中の環境問題』,有信堂, pp.101-114.
太田宏(1997)「地球温暖化をめぐる国際政治経済―「国連気候変動枠組み条約」議定書交渉の背景―」,『外交時報』, No.1343, pp.4-33.
太田宏(1999)「地球温暖化をめぐる国際政治」,信夫隆司編『環境と開発の国際政治』,南窓社, pp.98-128.
大塚直編著(2004)『地球温暖化をめぐる法政策』,昭和堂.
大塚直(2008)「環境法の基本原則を基盤とした将来枠組提案」,環境法政策学会編『温暖化防止に向けた将来枠組み 環境法基本原則とポスト2012年への提案』,商事法務, pp.30-52.
大塚直・久保田泉(2001)「気候変動に関するイギリスの諸制度について―協定・税・排出枠取引」,『環境研究』, No.122, pp.123-132.
S. オーバーチュアー・H.E. オット著,国際比較環境法センター・財団法人地球環境戦略研究機関監訳,岩間徹・磯崎博司監訳(2001)『京都議定書 21世紀の国際気候政策』,シュプリンガー・フェアラーク東京.
大矢釟治(2003)「クリーン開発メカニズムによる持続可能な開発促進の可能性と課題」,『名古屋産業大学論集』,第3号, pp.87-99.
岡敏弘(2006)『環境経済学』,岩波書店.
小柏葉子(1994)「AOSIS―小島嶼諸国によるインターリジョナリズムの展開と可能性」,『広島平和科学』, Vol.17, pp.25-40.

小柏葉子(1999)「南太平洋フォーラムと気候変動に関する国際レジーム」, 小柏葉子編『太平洋島嶼と環境・資源』, 国際書院, pp.11-38.
沖村理史(1995)「気候変動枠組条約第1回締約国会議」, 『環境と公害』, Vol.25, No.1, pp.65-66.
沖村理史(2000)「気候変動レジームの形成」, 信夫隆司編著『地球環境レジームの形成と発展』, 国際書院, pp.163-194.
沖村理史(2002a)「京都メカニズム―交渉の歴史」, 高村ゆかり・亀山康子編『京都議定書の国際制度 地球温暖化交渉の到達点』, 信山社, pp.62-73.
沖村理史(2002b)「共同実施」, 高村ゆかり・亀山康子編『京都議定書の国際制度 地球温暖化交渉の到達点』, 信山社, pp.90-103.
奥野正寛・小西秀樹(1993)「温暖化対策の理論的分析」, 宇沢弘文・國則守生編『地球温暖化の経済分析』, 東京大学出版会, pp.135-166.
梶原成元(1999)「気候変動枠組条約第4回締約国会議(COP4)の概要と今後の展望」, 『環境研究』, No.113, pp.83-100.
片桐誠(2003)「CDMプロジェクトの実施について」, 『NIRA政策研究』, Vol.16, No.6, pp.43-47.
加藤久和(2002)「クリーン開発メカニズム(CDM)」, 高村ゆかり・亀山康子編『京都議定書の国際制度 地球温暖化交渉の到達点』, 信山社, pp.104-120.
蟹江憲史(2001)『地球環境外交と国内政策 京都議定書をめぐるオランダの外交と政策』, 慶應義塾大学出版会.
蟹江憲史(2004)『環境政治学入門 地球環境問題の国際的解決へのアプローチ』, 丸善.
兼原敦子(1994)「地球環境保護における損害予防の法理」, 『国際法外交雑誌』, 第93巻第3・4合併号, pp.160-203.
亀山康子(2001)「気候変動枠組条約第7回締約国会議(COP7)の概要」, 『国立環境研究所 地球環境研究センターニュース』, Vol.12, No.9, pp.2-5.
亀山康子(2002a)「気候変動問題の国際交渉の展開」, 高村ゆかり・亀山康子編『京都議定書の国際制度 地球温暖化交渉の到達点』, 信山社, pp.2-22.
亀山康子(2002b)「COP6再開会合とCOP7における成果と評価」, 高村ゆかり・亀山康子編『京都議定書の国際制度 地球温暖化交渉の到達点』, 信山社, pp.52-61.
亀山康子(2002c)「地球温暖化問題をめぐる国際的取り組み」, 森田恒幸・天野明弘編『地球環境問題とグローバル・コミュニティ』, 岩波書店, pp.189-213.
亀山康子(2003)『地球環境政策』, 昭和堂.
亀山康子・蟹江憲史・高村ゆかり・田村堅太郎(2004)「気候変動問題に関する2013年以降の国際制度に関する分析：各種提案と特徴の整理」, 『環境経済・政策学会2004年大会報告要旨集』, pp.4-5.
川島康子(1998)「共同実施・CDMの仕組み」, 『NIRA政策研究』, Vol.11, No.10, pp.28-31.
川島康子(1999)「COP4における国際交渉の分析」, 『環境研究』, No.113, pp.101-108.
川島康子・山形与志樹(2001)「気候変動枠組条約第6回締約国会議(COP6)の概要」, 『国立環境研究所 地球環境研究センターニュース』, Vol.11, No.10, pp.9-15.
木本昌秀(2007)「将来の気候変化に関する予測」, 『科学』, Vol.77, No.7, pp.696-701.
久保田泉(2006)「2013年以降の気候変動対処のための国際枠組みにおける適応策」, 『第10回環境法政策学会2006年度学術大会論文報告要旨集』, 環境法政策学会, pp.70-75.
倉坂秀史(2004)『環境政策論 環境政策の歴史及び原則と手法』, 信山社.

M. グラブ・C. フローレイク・D. ブラック共著, 松尾直樹監訳(2000)『京都議定書の評価と意味 歴史的国際合意への道』, 財団法人省エネルギーセンター.
後藤則行(1999)「中国との共同実施の可能性」, 環境経済・政策学会編『地球温暖化への挑戦』, 東洋経済新報社, pp.126-144.
後藤則行(2003)「環境問題・環境政策の評価基準」, 植田和弘・森田恒幸編『環境政策の基礎』, 岩波書店, pp.9-40.
小山佳枝(2001)「国際法上の『予防原則』の地位―オーストラリアの国家実行を手がかりとして―」, 『法学政治学論究』, 第 51 号, pp.227-261.
坂口洋一(1992)『地球環境保護の法戦略』, 青木書店.
L.E. サスカインド著, 吉岡庸光訳(1996)『環境外交 国家エゴを超えて』, 日本経済評論社.
佐藤哲夫(1997)「国際環境法とは何か」, 『一橋論叢』, 第 117 巻第 1 号, pp.189-197.
標宣男(2003)「予防原則の現状とその問題点」, 『聖学院大学論叢』, 第 15 巻第 2 号, pp.91-107.
関谷毅史(2006)「解けなかった多次元方程式―運用ルール交渉の難航―」, 浜中裕徳編『京都議定書をめぐる国際交渉 COP3 以降の交渉経緯』, 慶應義塾大学出版会, pp.23-58.
総合科学技術会議環境担当議員・内閣府政策統轄官(科学技術政策担当)共編(2003)『地球温暖化研究の最前線―環境の世紀の知と技術 2002―』, 財務省印刷局.
R.K. ターナー・D. ピアス・I. ベイトマン著, 大沼あゆみ訳(2001)『環境経済学入門』, 東洋経済新報社.
高尾克樹(2003)「英国の温室効果ガス排出量取引の政策実験(上)―スキームの概要と排出量価格の現況―」, 『環境と公害』, Vol.32, No.3, pp.46-65.
高木保興編(2004)『国際協力学』, 東京大学出版会.
高橋康夫(2006)「米国の離脱と歴史的合意―『ボン合意』に向けた国際交渉―」, 浜中裕徳編『京都議定書をめぐる国際交渉 COP3 以降の交渉経緯』, 慶應義塾大学出版会, pp.59-112.
高村ゆかり(1999)「国際環境法の限界と可能性」, 『法学セミナー』, No.44, No.3, pp.74-77.
高村ゆかり(2001)「COP6 再開会合の評価と今後の課題」, 『環境と公害』, Vol.31, No.2, pp.66-67.
高村ゆかり(2002)「気候変動枠組み条約・京都議定書レジームの概要」, 高村ゆかり・亀山康子編『京都議定書の国際制度 地球温暖化交渉の到達点』, 信山社, pp.23-49.
高村ゆかり(2004)「国際環境法におけるリスクと予防原則」, 『思想』, No.963, pp.60-81.
高村ゆかり(2005a)「2013 年以降の地球温暖化防止のための国際制度設計とその課題」, 田中則夫・増田啓子編『地球温暖化防止の課題と展望』, 法律文化社, pp.77-125.
高村ゆかり(2005b)「京都議定書第 1 約束期間後の地球温暖化防止のための国際制度をめぐる法的問題」, 『ジュリスト』, No.1296, pp.69-77.
高村ゆかり(2005c)「地球温暖化防止のための国際制度を規定する要因」, 高村ゆかり・亀山康子編『地球温暖化交渉の行方 京都議定書第一約束期間後の国際制度設計を展望して』, 信山社, pp.44-60.
高村ゆかり(2005d)「国際環境法における予防原則の動態と機能」, 『国際法外交雑誌』, 第 104 巻第 3 号, pp.1-28.
高村ゆかり(2008)「国連気候変動枠組条約その他の環境法における基本原則の分析」, 環

境法政策学会編『温暖化防止に向けた将来枠組み　環境法基本原則とポスト 2012 年への提案』，商事法務，pp.5-19．
髙村ゆかり・亀山康子編(2002)『京都議定書の国際制度　地球温暖化交渉の到達点』信山社．
髙村ゆかり・亀山康子編(2005)『地球温暖化交渉の行方　京都議定書第一約束期間後の国際制度設計を展望して』，大学図書．
竹内敬二(1998)『地球温暖化の政治学』，朝日新聞社．
竹内憲司(2006)「経済学からみた環境評価」，『日本評価研究』，Vol.6，No.2，pp.3-10．
田中彰一(2006)『気候変動と国内排出許可証取引制度』，関西学院大学出版会．
田中則夫(2005)「国際環境法と地球温暖化防止制度」，田中則夫・増田啓子編『地球温暖化防止の課題と展望』，法律文化社，pp.3-30．
田邉敏明(1999)『地球温暖化と環境外交　京都会議の攻防とその後の展開』，時事通信社．
張興和(2005)『CDM による環境改善と温暖化抑制―中国山西省を事例として―』，創風社．
常木淳・浜田宏一(2003)「環境をめぐる『法と経済』」，植田和弘・森田恒幸編『環境政策の基礎』，岩波書店，pp.67-95．
鶴田順(2008)「衡平の原則(世代間及び世代内)」，環境法政策学会編『温暖化防止に向けた将来枠組み　環境法の基本原則とポスト 2012 年への提案』，pp.130-137．
羅星仁(2006)『地球温暖化防止と国際協調』，有斐閣．
羅星仁(2010)「地球温暖化防止と持続可能な発展―持続可能な発展が国際交渉に与えた影響―」，新澤秀則編著『環境ガバナンス叢書 6　温暖化防止のガバナンス』ミネルヴァ書房，pp.13-28．
羅星仁・植田和弘(2002)「気候変動問題と持続可能な発展：効率性，衡平性，持続可能性」，細江守紀・藤田敏之編著『環境経済学のフロンティア』，勁草書房，pp.20-55．
羅星仁・林宰司(2005)「地球温暖化の社会的費用と衡平性」，田中則夫・増田啓子編『地球温暖化防止の課題と展望』，法律文化社，pp.187-205．
中島恵理(2002)「英国における気候変動政策について」，『環境研究』，No.124，pp.4-12．
中島清隆(2003)「地球温暖化問題の国際交渉における阻害要因の一考察―京都議定書成立の政治過程―」，広島市立大学大学院国際学研究科修士学位論文．
中島清隆(2004)「日本の産業部門における地球温暖化防止政策の経済的課題と政治的課題―英国ポリシー・ミックスとの比較制度分析―」，『環境経済・政策学会 2004 年大会報告要旨集』，pp.104-105．
中島清隆(2005a)「環境政策の分析枠組―気候変動問題に関する国際協力の実証的評価のために―」，『環境経済・政策学会 2005 年大会報告要旨』，http://kkuri.cache.waseda.ac.jp/~kkuri/seeps2005/pdf/1101_agbtKhyf.pdf(2005 年 1 月 3 日現在)
中島清隆(2005b)「気候変動問題の国際的取り組みに関するモルディブを含む小島嶼国による現状評価―AOSIS 加盟国へのアンケート調査とモルディブ政府の見解に関する資料調査より―」，『第 16 回国際開発学会全国大会報告論集』，pp.272-275．
中島清隆(2009)「気候変動問題の国際協力に関する評価方法の一考察」，日本評価学会『日本評価研究』，Vol.9，No.1，pp.19-29．
中島清隆(2010)「気候変動問題に関する国際協力の評価」，財団法人政治経済研究所『政経研究』，第 94 号，pp.88-100．
西井正弘(2001)「国連気候変動枠組条約および京都議定書」，水上千之・西井正弘・臼杵知史編『国際環境法』，有信堂，pp.105-129．

西井正弘・岡松暁子・上河原謙二・遠井朗子(2005a)「地球環境条約の形成と発展」, 西井正弘編『地球環境条約　生成・展開と国内実施』, 有斐閣, pp.2-21.
西井正弘・岡松暁子・上河原謙二・遠井朗子(2005b)「地球環境条約の性質」, 西井正弘編『地球環境条約　生成・展開と国内実施』, 有斐閣, pp.22-56.
西岡秀三(1990)「地球温暖化対策の特質　次世代に時間資源を残そう」, 大来佐武郎監修, 橋本道夫・佐藤大七郎・不破敬一郎・岩田規久男編『地球環境と政治　地球環境保全のための新たな国際協調体制の確立に向けて』, 中央法規, pp.95-109.
西岡秀三(2000)「予防原則と後悔しない政策—リスク管理との対比の観点から—」,『日本リスク研究学会誌』, 12(2), pp.40-48.
西川祥子(2005)「環境学の性質の分析—環境学を『環境や環境問題に関する総合的・体系的な科学・学問・研究』とする文献を対象として—」,『環境科学会誌』, Vol.1, No.1, pp.41-51.
西村智朗(1995a)「気候変動枠組条約交渉過程に見る国際環境法の動向(一)—『持続可能な発展』を理解する一助として—」,『名古屋大学法政論集』, 160号, pp.39-81.
西村智朗(1995b)「気候変動枠組条約交渉過程に見る国際環境法の動向(二)・完—『持続可能な発展』を理解する一助として—」,『名古屋大学法政論集』, 162号, pp.107-147.
西村智朗(1997)「気候変動に関する『枠組条約』制度形成についての予備的考察」,『三重大学法経論叢』, 第15巻第1号, pp.91-116.
西村智朗(1998)「気候変動問題と地球環境条約システム(一)—京都議定書を素材として—」,『三重大学法経論叢』, 第16巻第1号, pp.43-70.
西村智朗(1999)「気候変動問題と地球環境条約システム(二・完)—京都議定書を素材として—」,『三重大学法経論叢』, 第16巻第2号, pp.71-95.
西村智朗(2000)「気候変動条約制度の構築に関する一考察—京都議定書が残した課題の克服に向けて—」,『三重大学法経論叢』, 第18巻第1号, pp.33-63.
西村智朗(2002)「京都メカニズムの共通課題」, 高村ゆかり・亀山康子編『京都議定書の国際制度　地球温暖化交渉の到達点』, 信山社, pp.74-80.
西原雄二(2001)「地球温暖化防止問題と国際環境法—国際的及び国内法の取り組みを中心として—」,『日本法学』, 第66巻第4号, pp.201-233.
日本環境会議編(1994)『環境基本法を考える』, 実教出版.
浜中裕徳(2006)「京都会議以後—『ブエノスアイレス行動計画』の合意—」, 浜中裕徳編『京都議定書をめぐる国際交渉　COP3以降の交渉経緯』, 慶應義塾大学出版会, pp.1-21.
早川純貴・内海麻利・田丸大・大山礼子(2004)『政策過程論「政策科学」への招待』, 学陽書房.
原沢英夫(2007)「地球温暖化の影響と現状と予測」,『科学』, Vol.77, No.7, pp.717-722.
原沢英夫・一ノ瀬俊明・高橋潔・中口毅博(2003)「適応, 脆弱性評価」, 原沢英夫・西岡秀三編著『地球温暖化と日本　自然・人への影響予測　第3次報告』, 古今書院, pp.385-406.
蛭田信二(1999)「地球温暖化対策としてのNEDOエネルギー有効利用モデル事業」,『IDCJ FORUM』, No.19, pp.89-95.
B.C.フィールド著, 秋田次郎・猪瀬秀博・藤井秀昭訳(2002)『環境経済学入門』, 日本評論社.
福田耕治(2003)『国際行政学　国際公益と国際公共政策』, 有斐閣.

藤崎成昭(2002)「地球環境問題と発展途上国」,森田恒幸・天野明弘編『地球環境問題とグローバル・コミュニティ』,岩波書店,pp.157-188.
船尾章子(2005)「気候変動資金メカニズムの課題―発展途上国における緩和と適応に向けて」,田中則夫・増田啓子編『地球温暖化防止の課題と展望』,法律文化社,pp.126-152.
G. ポーター・J.W. ブラウン著,細田衛士監訳,村上朝子・児矢野マリ・城山英明・西久保裕彦訳(1998)『入門地球環境政治』,有斐閣.
堀口健夫(2000)「国際環境法における予防原則の起源:北海(北東大西洋)汚染の国際規制の検討」,『国際関係論研究』,第15号,pp.29-58.
堀口健夫(2010)「地球温暖化問題における『共通だが差異のある責任』」,吉田文和・池田元美・深見正仁・藤井賢彦編著『持続可能な低炭素社会II―基礎知識と足元からの地域づくり』,北海道大学出版会,pp.85-103.
堀口健夫(2011)「地球温暖化防止の国際法制度と予防原則」,吉田文和・深見正仁・藤井賢彦編著『持続可能な低炭素社会III―国家戦略・個別政策・国際政策』,北海道大学出版会,pp.187-205.
松尾直樹(2002)「地球温暖化対策に対する先進各国の考え方―排出権取引をめぐる動き―」,『資源環境政策』,Vol.38, No.1, pp.17-22.
松岡譲・森田恒幸(1999)「地球温暖化問題とAIM」,環境経済・政策学会編『地球温暖化への挑戦』,東洋経済新報社,pp.38-52.
松岡譲・森田恒幸(2002)「地球温暖化問題の構造と評価」,森田恒幸・天野明弘編『地球環境問題とグローバル・コミュニティ』,岩波書店,pp.37-66.
松本泰子(1997a)「気候変動に関する国連枠組み条約第2回締約国会議(COP2)他についての報告」,『環境と公害』,Vol.26, No.3, p.69.
松本泰子(1997b)「気候変動に関する国連枠組み条約ベルリンマンデイト・アドホックグループ第5回会合(AGBM5)」,『環境と公害』,Vol.26, No.4, pp.67-68.
松本泰子(1998)「京都議定書の課題」,『環境と公害』,Vol.27, No.4, pp.47-52.
松本泰子(2002)「京都議定書における途上国に関連する問題について」,高村ゆかり・亀山康子編『京都議定書の国際制度 地球温暖化交渉の到達点』,信山社,pp.231-259.
松本泰子(2005)「高まる適応のニーズ」,高村ゆかり・亀山康子編『地球温暖化交渉の行方 京都議定書第一約束期間後の国際制度設計を展望して』,信山社,pp.124-132.
丸山亜紀(2000)「アジアにおける効果的な気候変動資金メカニズムオプション構築に向けて―クリーン開発メカニズム(CDM)の活用とその可能性―」,『国際開発研究』,第9巻第1号,pp.95-113.
水野勇史(2006)「クリーン開発メカニズムによる持続可能な発展への貢献―アジア諸国におけるCDMプロジェクト事例を基にした分析―」,『アジア太平洋研究科論集』,No.12, pp.45-71.
南諭子(2004)「環境問題と国際法」,三浦永光編『国際関係の中の環境問題』,有信堂,pp.115-129.
宮川公男(1994)『政策科学の基礎』,東洋経済新報社.
宮川公男(1995)『政策科学入門』東洋経済新報社.
宮川公男(2002)『政策科学入門 第2版』東洋経済新報社.
牟田博光(2005)「援助評価」,後藤一美・大野泉・渡辺利夫『日本の国際開発協力』,日本評論社,pp.137-156.
村瀬信也(1992)「国際環境法―国際経済法からの視点」,『ジュリスト』,No.1000, pp.360-365.

村瀬信也(2002)「国際環境法の履行確保―その国際的・国内的側面―京都議定書を素材として」,『ジュリスト』, No.1232, pp.71-78.
百瀬宏(1993)『国際関係学』東京大学出版会.
百瀬宏(2003)『国際関係学原論』岩波書店.
諸富徹(2001)「環境税を中心とするポリシー・ミックスの構築―地球温暖化防止のための国際政策手段―」,『エコノミア』, 第52巻第1号, pp.97-119.
柳憲一郎・朝賀広伸(2002)「イギリスにおける気候変動防止対策」,『環境研究』, No.124, pp.47-59.
山口光恒(1999)「環境面での日中協力とCDM」, http://www.econ.keio.ac.jp/staff/myamagu/ja-paper/cdm.pdf(2003年5月6日現在)
山口光恒(2000)「京都メカニズムの論点」, http://www.econ.keio.ac.jp/staff/myamagu/ja-paper/POV_of_kyoto_Mec.pdf(2003年5月6日現在)
山口光恒(2002)「温暖化対策としてのクリーン開発メカニズム(CDM)を巡る国際情勢と日本の対応」, http://www.econ.keio.ac.jp/staff/myamagu/ja-paper/2002cdm.pdf (2003年5月6日現在)
山本麻衣(1999)「地球温暖化と我が国のODA」,『IDCJ FORUM』, No.19, pp.83-88.
山本吉宣(1989)『国際的相互依存』, 東京大学出版会.
横田匡紀(1997)「地球温暖化問題をめぐる多国間協力―レジーム形成の視角からの考察―」,『外交時報』, No.1341, pp.61-80.
横田匡紀(2002)『地球環境政策過程 環境のグローバリゼーションと主権国家の変容』, ミネルヴァ書房.
横山彰(2002)「環境保全と公共選択」, 寺西俊一・石弘光編『環境保全と公共政策』, 岩波書店, pp.9-33.
米本昌平(1994)『地球環境問題とは何か』, 岩波書店.
B. リース著, 東江一紀訳(2002)『モルジブが沈む日 異常気象は警告する』, NHK出版.
龍慶昭・佐々木亮(2004)『「政策評価」の理論と技法 増補改訂版』, 多賀出版.
P.H. ロッシ・M.W. リプセイ・H.E. フリーマン著, 大島巌他監訳(2005)『プログラム評価の理論と方法 システマティックな対人サービス・政策評価の実践ガイド』, 日本評論社.
E.B. ワイス著, 岩間徹訳(1992)『将来世代に公正な地球環境を 国際法, 共同遺産, 世代間衡平』, 国際連合大学・日本評論社.
和気洋子・早見均編著(2004)『地球温暖化と東アジアの国際協調 CDM事業化に向けた実証研究』, 慶応義塾大学出版会.
渡部茂己(2001)『国際環境法入門 地球環境と法』, ミネルヴァ書房.

欧文学術図書・論文

Autunes, Jorge (2000) 'Regime effectiveness, joint implementation, and climate change policy', Harris, Paul G.ed. *Climate Change & American Foreign Policy*: Macmillan Press LTD, pp.177-201.

Banuri, Taril and Spanger-Siegfried, Erika (2002) 'Equity and the Clean Development Mechanism: equity, additionality, supplementarity', Pinguelli-Rosa, Luiz and Munasinghe, Mohan ed. *Ethics, Equity and International Negotiations on Climate Change*: Edward Elgar Publishing Limited, pp.102-136.

Baer, Paul (2006) 'Adaptation: Who Pays Whom?', Adger, Neil A., Paavola, Jauni, Huq, Saleemul, Mace, M. J. ed. *Fairness in Adaptation to Climate Change*: MIT

press, pp.131-153.
Bodansky, Daniel (1993) 'The United Nations Framework Convention on Climate Change: A Commentary' *The Yale Journal of International Law*, Vol.10, No.1, pp. 451-558.
Bodansky, Daniel (2001) 'International law and the design' of a climate change regime, Luterbacher, Urs and Sprinz, Detlef F. ed. *International relations and global climate change*: The MIT Press, pp.201-219.
Bode, Sven and Michaelowa, Axel (2003) 'Avoiding perverse effects of baseline and investment additionality determination in the case of renewable energy projects' *Energy Policy*, No.31, pp.505-517.
Burtraw, Dallas and Toman, Michael A. (1992) 'Equity and international agreements for CO_2 containment' *Journal of Energy Engineering*, Vol.118, No.2, pp.122-135.
Cullet, Philippe (1999) 'Equity and flexibility mechanisms in the climate change regime: conceptual and practical issues' *Review of European Community and International Environmental Law-Environmental Law in Eastern Europe*, Vol.8, Issue. 2, pp.168-179.
Dutschke, Michael and Michaelowa, Axel (1999) 'Creation and Sharing of Credits through the Clean Development Mechanism under the Kyoto Protocol' *HWWA (Hamburg institute for Economic Research) -Diskussionpapier*, http://www.hwwa.de/ PersHome/Michaelowa_A/Personal%20Page.htm (2006年1月28日現在)
Dutschke, Michael and Michaelowa, Axel (2006) 'Development assistance and the CDM-how to interpret 'financial additionality'' *Environment and Development Economics*, 11, pp.1-12.
Fankhauser, Samuel, Smith, Joel B., Tol, Richard S. J. (1999) 'Weathering climate change: some simple rules to guide adaptation decisions' *Ecological Economics*, 30, pp.67-78.
Fisher, Dana R. (2004) *National Governance and the Global Climate Change Regime*: Rowman & Littlefield Publishers Inc, Oxford, UK.
Ghersi, Frederic, Hourcade, Jean-Charles, Criqui, Patrick (2003) 'Viable responses to the equity-responsibility dilemma: a consequentialist view' *Climate Policy*, Vol.3, No.1, pp.115-133.
Hanafi, Alex G. (1998) 'Joint implementation: Legal and institutional Issues for an effective international program to combat climate change' *The Harvard Environmental Law Review*, Vol.22, No.2, pp.441-508.
Harris, Paul G. (1996) 'Considerations of equity and international environmental institutions' *Environmental Politics*, Vol.5, No.2, pp.274-301.
Harris, Paul G. (1997) 'Environmental history and international justice' *The Journal of International Studies*, No.40, pp.1-33.
Harris, Paul G. (1999) 'Common but differentiated responsibility: The Kyoto protocol and United States policy' *N. Y. U. Environmental Law Journal*, Vol.7, No.1, pp.27-48.
Harris, Paul G. (2000) 'International norms of responsibility and U.S.climate change policy', Harris, Paul G.ed. *Climate change & American Foreign Policy*: Macmillan Press LTD, pp.225-239.

Harris, Paul G. (2001) *International Equity and Global Environmental Politics-Power and Principles in U. S. Foreign Policy*: Ashgate Publishing Limited, Burlington, USA.

Harris, Paul G. (2002) 'Global warming in Asia-Pacific: Environmental change vs. international justice' *Asia-Pacific Review*, Vol.9, No.2, pp.130-149.

Harris, Paul G. (2003a) 'Introduction: the politics and foreign policy of global warming in East Asia', Harris, Paul G. ed. *Global warming and East Asia-the Domestic and International Politics of Climate Change*: Routledge, pp.3-18.

Harris, Paul G. (2003b) 'Climate change priorities for East Asia: socio-economic impacts and international justice', Harris, Paul G.ed. *Global Warming and East Asia-the Domestic and International Politics of Climate Change*: Routledge, pp.19-39.

Harris, Paul G. ed. (2000) *Climate change & American foreign policy*: Macmillan Press Ltd, Hampshire, UK.

Harrison, Neil E. (2000) 'From the inside out: domestic influences on global environmental policy', Harris, Paul G. ed. *Climate change & American Foreign Policy*: Macmillan Press LTD, pp.89-109.

Hatch, Michael T. (2003) 'Chinese politics, energy policy, and the international climate change negotiations', Harris, Paul G. ed. *Global Warming and East Asia-the Domestic and International Politics of Climate Change*: Routledge, pp.43-65.

Hsu, Shi-Ling (2004) 'Fairness versus efficiency in environmental law' *Ecology Law Quarterly*, Vol.31, No.2, pp.303-401.

Kameyama, Yasuko (2003) 'Climate change as Japanese foreign policy: from reactive to proactive', Harris, Paul G. ed. *Global Warming and East Asia-the Domestic and International Politics of Climate Change*: Routledge, pp.135-151.

Kraft, Michael E. (2004) *Environmental policy and Politics Third Edition*: Pearson Longman, NY, USA.

Krasner, Stephan D. (1982) 'Structural causes and regime consequences: regimes as intervening variables' *International Organization*, Vol.36, No.2, pp.185-205.

Langrock, Thomas, Michaelowa, Axel and Greiner, Sandra (2000) 'Defining Investment Additionality for CDM Projects-Practical Approaches' *HWWA-Diskussionpapier*, http://www.hwwa.de/PersHome/Michaelowa_A/Personal%20Page.htm(2006年1月28日現在)

Lim, Bo and Spanger-Siegfried, Erika ed. (2005) *Adaptation Policy Frameworks for Climate Change: Developing Strategies, Policies and Measures*: Cambridge University Press, Cambridge, UK.

Mace, M. J. (2005) 'Funding for Adaptation to Climate Change: UNFCCC and GEF Developments since COP-7' *RECIEL*, 14(3), pp.225-246, http://www.blackwell-synerg.com/doi/abs/10.1111/j.1467-9388.2005.00445.x(2006年11月14日現在)

Mace, M. J. (2006) 'Adaptation under the UN Framework Converntion on Climate Change: The International Legal Framework', Adger, Neil A., Paavola, Jauni, Huq, Saleemul, Mace, M. J. ed. *Fairness in Adaptation to Climate Change*: MIT press, pp. 53-76.

Manning, Bayless (1977) 'The congress, the executive and intermestic affairs: Three proposals' *Foreign Affairs*, Vol.55, No.2, pp.306-324.

Markandya, Anil and Halsnaes, Kirsten (2002) 'Climate Change and Sustainable Development: An Overview', Markandya, Anil and Halsnaes, Kirsten ed. *Climate Change & Sustainable Development Prospects for Developing Counteries*: Earthscan Publications Ltd, pp.1-14.

Metz, Bert (2000) 'International equity in climate change policy' *Integrated Assessment*, Vol.1, pp.111-126.

Michaelowa, Axel (2002) 'The AIJ pilot phase as laboratory for CDM and JI' *International Journal of Global Environmental Issues*, Vol.2, No.3/4, pp.260-287.

Michaelowa, Axel and Dutschke, Micheael (1998) 'Interest groups and efficient design of the Clean Development Mechanism under the Kyoto Protocol' *International Journal of Sustainable Development*, Vol.1, No.1, pp.24-42.

Michaelowa, Axel and Dutschke, Micheael (1999) 'Economic and Political Aspects of Baseline in the CDM Context', http://www.hwwa.de/PersHome/Michaelowa_A/Personal%20Page.htm (2006 年 1 月 28 日現在)

Mintzer, Irving and Michael, David (2001) 'Climate change, rights of future generations and intergenerational equity: an in-expert exploration of a dark and cloudy path' *International Journal of Global Environmental Issues*, Vol.1, No.2, pp.203-221.

Mitchell, Ronald B. (2001) 'Institutional aspects of implementation', compliance, and effectiveness, Luterbacher, Urs and Sprinz, Detlef F. ed. *International Relations and Global Climate Change*: The MIT Press, pp.221-244.

Munasinghe, Mohan (2002) 'Analysing ethics, equity and climate change in the sustainomics trans-disciplinary framework', Pinguelli-Rosa, Luiz and Munasinghe, Mohan ed. *Ethics, Equity and International Negotiations on Climate Change*: Edward Elgar Publishing Limited, pp.47-101.

Munasinghe, Mohan and Swart, Rob (2005) *Primer on Climate Change and Sustainable Development Facts, Policy Analysis and Applications*: Cambridge University Press, Cambridge, UK.

Najam, Adil., Rahman, Atiq, A., Huq, Saleemul., Sokona, Youba. (2003) 'Integrating sustainable development into the Fourth Assessment Report of the Intergovernmental Panel on Climate Change', Climate Policy, Vol.3S1, pp.S9-S17.

Parikh, Jyoti K. (1995) 'Joint Implementation and North-South Cooperation for Climate Change' *International Environmental Affairs*, Vol.7, No.1, pp.22-41.

Paterson, Matthew (1996) *Global Warming and Global Politics*: Routledge, NY, USA.

Paterson, Matthew (2001) 'Principles of justice in the context of global climate change', Luterbacher, Urs and Sprinz, Detlef F. ed. *International Relations and Global Climate Change*: The MIT Press, pp.119-126.

Putnam, Robert D. (1988) 'Diplomacy and domestic politics: the logic of two-level games' *International Organization*, Vol.42, No.3, pp.427-460.

Rajamani, Lavanya (2000) 'The principle of common but differentiated responsibility and the balance of commitments under the climate change' *Review of European Community and International Environmental Law in Eastern Europe*, Vol.9, No.2, pp.120-131.

Ridgley, Mark A. (1993) 'Equity and the determination of accountability for greenhouse-gas reduction' *Central European Journal for Operation Research and*

Economics, Vol.2, No.3, pp.223-242.

Robinson, John., Bradley, Mike., Busby, Peter., Connor, Denis., Murray, Anne., Sampson, Bruce., Soper, Wayne. (2006) 'Climate change and sustainable development: realizing the opportunity', *Ambio*, Vol.35, No.1, pp.2-8.

Rose, Adam (1990) 'Reducing conflict in global warming policy-The potential of equity as a unifying principle' *Energy Policy*, Vol.18, No.10, pp.927-935.

Rowlands, Ian R. (1995) *The Politics of Global Atmospheric Change*: Manchester University Press, Manchester, UK.

Rübbelke, Dirk T. G. (2006) 'Analysis of an international environmental matching agreement' *Environmental Economics and Policy Studies*, Vol.8, No.1, pp.1-31.

Sands, Philippe (2003) *Principles of International Environmental Law Second Edition*: Cambridge University Press, Cambridge, UK.

Sato, Atsuko (2003) 'Knowledge in the global atmospheric policy process: the case of Japan', Harris, Paul G.ed. *Global Warming and East Asia-the Domestic and International Politics of Climate Change*: Routledge, pp.167-186.

Sprinz, Detlef F. and Weiß, Martin (2001) 'Domestic politics and global climate policy', Luterbacher, Urs and Sprinz, Detlef F. ed. *International Relations and Global Climate Change*: The MIT Press, pp.67-94.

Sprinz, Detlef F. (2001) 'Comparing the climate regime with other global climate accords', Luterbacher, Urs and Sprinz, Detlef F. ed. *International Relations and Global Climate Change*: The MIT Press, pp.247-277.

Stone, Christopher D. (2004) 'Common but differentiated responsibilities in international law' *American Journal of International Law*, Vol.98, No.2, pp.276-301.

Swart, Rob, Robinson, John and Cohen, Stewart. (2003) Climate change and, sustainable development: expanding the options, *Climate Policy*, Vol.3S1, pp.S19-S40.

Toth, Ferenc L. (2001) 'Decision analysis for climate change: development, equity and sustainability concerns' *International Journal of Global Environmental Issues*, Vol. 1 No.2, pp.223-240.

Wiegandt, Ellen (2001) 'Climate change, equity, and international negotiations', Luterbacher, Urs and Sprinz, Detlef F. ed. *International Relations and Global Climate Change*: The MIT Press, pp.127-150.

Wood, James C. (1996) 'Intergenerational Equity and Climate Change' *The Georgetown International Environmental Law Review*, Vol.8, pp.293-332.

Yamin, Farhana and Depledge, Joanna (2004) *The International Climate Change Regime-A Guide to Rules, Institutions and Procedures*: Cambridge University Press, Cambridge, UK.

Young, Oran R. (1989) *International Cooperation-Building Regimes for Natural Resources and the Environment*: Cornell University Press, NY, USA.

付　　録

1. AOSIS 加盟国へのアンケート調査結果
2. マレ島護岸建設計画地域の現状
3. マレ島護岸建設事業全域図
4. 気候変動問題の国内政策と国際協力に関する年表

マレ島護岸建設計画・東護岸建設地域(2006 年 6 月 22 日著者撮影)

1. AOSIS 加盟国へのアンケート調査結果

(注) 2004 年 3〜6 月に調査した。回答国の略記号は，C(クック諸島)，F(フィジー)，K(キリバス)，J(ジャマイカ)，*M*(**モルディブ**)，N(ニウエ)，P(パラオ)，SK(セント・キッツ・ネイヴィス)，SL(セント・ルシア)，SP(サントメ・プリンシペ)，SE(セイシェル)，T(ツバル)，V(バヌアツ)である。なお，モルディブは，太字・斜字で表している。

質問 A-1 気候変動の進行に脅威を感じていますか。

選択肢	回答数	回答率	回答国
強く感じる	11	85%	C・F・J・*M*・N・P・SL・SP・SE・T・V
感じる	—	—	——
全く感じない	2	15%	K・SK
感じない	—	—	——
どちらでもない	—	—	——
分からない	—	—	——

質問 A-2 気候変動による海面上昇や国土水没の脅威を感じていますか。

選択肢	回答数	回答率	回答国
強く感じる	11	85%	C・F・J・*M*・N・P・SL・SP・SE・T・V
感じる	—	—	——
全く感じない	2	15%	K・SK
感じない	—	—	——
どちらでもない	—	—	——
分からない	—	—	——

質問 B-1 これまでの気候変動問題への AOSIS の取り組みに満足していますか。

選択肢	回答数	回答率	回答国
かなり満足	6	46%	F・J・SK・SL・SP・T
満足	4	31%	C・N・SE・V
全く不満足	—	—	——
不満足	—	—	——
どちらでもない	2	15%	*M*・P
分からない	—	—	——
回答なし	1	8%	K

質問 B-2　これまでの国際交渉で AOSIS の意見が反映されていることに満足していますか。

選択肢	回答数	回答率	回答国
かなり満足	6	46%	C・J・SK・SP・T・V
満足	3	23%	F・K・SE
全く不満足	—	—	
不満足	2	15%	*M*・N
どちらでもない	2	15%	P・SL
分からない	—	—	

質問 C-1　これまでの気候変動問題の国際交渉の成果に満足していますか。

選択肢	回答数	回答率	回答国
かなり満足	1	8%	T
満足	2	15%	J・SP
全く不満足	1	8%	*M*
不満足	5	38%	C・N・P・SK・SL
どちらでもない	4	31%	F・K・SE・V
分からない	—	—	

質問 C-2　これまでの気候変動問題の国際交渉の進展速度に満足していますか。

選択肢	回答数	回答率	回答国
かなり満足	—	—	
満足	2	15%	J・V
全く不満足	3	23%	C・N・P
不満足	4	31%	K・*M*・SK・SL
どちらでもない	3	23%	F・SE・T
分からない	1	8%	SP

質問 C-3　条約にある原則の内容に満足していますか。

選択肢	回答数	回答率	回答国
かなり満足	1	8%	SP
満足	11	85%	C・F・J・K・*M*・N・SK・SL・SE・T・V
全く不満足	—	—	
不満足	—	—	
どちらでもない	1	8%	P
分からない	—	—	

質問 C-4　条約にある究極的な目的の内容に満足していますか。

選択肢	回答数	回答率	回答国
かなり満足	1	8%	N
満足	9	69%	F・J・K・*M*・SK・SP・SE・T・V
全く不満足	—	—	——
不満足	—	—	——
どちらでもない	3	23%	C・P・SL
分からない	—	—	——

質問 C-5　条約で先進工業国に課せられた約束の内容に満足していますか。

選択肢	回答数	回答率	回答国
かなり満足	—	—	——
満足	3	23%	J・SP・T
全く不満足	—	—	——
不満足	7	54%	C・*M*・N・P・SL・SE・V
どちらでもない	3	23%	F・K・SK
分からない	—	—	——

質問 C-6　議定書で先進工業国に課せられた約束の内容に満足していますか。

選択肢	回答数	回答率	回答国
かなり満足	—	—	——
満足	2	15%	SP・SE
全く不満足	5	38%	*M*・N・P・SK・SL
不満足	3	23%	K・J・V
どちらでもない	3	23%	C・F・T
分からない	—	—	——

質問 C-7　特別気候変動基金と適応基金の設置に満足していますか。

選択肢	回答数	回答率	回答国
かなり満足	5	38%	F・N・SP・SE・V
満足	4	31%	C・J・SK・SL
全く不満足	1	8%	*M*
不満足	—	—	——
どちらでもない	3	23%	K・P・T
分からない	—	—	——

質問 C-8　特別気候変動基金と適応基金の内容に満足していますか。

選択肢	回答数	回答率	回答国
かなり満足	—	—	——
満足	6	46%	F・SK・SP・SE・T・V
全く不満足	1	8%	M
不満足	3	23%	C・P・N
どちらでもない	3	23%	J・K・SL
分からない	—	—	——

質問 D-1　先進工業国は，気候変動問題の重大性を十分に認識していると思いますか。

選択肢	回答数	回答率	回答国
かなり満足	—	—	——
満足	2	15%	J・M
全く不満足	—	—	——
不満足	3	23%	C・N・SK
どちらでもない	8	62%	F・K・P・SL・SP・SE・T・V
分からない	—	—	——

質問 D-2　これまでの先進工業国による温室効果ガス削減・抑制への取り組みに満足していますか。

選択肢	回答数	回答率	回答国
かなり満足	—	—	——
満足	—	—	——
全く不満足	2	15%	M・SL
不満足	6	46%	F・J・K・N・P・SK
どちらでもない	5	38%	C・SP・SE・T・V
分からない	—	—	——

質問 D-3　先進工業国による気候変動への適応支援に満足していますか。

選択肢	回答数	回答率	回答国
かなり満足	—	—	——
満足	1	8%	F
全く不満足	2	15%	M・N
不満足	2	15%	K・SL
どちらでもない	8	62%	C・J・P・SK・SP・SE・T・V
分からない	—	—	——

質問 D-4 これまでの日本の温室効果ガス削減・抑制への取り組みに満足していますか。

選択肢	回答数	回答率	回答国
かなり満足	—	—	
満足	3	23%	F・J・SP
全く不満足	1	8%	*M*
不満足	—	—	
どちらでもない	8	62%	C・P・SK・SL・SE・T・V
分からない	1	8%	N

質問 D-5 日本による貴国に対する気候変動への適応支援に満足していますか。

選択肢	回答数	回答率	回答国
かなり満足	—	—	
満足	2	15%	J・K
全く不満足	1	8%	N
不満足	3	23%	SL・SP・T
どちらでもない	6	46%	F・*M*・P・SK・SE・V
分からない	1	8%	C

(注)キリバス(K)は,「どちらでもない」と両方回答

質問 E-1 先進工業国とCDM(クリーン開発メカニズム)を行う必要があると思いますか。

選択肢	回答数	回答率	回答国
絶対必要	5	38%	F・*M*・N・SP・V
必要	4	31%	J・K・P・SL
全く不必要	—	—	
不必要	1	8%	C
どちらでもない	2	15%	SK・SE
分からない	—	—	
回答なし	1	8%	T

質問 E-2 開発途上締約国に法的拘束力のある数値目標が設定されることは必要ですか。

選択肢	回答数	回答率	回答国
絶対必要	2	15%	SE・T
必要	3	23%	F・N・SP
全く不必要	3	23%	J・*M*・SL
不必要	1	8%	C
どちらでもない	3	23%	K・P・SK
分からない	1	8%	V

2．マレ島護岸建設計画地域の現状
(1) 南護岸建設地域

(出所)2006年6月21日著者撮影

(出所)2006年6月23日著者撮影

(2) 西護岸建設地域

(出所)2006年6月23日著者撮影

(3) 東護岸建設地域

(出所)2006年6月22日著者撮影

付　録　277

(出所)2006 年 6 月 22 日著者撮影

(出所)2006 年 6 月 22 日著者撮影

(出所)2006 年 6 月 22 日著者撮影

(4) 北護岸建設地域

(出所)2006 年 6 月 21 日著者撮影

付　録　279

3. マレ島護岸建設事業全域図

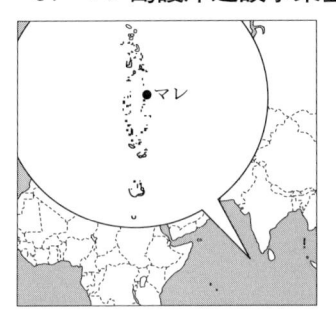

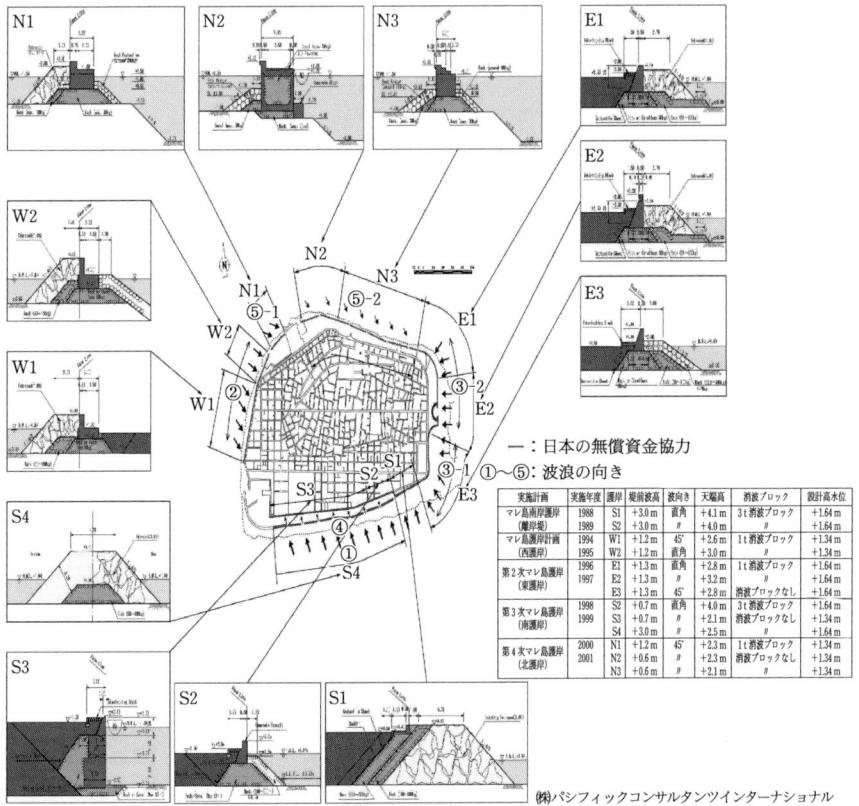

マレ島護岸建設計画施設一覧

実施計画	実施年度	護岸	堤前波高	波向き	天端高	消波ブロック	設計高水位
マレ島南岸護岸 (離岸堤)	1988 1989	S1 S2	+3.0 m +3.0 m	直角 〃	+4.1 m +4.0 m	3t消波ブロック 〃	+1.64 m +1.64 m
マレ島護岸計画 (西護岸)	1994 1995	W1 W2	+1.2 m +1.2 m	45° 直角	+2.6 m +3.0 m	1t消波ブロック 〃	+1.34 m +1.34 m
第2次マレ島護岸 (東護岸)	1996 1997	E1 E2 E3	+1.3 m +1.3 m +1.3 m	直角 〃 45°	+4.0 m +3.2 m +2.8 m	1t消波ブロック 〃 消波ブロックなし	+1.64 m +1.64 m +1.64 m
第3次マレ島護岸 (南護岸)	1998 1999	S2 S3 S4	+0.7 m +0.7 m +3.0 m	直角 〃 〃	+4.0 m +2.1 m +2.5 m	3t消波ブロック 消波ブロックなし 〃	+1.64 m +1.34 m +1.64 m
第4次マレ島護岸 (北護岸)	2000 2001	N1 N2 N3	+1.2 m +0.6 m +0.6 m	45° 〃 〃	+2.3 m +2.3 m +2.1 m	1t消波ブロック 消波ブロックなし 〃	+1.34 m +1.34 m +1.34 m

―：日本の無償資金協力
①〜⑤：波浪の向き

㈱パシフィックコンサルタンツインターナショナル

(出所) 折下定夫氏 (パシフィック・コンサルタンツ・インターナショナル) 提供，外務省ホームページ http://www.mofa.go.jp/mofaj/area/maldives/index.html (2011年12月11日現在)

4．気候変動問題の国内政策と国際協力に関する年表

年	国際交渉	日本	その他の国
1987			(モ日)マレ島南岸護岸建設計画 (1987～89年度)
1989	アルシュ・サミット 海面上昇に関する小島嶼諸国会議：マレ宣言	(政)環境援助政策	
1990	第2回世界気候会議	(政)地球温暖化防止行動計画	
1991	ロンドン・サミット	(政)新環境ODA(政府開発援助)政策	
1992	気候変動枠組条約採択 国連環境開発会議		
1994	気候変動枠組条約発効 小島嶼途上国の持続可能な発展に関する世界会議		(モ日)マレ島西海岸護岸建設計画 (1994～95年度)
1995	COP1(条約第1回締約国会議)：ベルリン・マンデート		
1996	COP2(条約第2回締約国会議)：ジュネーブ宣言		(モ日)第2次マレ島護岸建設計画 (1996～97年度)
1997	国連環境開発特別総会 COP3(条約第3回締約国会議)：京都議定書	(経)経団連環境自主行動計画 (政)21世紀に向けた環境開発支援構想 (政)京都イニシアティブ	
1998	COP4(条約第4回締約国会議)：ブエノスアイレス行動計画	(政)地球温暖化対策推進大綱	(モ日)第3次マレ島護岸建設計画 (1998～99年度)
1999		(政)地球温暖化対策に関する基本方針	(モ)NEAP-Ⅱ(第2次国家環境行動計画)
2000	COP6(条約第6回締約国会議)		(英)気候変動英国プログラム (モ日)第4次マレ島護岸建設計画
2001	COP6再開会合：ボン合意 COP7(条約第7回締約国会議)：マラケシュ合意		(英)気候変動協定 (英)気候変動税
2002	持続可能な発展に関する世界サミット	(政)改正地球温暖化対策推進大綱	(英)温室効果ガス排出量取引スキーム
2005	京都議定書発効	(政)京都議定書目標達成計画	
2008～2012	第1約束期間		

(注)(政)：日本政府，(経)：日本経団連，(英)：英国，(モ)：モルディブ，(モ日)：モルディブでの日本による事業を指す．

あとがき

　著者が横浜市立大学商学部4年生在学時の1997年12月，京都でCOP3(気候変動枠組条約第3回締約国会議)が開催され，京都議定書が採択された。気候変動という長期間，地球規模，全人類に影響を及ぼす問題に対処する国際合意として一定の方針が示された。

　本書は，京都議定書を含む気候変動問題の国際協力は，問題解決に向けて進展しているのかという極めて素朴な問題意識に基づいている。気候変動問題の国際協力に関しては，(必要不可欠であるものの)個別具体専門的に日本国内外で交渉・調整や政策が進んでいき，それらが複雑化していくことに対して疑問を持っていた。また，気候変動問題に関する国際協力の歴史を踏まえず(踏まえているようには見えず)に，二酸化炭素を含む温室効果ガス排出量の削減という(極めて重要であるために注目されているのだが)単一の観点で評価が行われがちであることへの疑問も持ち続けていた。

　本書が気候変動問題の国際協力を評価する手法として，関係性(学際性と総合性)，ならびに，歴史・過程を重視しているのは，これらの疑問に対する著者なりの解答を示したものである。

　しかしながら，果たして上記した疑問を本書で解くことができたかどうかについて自問すると，はなはだ心もとない。かえって，評価手法を複雑化させてしまったきらいもあるとの自省にさいなまれてもいる。

　それでも，約10年にわたる研究成果を本書として広く公表できたのは，多くの方々との(好意的な)「関係性」を踏まえ，研究内容を発展，深化させていくことができ，ともすれば著者が気づいていない特長・良点も含め，一定の「評価」を頂戴したからに他ならない。この場をお借りして，以下，可能な限り謝意を記します。なお，諸氏の肩書は2012年2月現在のものである。

本書は，2007年に広島市立大学大学院国際学研究科に提出した博士学位請求論文「気候変動の緩和と適応支援に関する国際協力の現状評価と阻害要因の検討——日本のクリーン開発メカニズム(CDM)と環境ODAの環境政策研究」の内容を加筆修正したものである。本書の出版に当たっては，独立行政法人日本学術振興会より「平成23年度科学研究費助成事業(科学研究費補助金(研究成果公開促進費))」の交付を受けた。

中島正博先生(広島市立大学国際学部・国際学研究科教授)，百瀬宏先生(津田塾大学・広島市立大学名誉教授)，坂井秀吉先生(新潟県立大学国際地域学部教授)，板谷大世先生(広島市立大学国際学部・国際学研究科准教授)，蟹江憲史先生(東京工業大学大学院社会理工学研究科准教授)，上村直樹先生(広島市立大学国際学部・国際学研究科教授)には，広島市立大学で修士論文・博士論文の審査員を務めていただいた。特に，本書に適用されている「関係性」は，百瀬先生による論考に基づいている。しかしながら，百瀬先生による「関係性」研究をどこまで理解できているのか，はなはだ心もとないところがある。今後も著者の研究課題であり続ける。

佐藤史子さん(岩手大学工学部マテリアル工学科3年生，岩手大学環境マネジメント学生委員会委員)には，章扉の挿絵を描いていただいた。本書に彩りを与えて下さったことに感謝します。

また，表紙の写真を提供して下さった井上巧氏と梅野克雄氏，特定非営利活動法人気候ネットワークならびに，仲介いただいた特定非営利活動法人環境パートナーシップいわての佐々木明宏氏と吉田詠子氏にも感謝申し上げます。

友人の皆さん，特に研究活動のみならず著者の人生において教えと助言をいただいた先達である深沢利元氏，奥迫久士氏，中山博文氏，加山辰雄氏には心よりお礼申し上げます。

紙面の制約上，個別に名前は挙げられなかったが，これまでの研究・教育その他の活動でお世話になった広島市立大学・近畿大学工学部・岩手大学の教職員・学生，所属学会で発表した際の討論者をはじめとする関係者，掲載論文の査読者の方々にもお礼申し上げます。

そして，物心両面で私を支えてくれた父・静，母・新子，2人の弟・龍児と誠に，普段はなかなか言えない感謝を記します。ありがとう。

　最後になりましたが，本書の出版に当たって，北海道大学出版会，特に成田和男氏には5年にわたり，支援と尽力をいただきました。感謝申し上げます。

うるう年の2012年1月29日
冬景色のなか春を待ち望む岩手大学内の一室にて
中島　清隆

索　引

【ア行】
アジェンダ21　205
アルシュ・サミット　189
アンブレラ・グループ　77
一酸化二窒素　4
英国気候変動プログラム　122
エネルギー有効利用モデル事業　160
円借款　191
欧州連合　18
温室効果　4
温室効果ガス　4
温室効果ガス排出量(1人当たり)　98
温室効果ガス排出量(GDP当たり)　98

【カ行】
開発援助委員会　205
開発途上国　6
開発途上国グループ　72
開発途上国への支援に関する地球温暖化防止総合戦略　189
開発途上締約国　12
開発途上締約国の将来的な参加論　49
科学的知見　6
科学的不確実性　38
鍵概念　16
学際性　16
学際的な相互借り入れ　17
環境　29
環境NGO　19
環境インパクト評価　216
環境経済学　32
環境自主行動計画(日本経団連)　117
環境省　126
環境税　127

環境政策研究　16
環境政治学　32
環境庁　126
気候変動協定　122
気候変動税　122
気候変動対策支援のための資金メカニズム　192
気候変動に関する政府間パネル　2
気候変動レジーム　33
気候変動枠組条約　6
技術移転　12
技術協力　191
議定書附属書B締約国　12
キャップ・アンド・トレード　131
キャパシティ・ビルディング　192
究極的な目的　68
吸収源　191
旧大綱　108
共通だが差異のある責任原則　36
京都イニシアティブ　190
共同実施　74, 134
共同実施活動　75
京都議定書　6
京都議定書目標達成計画　109
京都メカニズム　18
緊張関係　39
グリーン・イニシアティブ　189
グリーン・エイド・プラン　160
クリーン開発基金　76
クリーン開発と気候に関するアジア太平洋パートナーシップ　236
グリーン投資スキーム　151
クールアース・パートナーシップ　192
経済開発協力機構　12

経済産業省　126
経済的措置(手段・手法)　127
経団連環境アピール　117
経団連環境自主行動計画　117
経団連地球環境憲章　116
現在世代　37
原則(衡平の)　36
原則(持続可能な開発・発展)　36
公共政策　29
後発開発途上国　6
後発開発途上国基金　85
公平性　31
衡平性　31
衡平性(国家間)　41
衡平性(世代間)　37
衡平性(世代内)　37
衡平の原則　36
効率性　31
広領域学　16,54
国際エネルギー消費効率化等モデル事業　160
国際環境法　32
国際関係学　16,32
国際協力機構　155
国際協力銀行　158
国際協力事業団　155
国際緊急救援隊　209
国際合意　6
国際政治学　32
国際制度　27
国際法　32
国際連合　6
国内環境税　122
国内総生産　72
国内排出量取引制度　122
国民総所得　156
国民総生産　156
国連環境開発会議　189
国連環境開発特別総会　189
国連環境計画　8
国連人間環境宣言　29

国家間衡平性　41
国家適応行動計画　103

【サ行】
採択　7
産業部門　115
事業　30
事業承認基準　165
資金供与　12
資金追加性　47
資金メカニズム　84
事後評価　30
施策　30
自主協定　122
自主参加型国内排出量取引制度　130
自主的取り組み　116
事前評価　30
持続可能性　31
持続可能な開発・発展　36
持続可能な開発・発展原則　36
「持続可能な開発・発展」に関する世界サミット　93
実施可能性調査　160
指定運営機関　164
シナジー効果　43
社会的介入　17
柔軟性措置　75
ジュネーブ宣言　71
遵守　40
省エネルギー　107
小島嶼国　6
小島嶼国連合　71
条約第1回締約国会議　8
条約第2回締約国会議　71
条約第3回締約国会議　9
条約第4回締約国会議　66
条約第6回締約国会議　66
条約第7回締約国会議　66
条約第8回締約国会議　93
条約第10回締約国会議　192
条約締約国会議　8

索引　287

条約附属書Ⅰ締約国　12
条約附属書Ⅱ締約国　12
将来世代　37
奨励　106
事例研究　27
ジレンマ　42
新エネルギー・産業技術総合開発機構　28
新大綱　108
人類益　23
人類共通の関心事　2
整合　44
政策　30
政策過程　30
政策決定　30
政策実施　30
政策の階層構造　30
政策評価　30
政府開発援助　18
政府間交渉委員会　8
世界気象機関　8
世代間衡平性　37
世代内衡平性　37
先進工業国　6
先進国責任論　49
先進締約国　12
総合性　16
相互作用　33
相互連関　34

【タ行】
第1次国家環境行動計画(モルディブ)　224
第1次評価報告書(IPCC)　8
第1約束期間　72
第2回世界気候会議　202
第2次国家環境行動計画(モルディブ)　201
代替フロン　113
地域経済機関　12
地域研究　34

地球温暖化対策推進大綱　108
地球温暖化対策推進本部　129
地球温暖化対策の推進に関する法律　108
地球温暖化と海面上昇に関するマレ宣言　201
地球温暖化防止行動計画　107
中間評価　30
調整　42
直線型の政策過程　30
通商産業省　126
適応基金　85
適応策と対応措置に関するブエノスアイレス作業計画　219
(気候変動と「持続可能な開発・発展」に関する)デリー閣僚宣言　94
統合　40
統合評価モデル　17
特別気候変動基金　85
トレード・オフ　5

【ナ行】
ナイロビ作業計画　219
南北関係　37
二酸化炭素　4
二層ゲーム　33
日本経団連　116
日本の適応支援策：能力と自立の育成　192
認証排出削減量　76
能力構築　161
ノーベル平和賞　2

【ハ行】
ハイドロフルオロカーボン類　72
発効　7
罰則　106
鳩山イニシアティブ　15
パーフルオロカーボン類　72
比較研究　34
非政府組織　19

非附属書Ⅰ国　12
非附属書Ｂ国　12
評価基準　31
費用効率性　42
費用対効果　37
フィージビリティ調査　160
ブエノスアイレス行動計画　88
不可逆性　11
不確実性（科学的）　38
副次的効果　161
ベルリン・マンデート　71
ベルリン・マンデートに関する特別委員会　9
方法論的特長　16
補足性　47
ポリシー・ミックス　106
ボン合意　77

【マ行】

マラケシュ合意　77
マレ島護岸建設計画　208
矛盾　45

無償資金協力　191
メタン　4

【ヤ行】

誘因　123
有効性　31
有償資金協力　191
予防原則　36

【ラ行】

履行　14
両立　42
レジーム論　33

【ワ行】

枠組条約－議定書方式　96

【数字】

1人当たり温室効果ガス排出量　98
21世紀に向けた環境開発支援構想　189
6フッ化硫黄　72

索　引

【A】
AGBM　9
AIJ　75
AOSIS　71

【C】
CDM クライテリア　165
CDM 事業に関する設計書　156
CDM 理事会　147
CER　76
CO_2　4
COP　8
COP1　8
COP2　71
COP3　8
COP4　66
COP6 再開会合　66
COP7　66
COP8　93
COP10　192

【D】
DAC　205
DOE　164

【E】
effectiveness　31
efficiency　31
EIA　216
equity　31
EU　18

【G】
G77 プラス中国　72
GDP　72
GDP 当たり温室効果ガス排出量　98
GHG　162
GIS　151
GNI　156
GNP　156

【H】
HFCs　72

【I】
INC　8
IPCC　8
IPCC 第2次評価報告書　27
ISD 構想　189

【J】
JBIC　158
JI　134
JICA　155
JUSCANZ　71

【L】
LDCs　85
low-hanging fruits 問題　74

【N】
NAPA　103
NEAP-Ⅰ　224
NEAP-Ⅱ　201
NEDO　28

【O】
ODA　18
ODA 大綱　18
ODA ベースライン　156
OECD　12

【P】
PDD　156
PFCs　72
policy　30
program　30
project　30

【S】
SF6　72
sustainability　31

【T】
two-level game 33

【U】
UNEP 8

【W】
WMO 8
WSSD 93

中島清隆（なかしま　きよたか）
　1974年　新潟県佐渡郡羽茂町(現　佐渡市)に生まれる
　2007年　広島市立大学大学院国際学研究科博士課程修了　博士(学術)
　現　在　岩手大学大学教育総合センター特任助教
　主論文　気候変動問題に関する国際協力の評価, 2010, 政経研究, 94：88-100. 気候変動問題の国際協力に関する評価方法の一考察, 2009, 日本評価研究, 9(1)：19-29. 気候変動の緩和と適応支援に関する国際協力の現状評価と阻害要因の検討――日本のクリーン開発メカニズム(CDM)と環境ODAの環境政策研究, 2007, 広島市立大学大学院国際学研究科博士(学術)学位論文. 地方自治体による運輸部門における地球温暖化対策の現状と今後の課題, 2003, 運輸と経済, 63(4)：66-72. 地球温暖化問題の国際交渉における阻害要因の一考察――京都議定書成立の政治過程, 2003, 広島市立大学大学院国際学研究科修士(国際学)論文

気候変動問題の国際協力に関する評価手法
2012年2月29日　第1刷発行

著　者　中島清隆
発行者　吉田克己

発行所　北海道大学出版会
札幌市北区北9条西8丁目　北海道大学構内(〒060-0809)
Tel. 011(747)2308・Fax. 011(736)8605・http://www.hup.gr.jp/

㈱アイワード・石田製本㈱　　　　　　　　© 2012　中島清隆

ISBN978-4-8329-6763-2

持続可能な低炭素社会	吉田文和・池田元美 編著	A5・248頁 価格3000円
持続可能な低炭素社会 II ―基礎知識と足元からの地域づくり―	吉田文和・池田元美・深見正仁・藤井賢彦 編著	A5・326頁 価格3500円
持続可能な低炭素社会 III ―国家戦略・個別政策・国際政策―	吉田文和・深見正仁・藤井賢彦 編著	A5・288頁 価格3200円
地球温暖化の科学	北海道大学大学院環境科学院 編	A5・262頁 価格3000円
オゾン層破壊の科学	北海道大学大学院環境科学院 編	A5・420頁 価格3800円
環境修復の科学と技術	北海道大学大学院環境科学院 編	A5・270頁 価格3000円
北海道・緑の環境史	俵 浩三 著	A5・428頁 価格3500円
森林のはたらきを評価する ―市民による森づくりに向けて―	中村太士・柿澤宏昭 編著	A4・172頁 価格4000円
環境の価値と評価手法 ―CVMによる経済評価―	栗山浩一 著	A5・288頁 価格4700円
エネルギー・3つの鍵 ―経済・技術・環境と2030年への展望―	荒川 泓 著	四六・472頁 価格3800円
総合エネルギー論入門 ―ヒトはどこまで生き永らえるか―	大野陽朗 著	四六・146頁 価格1300円
生物多様性保全と環境政策 ―先進国の政策と事例に学ぶ―	畠山武道・柿澤宏昭 編著	A5・436頁 価格5000円
自然保護法講義［第2版］	畠山武道 著	A5・352頁 価格2800円
環境科学教授法の研究	高村泰雄・丸山 博 著	A5・688頁 価格9500円
Sustainable Low-Carbon Society	吉田文和・池田元美 編著	B5変・216頁 価格6000円

〈価格は消費税を含まず〉

北海道大学出版会